情绪修复全书

17个对症下药的心灵处方

DAS GROSSE BUCH
DER GEFÜHLE

[德] 乌多·贝尔
Udo Baer

[德] 加布里埃莱·弗里克-贝尔 著
Gabriele Frick-Baer

吴筱岚 张亚婕 伍冰 译

中国友谊出版公司

序　言

　　情绪与感觉，既不是不足挂齿的小事，也非令人难以启齿的尴尬事，但若将其奉为通往福乐安宁的不二法门，似乎也不妥当。情绪与感觉是人类经验的核心尺度。要想与环境相处融洽，离不开情绪的帮助，并且情绪会最大限度地使人变得快乐。

　　一旦情绪与感觉缺席，人将会举步维艰、事无所成，一切都无从谈起。甚至无法分辨作为辅助的感受和思考——何以从心、何以由脑，是发自内心，还是来自大脑。正如神经生物学已证明的那样，每一次感知，每一个决定，每一番思索，都牵涉到负责情绪的大脑区域。在数学学科中一马当先的是理性思维，那么请问你喜欢数学吗？或者，害怕数学吗？对数学学习是有浓厚的兴趣还是怀有丝丝畏惧？两者分别扮演着怎样重要的角色，相信我们每个人都不陌生。将感觉和思维区别对待甚至对立起来是愚蠢的，这两方面都至关重要。

　　在这本书中，我们想给情感足够的空间，我们希望能帮助你在情绪与感觉的世界中找到自己的出路，突破壁垒开拓新的天地，从而丰富你的体验。对自己的情绪与感觉有更好的认知的人，对自己和他人就会有更好的理解和判断，从而有更多的机会带领自身的情绪与感觉过上幸福的生活。

人们在情感世界中也会遭受痛苦，他们会陷入无休止的悲伤和恐惧中，溺死在永不枯竭的泪海。他们情愿将多愁善感兑换成麻木不仁。他们会因为突如其来的恐惧而对他人和生活失去兴趣。重视情绪与感觉并为其提供空间，也包括去应对那些游走于其间的痛苦。这意味着我们要跨进情感在生活中为我们打开的各道未知之门，其中喜忧参半，兼而有之，而不是非此即彼。

我们将向你介绍 17 种情绪和感觉。在每一章的第一部分，我们会先诠释这种情绪与感觉对人的意义和用途，然后将其带入人类体验的意义格局中去理解。因为没有任何一种情绪与感觉可以偶影独游。以悲伤为例，它可能身边环绕着痛失所爱，身后茕茕孑立拖着孤独的影子，令人内心变得沉重，社会交往减少。在情感的景观中有高山也有低谷，有广阔的平原，也有奔涌的河流。只要你与我们比肩同行漫步其间，肯定会惊喜连连。

我们也知道，人们可能会迷失在这些景象中，他们会感到困惑，并会进入情感生活片面失衡的状态——不是一味地投入太多，就是没有足够的感受，并被迫面临其情感生活中或激烈或寡淡的一面。对此我们要留出空间，这便是每章的第二部分要讲的内容。紧接着，在标题为"建议与帮助"的第三部分，我们会针对遇到的情绪方面的问题，给出处理建议。

建议与帮助只是基于我们多年的心理治疗和教育经验给出的范例。我们称自己的职业为"亲身创意理疗师"，所谓"创意"，是因为我们相信人们能找到创造性解决方案的能力，此外我们还借助新媒体提升自身工作；而"亲身"，是因为我们的工作以人的体验为准则。[此处的"亲身"（Leib）一词与我们日常意义上的身体不可混为一谈，其词源是中古高地德语的"lib",意思是生机勃勃而有所阅历的人。]

因此,我们知道每个人的主观态度、个人经历以及情感世界都是独一无二的。如果去问三个人,爱对他们意味着什么,会得到三个不同的答案。建议与帮助对每个人也是如此,不能生搬硬套。情绪与感觉没有使用说明,无关意识形态,彼此毫不相干甚至恰恰相反,真要遵循使用说明、恪守意识形态准则来处理感觉的话,会令人既不舒服也不快乐。而我们所提出的建议与帮助,是经过积累和沉淀的,是针对每种情绪与感觉中最为重要且持久有效的体验。正如美食的滋味如何,需要你用舌尖来体验,我们通过这本书邀你置身于情绪与感觉的自助餐厅,菜品17道,请随意品尝,让它随着流淌于齿间的滋味慢慢融化,才下舌尖,又上心头。

还有一点需要注意:这里所选择和介绍的情绪与感觉只是代表,而非情绪与感觉世界的全貌。这种不完整似乎无法避免。诚然,你有可能觉得某一种感觉或另一种情绪对你来说更重要,书中却不曾着墨,但这并不意味着这些感觉对你而言不太重要。书中的经验来自我们以及我们接触到的人,并根据每种具体的情绪与感觉对人们的重要性进行了筛选。而我们的接触范围往往是有局限的。在2009年出版的《情感ABC》[①]一书中,我们筛选并介绍了共计60种情绪与感觉,但那仍然不是全部。书中以访谈的形式"采访"了各种情绪与感觉,使得我们与它们之间的互动仿佛人与人对话一样。如果你有兴趣,不妨一读,你会遇到本书中没有提到的许多情绪与感觉。

多年以来,我们一直致力于《情感图书馆》系列书籍的写作,至

[①] 《情感ABC》(*Das ABC der Gefühle*),乌多·贝尔、加布里埃莱·弗里克-贝尔著,于2009年在魏因海姆和巴塞尔由贝尔茨出版社出版。——著者注

今已经出版了 12 册，我们选择了其中一些，对其进行了总结、排序、重组和拓展，增加了此前未曾介绍过的新情绪及新感觉。本书的写作即是基于这项工作以及我们长期的心理治疗经验，是在我们至今不断遇到的新情绪与新感觉的层面上打磨而成的。

要想认真对待情绪与感觉，首先必须逐个分析每种情绪与感觉的表现形态与特征，然后还要将不同的情绪与感觉联系起来，结合其他的情感冲动，遵循其内部结构和语法进行分析。这里我们使用了"语法"一词，因为语法的规律具有灵活性，既有章可循又允许特例存在；不像数学逻辑的原理，一旦确立毫无例外。我们长久以来一直在尝试探索和揭示情绪与感觉的语法规律。在前文认识了各种情绪与感觉之后，你将在本书的最后找到至关重要的归纳总结，我们希望这些能对你有所裨益，能使你感受到"了解并善待自己情绪的人，才能过好这一生"。

乌多·贝尔（Udo Baer）和加布里埃莱·弗里克-贝尔
（Gabriele Frick-Baer）

前　言

当一个人陷入痛苦之中，悲伤使他对生活中所有可喜的美好之物都视而不见时；当怒火腾然而起，怒不可遏的人失手伤害到他不想伤害的人时；当有人从梦中惊醒，在午夜梦回时被恐惧慢慢啃噬……这种情绪，往往就会成为痛苦而无意义的沉重负担。

但是，当悲伤帮助我们摆脱过去，当愤怒遏止别人可能对我们造成的伤害，当恐惧使我们幸免于意外时，这种感觉就变得有意义了，并且这恰恰是它们的意义所在。

同时，感受以及相关的愉悦也很有意义，因为它同时触及了生命力感知、奖励感知和动力感知这三方面。

所以情绪与感觉是有意义的。换言之，它们即使可能引发苦难并令你痛苦，但通常也是有意义的。

那么情绪与感觉同整个机体有着怎样的联系？

自我们出生起，感觉和体验的能力就始终存在于我们的生命中。为了描述这种联系，哲学的现象学流派使用了"亲身"一词。亲身对自己及其所在世界有所经历，是情绪、感觉和类似的冲动得以发展的基础。在我们察觉到一种情绪与感觉之前，它就已经存在了。

情绪与感觉如同呼吸、行走、哭泣一样，属于生命的自发冲动。正如我们可以影响自己的呼吸和行走一样，我们也可以影响我们的情绪与感觉。但是在通常情况下，我们不知不觉就产生了情绪与感觉，一如我们不自觉地呼吸和走动。

我们不会脱离自己的身体，因而随时可以有意识地感受我们的身体。我们的情绪与感觉也是如此，它们一直都在，我们可以下意识地感知到它们。

知道这一点很重要。因为感觉不仅很宏大，是我们体验的巅峰，也有细微的层面，比如我们偶尔感受到的泪如泉涌、怒气冲冲，或爱的颤抖。无论多么微乎其微、不易察觉，情绪与感觉一直都在，你可以选择去感知它，也可以选择无视它，任其继续寂寂无闻。而一旦你下意识地去感知某个情绪与感觉，那么这一行为就会反过来对感受本身产生影响，产生强化或者弱化的作用。

脱离身体力行的体验，情绪与感觉就无从谈起。它们总是与身体活动息息相关，无论这联系多么微弱，多么不露声色。这种联系在很多成语和语言表达中都有体现：火冒三丈，战战兢兢，被嫉妒啃噬心灵，痛苦到撕心裂肺，等等。比如从战战兢兢一词可见，恐惧和紧绷颇有渊源。情绪与感觉会改变呼吸和自主神经系统，并引起整个身体的变化。这一变化偶尔显而易见，但往往难以察觉——其后果通常在多年之后才会显现出来。情绪与感觉的展现离不开身体，这就是为什么身体又被称为"情绪的舞台"［安东尼奥·达马西奥（Damasio），1997，第213页］。但身体又不仅仅是一个被动的舞台，它会从肉体和情感两方面予以回应。有不少人借助调节呼吸或慢跑来摆脱恐惧等过度紧张的情绪。

脑科学研究显示，大脑的边缘系统在情绪反应中起重要作用。它不是与情绪相关的唯一区域，但显然是大脑中负责情绪与感觉的控制中心。只是，若想通过降低边缘系统的活跃性来淡化情绪与感觉，则是不妥的。

以爱为例，它既属于边缘系统的活动，也属于大脑其他区域的活动，更重要的是，它通过肢体语言等多种方式表达两个人或多个人彼此间的关联和喜欢。再以怕为例，它不仅表现为脉搏跳动次数增加，更伴有恐惧攥住整个身体的过程，是每一寸血肉的体验。我是爱了还是怕了，要看我整个人的表现，而不是我大脑的部分反应和身体的部分功能变化。

基于对情绪与感觉的这种理解，情绪与感觉的存在具有怎样的意义就变得更清晰了

没有情绪与感觉的生物遇到外部刺激会立即做出反应：食物意味着进食，威胁意味着战斗或逃跑，诸如此类。人类和其他有情绪与感觉的生物（例如狗）也有这样的即刻反应，但他们的行为不单纯取决于这种即刻反应。情绪与感觉使人们产生表现出不同行为、做出不同反应的可能，从而有助于提高他们在复杂的环境中生存下来的概率。

如果我们从情感的角度深入意义的层面仔细研究情绪与感觉的各个方面，那么关于情绪与感觉的基本作用的理论就会更加容易理解。（这里我们把"情绪与感觉"和"情感"这两个概念作为同义词使用。某些专业文献中所列举的两者的区别不足以使我们信服。）因此，关键所在就是要研究情绪与感觉会造成的影响。

情绪与感觉调节着人与人的关系，因此可被称为"社会器官"

有一部分情绪与感觉明显来源于社会关系。耻感根源于被羞辱，而恐惧则源于威胁。与他人进行比较可能会产生嫉妒，愤怒和仇恨大概是对他人行为的反应。

另一部分情绪与感觉，会对社会关系产生影响。迷茫的人可能会深居简出，也可能会夸夸其谈、装腔作势；无助的人可能会自我激励，也可能会心如死灰、麻木不仁。

还有一些显然源于人际关系，它们也会指向他人的不同变化。羞耻造成退缩，恐惧导致逃避，爱引发吸引力，愤怒引起扭曲，仇恨招致破坏，友情建立联系，等等。因此，情绪与感觉并不是一个人形单影只、与世隔绝的冲动。没有他人就不会有感觉。

感觉有助于形成评估

大脑的边缘系统参与每个决策——无论是这个人感觉到的，想做的，还是在做的事情。所谓"认知脑与情绪脑分离"的假设被大量研究证据所推翻。理性思考无法脱离情绪感觉。一个人的情绪与感觉参与着他所进行的每一项评估，和他所做出的每一个决定。这点在兴趣上体现得特别清楚。"我是否对某事感兴趣"以及"我对什么感兴趣"，本质上都是情感体验的过程。

情绪与感觉在评估上的体现通常不像在决定上那么清楚，但是也扮演着重要角色，比如我是嫁给这个男人还是嫁给那个，我该娶这个姑娘还是那个。

有些人的前额皮层（大脑的一个区域）由于意外事故受损，这会切断负责情绪与感觉的边缘系统与负责认知思维的大脑区域之间的重要连接。这些人在很大程度上可以与其他人一样进行理性思考，但是他们只能以直接后果为目标，会显得毫无节制，脱离根本的价值尺度。无法感知正义，也不会避免采取暴力手段。所以道德需要情绪与感觉［出自德意志银行经理和董事会发言人布鲁尔（Breuer，2002）的访谈］。

情绪与感觉会触发决策，尤其是突发性决策

如果驾驶时听到尖锐的刹车声，我会出于震惊和恐惧保持在里道，避开发出异响的车辆。这完全是自发的反应，因为我没有时间去进行深度思考来权衡得失。这个例子说明情绪与感觉能够引起自发的决定。收到礼物的喜悦使我绽放出笑容，并回馈以一个拥抱；同事的病态言论使我愤然离席。诸如此类由情绪与感觉引起的自发反应随处可见。当今在许多社会领域，尤其是职场上，情感引起的自发式行为举止（即所谓"一时冲动"）是为人不齿的，这与其说是出于社会规范，不如说是对自发性和情绪性内心真实的外化表达切切实实的恐惧。

不言而喻，情绪与感觉还可以产生可持续性的自发反应，或者长时间地影响一个人的行为。仇恨可以持续一生，愧疚可能是与不喜欢的伴侣生活数十年的动力。与自发的决定一样，这些情绪与感觉也有程度上的区别，从而使启动的相关行为持续的时间长短不一。

有计划的理智思考需要时间和空间，而这两者在自发性决策中双双缺席。如果有足够的时间和空间进行有计划的理智思考，那么情绪与感觉会给出身体方面的反馈并左右思考方向。比如在工程师计算河上桥梁的承重量时，对跨越河流的渴望和兴趣决定并推动了这项工作的开展。

情绪与感觉的调节强度

当人们完成一项工作时,工作成绩也取决于自己是喜欢工作还是不得不工作。在兴致不高或充满激情、怀有渴望地工作时,人们的工作状态完全不同。如果只是有点小脾气,那么发泄一下可能火儿就没了,气也消了;可如果是一场盛怒,就非得大发雷霆不可,否则还会使内伤化为心魔。"喜欢某人"和"深爱某人",会带来完全不同的情感经历。情绪与感觉决定触发程度,调节体验的深度和行动的力度。

情绪与感觉的实现进程

情绪与感觉决定着人们的记忆点。一个人走过的楼梯台阶无数,对其中的大多数都不会有印象。但如果是在巴黎度蜜月期间和新婚的爱人一起登上的蒙马特高地的台阶,可能令人永生不忘;还有不慎失足摔下的那个楼梯,相信摔过的人都会印象深刻。在巴黎的幸福感和跌落时的恐惧感便塑造了记忆点。

再攀爬台阶时,关于不慎跌倒的记忆可能就会涌上心头。由于担心再度摔倒,人们会给房屋的楼梯安装上扶手,这便是情绪与感觉对未来行动的影响。从过去到现在、从现在到未来,情绪与感觉挽开一张时间的弓,拉满弓弦射出一支行动之箭,使有规划的体验成为可能。

情感(情绪与感觉)是"我们主观体验的核心"[富克斯(Fuchs),2008,第137页]一言体现了我们情感的重要性。这就是为什么要给情绪与感觉留有空间。

目 录

序　言　　　　　　　　　　　　　　　　　　　　　　Ⅰ
前　言　　　　　　　　　　　　　　　　　　　　　　Ⅴ

第一部分　情绪与感觉

第1章　渴　望　　　　　　　　　　　　　　　　　　3
　　意义与情感格局　　　　　　　　　　　　　　　　3
　　迷茫与困顿　　　　　　　　　　　　　　　　　　6
　　建议与帮助　　　　　　　　　　　　　　　　　　10

第2章　（羞）耻感　　　　　　　　　　　　　　　　19
　　意义与情感格局　　　　　　　　　　　　　　　　19
　　迷茫与困顿　　　　　　　　　　　　　　　　　　24
　　建议与帮助　　　　　　　　　　　　　　　　　　31

第3章　（负）罪感　　　　　　　　　　　　　　　　35
　　意义与情感格局　　　　　　　　　　　　　　　　35
　　迷茫与困顿　　　　　　　　　　　　　　　　　　37
　　建议与帮助　　　　　　　　　　　　　　　　　　44

第4章 恐 惧　　　　　　　　　　　　　　53
　　意义与情感格局　　　　　　　　　　53
　　迷茫与困顿　　　　　　　　　　　　57
　　建议与帮助　　　　　　　　　　　　64

第5章 安全感　　　　　　　　　　　　69
　　意义与情感格局　　　　　　　　　　69
　　迷茫与困顿　　　　　　　　　　　　75
　　建议与帮助　　　　　　　　　　　　81

第6章 攻击性情绪　　　　　　　　　　97
　　攻击性情绪——荒芜的风景　　　　　97

生 气　　　　　　　　　　　　　　　99
　　意义与情感格局　　　　　　　　　　99
　　迷茫与困顿　　　　　　　　　　　　100

愤怒与恼怒　　　　　　　　　　　　　104
　　意义与情感格局　　　　　　　　　　104
　　迷茫与困顿　　　　　　　　　　　　105

仇 恨　　　　　　　　　　　　　　　109
　　意义与情感格局　　　　　　　　　　109
　　迷茫与困顿　　　　　　　　　　　　110

暴 躁　　　　　　　　　　　　　　　115
　　意义与情感格局　　　　　　　　　　115
　　迷茫与困顿　　　　　　　　　　　　116

叛　逆　　　　　　　　　　　　　　　　　120
意义与情感格局　　　　　　　　　　120
迷茫与困顿　　　　　　　　　　　　121

讽刺、嘲讽、挖苦与刻薄　　　　　　　123
意义与情感格局，迷茫与困顿　　　123

攻击性情绪：建议与帮助　　　　　　　124

第7章 孤　独　　　　　　　　　　　　　141
意义与情感格局　　　　　　　　　　　141
迷茫与困顿　　　　　　　　　　　　　142
五种孤独　　　　　　　　　　　　　　144
建议与帮助　　　　　　　　　　　　　154

第8章 尊　严　　　　　　　　　　　　　163
意义与情感格局　　　　　　　　　　　163
迷茫与困顿　　　　　　　　　　　　　165
建议与帮助　　　　　　　　　　　　　167

第9章 责任感　　　　　　　　　　　　　173
意义与情感格局　　　　　　　　　　　173
迷茫与困顿　　　　　　　　　　　　　175
建议与帮助　　　　　　　　　　　　　181

第10章 悲　伤　　　　　　　　　　　　185
意义与情感格局　　　　　　　　　　　185
迷茫与困顿　　　　　　　　　　　　189

建议与帮助	194

第11章　同　情　　201
意义与情感格局	201
迷茫与困顿	203
建议与帮助	207

第12章　**忠诚、背叛和亲密感**　　**213**
意义与情感格局	213
迷茫与困顿	218
建议与帮助	223

第13章　**快乐与幸福**　　**227**
意义与情感格局	227
迷茫与困顿	229
建议与帮助	233

第14章　**好奇心、兴趣、激情、无聊**　　**239**
意义与情感格局	239
迷茫与困顿	241
建议与帮助	245

第15章　**爱**　　**253**
意义与情感格局	253
迷茫与困顿	254
建议与帮助	261

第16章 嫉　妒 **271**

　　意义与情感格局，迷茫与困顿　　271

　　建议与帮助　　277

第17章 从自我陌生到自在 **281**

　　意义与情感格局　　281

　　迷茫与困顿　　282

　　建议与帮助　　289

第二部分　情绪语法

第18章 情绪遵循规则 **299**

　　规则一：情绪是没有尺度的　　299

　　规则二：情绪不需要具体理由，只讲机缘　　301

　　规则三：情绪具有多维影响　　302

　　规则四：情绪从感知中消失——但依然存在　　304

　　规则五：情绪是可以调换的　　306

　　规则六：情绪包含并列关系　　307

　　规则七：情绪往往是矛盾的　　308

　　规则八：情绪形成的链条与风景　　310

　　规则九：情绪有潜台词——阴影情绪　　311

　　规则十：情绪会蒙尘　　313

　　规则十一：有时情绪是被委托的　　314

　　规则十二：情绪分为存亡性和日常性情绪　　316

第19章　无情的故事　　　　　　　　　　　319

第20章　太多愁善感？太感情用事？　　　333

参考文献　　　　　　　　　　　　　　　335

第一部分

情绪与感觉

第 1 章

渴　望

意义与情感格局

> 如果我可以许一个愿望,那么我期许的既非财富
> 也不是权力,而是拥有希望的壮怀激荡;
> 我只想要一只永远年轻的眼睛,它焦灼地渴望着,
> 永远能看到其他的可能。
>
> ——索伦·克尔凯戈尔(Søren Kierkegaard)

> 我的心在胸中悸动,
> 它在苍穹下告诉我:
> "这世上有一物,远胜一切喜悦和痛苦。"
> 这令我辗转反侧,
> 上下求索,
> 夜不成寐,
> 思慕不已。
>
> ——马蒂亚斯·克劳迪乌斯(Matthias Claudius)

渴望是一种感觉，能够赋予我们行动力并驱使我们着手实施。它是我们生命力的一部分。渴望"要求人们积极投入，施展抱负。渴望令人无法忍受消极被动地像狗一样过非人的生活……"[布洛赫（Bloch），1985，扉页］。

我们生活在一个我们自己所构建的世界里。构成我们生活环境的许多因素都是由历史决定或由其他人预先设定的，还有一些因素受到我们自身的影响。由这两者构成的世界，就是我们的生活环境。无论是使我们满意还是令我们痛苦，无论生活中面临的是幸运还是不幸，我们的生活环境、我们的现实世界就是如此。但这个现实世界并不是决定我们生活经历的唯一因素。在现实世界以外，还有一个备选项，那是机会的天下、希望的世界。这个世界存在于我们的预想中，可能有人会说这"只不过"是我们的想象。然而这份憧憬、这种可能、这个备选项，对于推动和促进我们展开行动至关重要。一旦我们人类在想象中迷失了自我，希望的世界就会与现实世界脱节，从而失去根基、沦为空中楼阁。无论出于何种原因，我们如果不再预想其他的可能性，不去描绘内心的愿景，就会因为缺乏动力而不再做出改变，听之任之。

渴望催生行动，行动带来改变。即便是深埋于内心的渴望，也会使人心向往之而付诸实施，并且持之以恒，甚至突破自己能力的上限。不过有时候采取行动并不意味着就会有所改变。不为重塑生活，甚至不以改变生活环境或世界的某个方面为目标，而是保持劳作的状态，一味维持现状，埋头苦干。这句话听起来是不是很耳熟："我不停地干啊干啊，感觉自己就像转轮上的仓鼠一样。我做了那么多，却徒劳无功什么都改变不了。"由此可见，渴望不仅会促成行动，还会引发思考，让人探索对自己有意义的东西。

毫无变化一味地勤勤恳恳含辛茹苦，会逐渐蚕食个人的自我价值，从而使行动失去意义。然而，一旦有了渴望这个变化多端的小马达，用来鞭策人们行动的希望就会应运而生，从而让人更积极、活跃，也更有意义，通常也会更有价值、受到更多关注和尊重，实现自我价值。

因此，渴望是一种基本的感觉，能够有所渴望是"打开未来，更确切地说，是展开了希望的维度"［博约世（Boesch），1998，第23页］。因为能够有所渴望是深植于内心的一项基本素质，它值得每个人去挖掘，生命的活力会随着渴望的深入挖掘而绽放。正如弗里德里希·霍兰德（Friedrich Hollaender）的一首歌所唱："每个人都需要一点渴望来获得幸福……"

伴随着对深埋于心的那份渴望的发掘，常常会有一些陈砖碎瓦重见天日，可能是曾经的心灰意冷，可能是一段丧毁之痛或失之交臂的经历，也可能是被埋藏起来的恐惧和羞耻。在黑暗中待得久了，猛地走到光亮处会忍不住眯起眼睛；一贯压抑内心渴望的人一旦想展示出他的渴望，开始也会害怕失望，并且羞于看到别人的反应。但这些是重新发现自身渴望的人必须经历的，无论是独自一人去面对，还是在朋友的陪伴下，或者在治疗师的支持下。

但这种穿过前尘往事的挖掘是值得的，翻出的渴望将会给生命注入力量，这往往会是可以移山填海的洪荒之力，是一种一定要有所改变的信念——"是的，我想改变自己的生活"；"对，我能改变自己的生活"；甚至是义不容辞的"是的，我有责任改变自己的生活。我不能以自己的不满苛求别人，我不想再继续以前的生活，有些东西要变一变了……"有些力量是循序渐进、一点点积累的，有些力量是爆炸式地瞬时充盈起来的。看待世界的眼光发生了变化，对生活的态度也会随之改变。

但是当渴望被再次挖掘出来时，人们往往还不清楚自己渴望的是什么。诗人海因里希·海涅（Heinrich Heine）也有过这样的困惑，并写下这样的诗句："我正在寻找一朵花，却不知道是哪一朵……"

渴望越来越强烈，却像浓雾一样，浓烈却模糊。那么此时就有必要去搜寻，自己渴望的究竟是什么。许多重新发现了自身渴望的人改变了自己的生活、环境、事业、搭档或伴侣。有些人拓宽了职业生涯，或重新发现了自己的创造力，开始学习演奏乐器，开始唱歌、跳舞或绘画。正如英国女作家 A. L. 肯尼迪（A. L. Kennedy）在她的小说中对热爱与向往的描写："仿佛在镇静剂的湿雾中搅动，她有时会感到极大的躁动，渴望释放而翩翩起舞，用奔放的舞步、翩然的身姿征服所有人。"（2001，第55页）还有一些人，外表看来几乎没有任何改变，但内心却越来越有自我意识，并会将之转化为愿望和想法。不少人感受到自己对自然的渴望，对个人空间的渴望，对拥有自己的公寓、自己的房间，甚至具体到一张只属于自己的椅子的渴望。

迷茫与困顿

心灰意冷

当人们有所渴望时，无论它具体是什么，一旦没有得到自己想要的，他们都会感到痛苦。尤其当他们寻求的是支持和依靠时。如果他们不知道如何接近自己想要的，就会感到无助。当期待和希望落空时，就会越来越心灰意冷。偶然的失望和失败，通常不会伤害到渴望。但如果它们在人生的某一个阶段里不断延伸，引发接连不断的重复失望和失败，它们带来的痛苦也会不断延长，那么人们就会寻找避免失望和痛苦的出路。

一个办法是彻底消除内心的渴望，信奉"没有希望，何来失望；心不动，则不痛"。特别是孩子，往往被迫采取这个方法，心比天高奈何能力有限。诚然，为了积蓄力量，在一定的时间里降低内心的渴望，忍人所不能忍，容人所不能容，潜心寻求改变的机会无可厚非，但也不乏有人动心忍性的时候偏离了本心，不幸永久地失去了内心的渴望。

每个人掩盖渴望的方式各有不同，或是消灭，或是隐藏。有些人使自己的感觉麻木，有些人自毁式地以酒精和毒品等麻醉自己，有些人用其他的情感来取代渴望，还有一些人把渴望深深地埋葬，以至于忘记了它曾经存在过。对他们来说，渴望只属于言情小说或爱情肥皂剧，而不会在生活中出现。

隐藏和掩饰的渴望可以延续很多年，常常伴随着苦涩的回味，令人怅怅然若有所失，无休止地寻寻觅觅——"但我不知道自己要找的是什么"。这背后，潜藏着某些人的绝望和空虚。但即使那些掩埋了自身渴望的人安定下来了，他们仍旧惘然若失，觉得自己不完整。他们觉得自己缺乏活力，缺乏改变事物的洞察力，缺乏一种更自主的生活态度。

假如你正处于心灰意冷的阶段，那就需要有一个了解你的渴望的人来帮助你，给你的渴望说说情，让你认真地把这当成一回事，支持着你朝前看、在意冷心灰中寻找余烬火星。

一位42岁的男士谈起他退减的渴望,说"按说我应该很幸福,我有足够的钱,一个几乎完美的伴侣,事业上风生水起,身体也很健康"。开口就是"按说",下文必有"但是",果然他话锋一转:"但是我从来没有安心过,总是不满意。"他谈到了他的不安。他所取得的一切最终都不适合他,不是他所渴望的。他越来越努力,四处奔波,但他的渴望永远遥不可及。在内心深处他渴望自己小时候最缺少的:家里的温暖与安全感。他刚刚出世,父亲就离开了他们母子,父爱的缺失更加深了这种渴望。他曾在女友身上寻找母亲般的温暖与安全感,为此接二连三换过很多个女朋友,但都没有成功,最后终于在运动中找到了。他混淆了自己的渴望,误认为要以母亲为榜样追求事业,没有看清他所渴望的实际上是妈妈般的温暖与安全感。

这位男士的向往一直都很强烈。渴望驱使他继续前进,也令他不安。他寻寻觅觅,做出各种尝试,以求实现内心的渴望,却始终不清楚自己一直在寻找的渴望到底是什么。他的渴望转了个弯定位在从前,而他却不断在未来寻找过去的点滴。

在伴侣身上寻求母爱的踪影,期待以事业有成换取父母的认同,这些无异于把渴望塞进一件不合身的外衣里。渴望的客体不一定等同于主体。渴望一辆新款的保时捷,可能是出于出人头地的向往;想当明星的愿望背后,可能是摆脱贫困、跳出社会排斥或被无视的境地的渴望。

它说明了这样一个事实:当渴望的外在与本质不统一时,人们即使实现了表面的渴望,也不会迎来内心的满足,而是直接走向了对新事物的渴望,开始追逐下一个、再下一个目标。当然,我们所有的愿望和渴望都不是一成不变的,求新求变本来是人类活力的一部分。但当渴望一变再变，不断升级，变化本身成了追求时，就是时候该问问自己："我渴望什么？""我真正渴望的是什么？"

如果你不自知地在对未来的追求当中渴望着过去，那么在前路等待你的很可能是另一种感觉：悲伤。因为你的追求无异于水底捞月，镜中拈花，是永远抓不住的一指流沙。这就意味着你需要放手了。放手是一个痛苦的过程，你会意识到，经历了过去还剩下什么，彻底结束了的是什么。

昨日之日不可追，无论是幼时妈妈悉心的呵护与陪伴，儿时的一处故居，还是少时的那段初恋。对过去念念不忘就会使自己不时陷入痛苦，不能向前看就逃不出悲伤。所以痛苦来临不是坏事，对难以放下从前的人来说，面对痛苦反而是件好事。

在远方，在未来，触不可及

渴望往往是一种空缺。我们来看看这样一张照片：一个7岁的男孩凝视着窗外，他的面孔映在玻璃上，眼里充满渴望。他渴望着什么呢？从照片上看不出来——渴望是不可见的，却又是照片的一部分。他所渴望的事物对于观赏照片的人来说是不可知的，甚至可能这个孩子自己也不清楚。艺术作品就从这个角度描绘渴望。瓦格纳的歌剧《特里斯坦与伊索尔德》（*Tristan and Isolde*）前奏曲的特里斯坦和弦一响起就极准确地表达了不断渴望、欲求和憧憬的动机。奇妙的是，这段本身应该是以 A 小调为中心的和弦，却始终模糊调性并不挑明。虽然这个和弦一次又一次反复出现，但是主和弦由头至尾从未出现过。[绍布（Schaub），2000，第214页]以音乐的留白展示对恋人的渴求，这份憧憬似乎随时随地都有可能实现，但非在此地，也不是此时。

由于空缺会产生难以忍受的高度紧张，我们人类喜欢用心中的图像或想象来填补空缺。这里不能不提的是，如果现实令人无法承受，人们会臆想出一个截然不同的结果来美化和掩饰过去。而这样的臆想，往往也会投射到遥远的将来或某个遥远的地方："等到退休了，我的日子就好过了""等孩子大了，我再好好善待自己""当我找到真爱，我再减肥和健身"……许多人并不为自己的渴望而努力，而是寄期望于或远或近的未来。这样做的危险是错过当下的人生。眼前的生活和向往的人生之间出现了貌似无法逾越的鸿沟。

谁把自己渴望的人生投放到未来和远方，谁就错过了迈向目标的第一步。千里之行，始于足下。不迈出第一步，永远不可能实现遥远的目标。因此，把宏大的愿景分解转化为一个个具体的愿望，并且逐步达成这些愿望，这一点非常重要。下面的内容可以提供一些思路，我们在接下来的指南里将具体说明。

建议与帮助

如果渴望有了基石和方向，只要它足够具体，就可以转化为行动，使渴望成真。那么具体该如何操作呢？不仅你的脑海中会有这样的疑问，我们的许多客户也是如此。

范　例

大多数人在实际周围环境中遇不到任何榜样，那么一个"普通人"要如何让渴望成为现实呢？具有"示范性"的影响力往往在虚拟世界中，尤其是对那些在心灰意冷中熄灭的渴望，和在白日梦中肆意疯长的渴望来说。人们倾向于寻求假想的鼓舞和榜样，在电影和电视连续剧里把明星对号入座。戴安娜王妃之所以被这么多人深切哀悼，是因为她是许多人梦想的化身，渴求关注、追逐名望、渴望爱与被爱，尽管遭受各种屈辱仍然保持了骄傲和尊严，物质生活富足稳定。因为她并非"天生"就会成为公主或女王，而是通过婚姻嫁入王室，这让很多有追求的普通人更认可她。流行乐坛也有类似的情况。有的人出道前是麦当劳打工妹，通过电视选秀进入女团；有的人出道前寂寂无闻，在海选中崭露头角；出道前还在读书的少男少女通过超级男声、超级女声成为巨星；他们汇成了一幅群像，象征着普通人也可以实现梦想。

而绝大多数影视剧、音乐作品中呈现的情景、角色与童话最大的共同点在于，童话般的生活。《漂亮女人》（*Pretty Woman*）、《泰坦尼克号》（*Titanic*）等一众电影，都与童话故事毫无二致——永远会有骑士前来相救，帮助女主人公脱离困顿、孤独、不尽如人意的生活。大多数人都不会自力更生，而是任性地等待所谓的"白衣骑士"像私人定制一般恰到好处地拯救自己的生活。布鲁斯·威利斯（Bruce Willis）、布拉德·皮特（Brad Pitt）和汤姆·克鲁斯（Tom Cruise）争先恐后地去拯救世界，或者至少也要拯救全飞机的乘客或整栋高楼的居民。而谁又能从父亲高举的大棒下救出被殴打的13岁的孩子？德国电视二台（ZDF）曾热播电视剧《梦想之船》（*Das Traumschiff*），其中的乘客们反映了许多电视观众的渴望。但是，梦想要如何成为现实？

渴望是一种力量，它使生命保持活力。有的希望遥不可及，有的梦想无法实现。若是对一个无法企及的榜样心生向往，无可指摘；倘若怀有的是一个可以实现的渴望，尤其可贺，它会让生活无比丰盈充实。想要做到这一点，就要把渴望转化成具体的愿望。

愿　望

你需要通过实现哪些愿望或需要借助什么人，才能走近甚至满足你的渴望？有些人心中的向往已经荒芜，只残存着一些默默的渴望。所以有必要去练习甚至从头学起，重新耕耘自己的愿望。第一步要从了解你内心的渴望做起。想想看，你渴望的具体是什么，列一个心愿单出来。这些渴望不需要很多，但要尽可能的具体，比数量更重要的是具象。比如"多去旅行"的愿望，就不如"去巴黎度一个周末，再去挪威住两个星期"来得具体。

然后请你具体地阐述你的愿望，什么时候、怎么实行（比如"今年""乘长途汽车去巴黎，路费不需要太大的花销"）以及你需要花多少时间和钱，需要哪些方面的支持和帮助，等等（比如"希望在圣诞节前得到一笔钱，作为去挪威的盘缠"）。那么，这是你单方面对自己的愿望，还是涉及你对他人的愿望？这里也是越具体越好。把你想到的都写下来。这有助于避免你糊弄自己。

不要害怕具体分析你最切实的愿望。比如："其实，我内心深处最渴望的是改变我的生活……""实际上，我就是想彻底换个工作……"这样的"其实""实际"后面跟着的往往是"然而""但是"——"但是出于这样或那样的原因无法实现……"，这些"其实……但是"式的句子会导致你永远停留在许愿阶段，愿望也永远无法实现。所以，不如踏踏实实地迈出一小步，也许更有帮助，比如"我明天要克服我的恐惧,或者我下周要迈过这个坎儿,我要找人聊一聊,谈谈我的心愿,听听他的建议,看看他能提供什么帮助,或者出于同一立场给予哪些支持"。

重要的是,永远不要低估他人的参与。根据我们的经验,完全靠自己,独自把内心的渴望转化成愿望并一步步去落实,很少有人能做到。如果你希望改变自己,比如说,想变得更有勇气,就请权衡一下,有没有人可以陪伴你、支持你实现梦想?

当你把愿望传达给其他人时,有必要区分开实现愿望的具体方式。你是在等待梦想成真,还是期望或要求别人督促你实现自己的愿望?当愿望伸手可及时,你会采取行动吗?

等　待

通往愿望的各种途径中能动性最低的就是等待。比如你买了彩票,等着中奖;比如你向喜欢的人表白,等待对方的答复;比如你在工作中希望得到另一个职务,等待着心愿达成。等待可能是刺激的,伴随着高度的紧张和兴奋。比如急着赶火车前往目的地,但火车已经晚点了却还迟迟不来;等待也可以是悠闲的,比如同样是坐火车,等的却是每日搭乘、准时来到的班车,而你也早早地就在站台上等火车进站了。

等待是许多愿望中固有的底色,这就是为什么等待往往与我们的渴望息息相关。比如渴望幸福,心心念念唤起爱慕之人的关注,满心期待喜欢的人回应你的表白;渴望别人的尊重,渴望在公司里因表现出色而获得升职。等待通常以积极地表述内心愿望拉开序幕,而心愿达成的前提则有赖于自制和被动,就像想中奖要先买乐透填数下注。

当愿望的实现与等待脱不开干系,总不免生出些"得失在人,祸福惟天"之感——认为它取决于个别人或某些人的反应,取决于某种情况,取决于命运或上帝,取决于倒霉或走运……因此不少人都会说:"我不想等。"

不时地,你会在日常生活中体会或感受到,仅凭等待是不够的,要达成愿望就要有更积极、更投入的付出。无论多么深切的渴望,如何细微的心愿,在饱含渴望的等待中隐藏着这样一个事实:梦想有其依赖性。无论我们怎样努力地坚持都未必一定能够实现梦想,无论是孩提时代的单纯愿望,还是危险,甚至病态、狂妄的念头,我们坚信只要坚定不移就能梦想成真,且不说愿望的实现有时候取决于运气,如果这份愿望需要他人的参与,那么愿望的实现还取决于他人,不是可以独立解决的。其他人会回应你的这份梦想吗?他们愿意帮你实现愿望吗?他们是否有能力、有意愿为此而努力?如果有人觉得,他的愿望能否实现只取决于他自己——他的心愿有多深切、他是否付出了足够的等待,结果会是怎样?如果他期待的是自己表白的对象也爱自己,那么无论坚持多久,都可能只是一场深情而徒劳的等待。与之相反,在不放弃的前提下,如果认识到了这种依赖性而去试图找到两个人的共鸣,岂不是比束手以待更有意义?又或者,及时地调整方向,会有更好的效果。如果对某人的爱注定不会有结果,何不干脆放手,怀念也罢,释然放下,虚位以待真爱到来。

期　待

在通往愿望的道路上,比等待更强烈也更明确的就是期待了。"我期望你今天能把自己的房间收拾整齐!""我期待你如果今天又要加班，会提前给我打个电话。"人们有时不会把期待包装成一个疑问句，而是会用陈述句来表达，甚或默不作声地凭空期许，那么在句尾作结的恐怕不会是一个称心如意的句号，而是感叹号。如果对方装聋作哑，或者产生了抵触心理，愿望就会落空，许愿的人也会对此无能为力，只能听天由命。可能最后孩子仍然不会整理房间，而伴侣最终还是没有打来电话。但毋庸置疑的是，同样的愿望如果用期待来表达，会比等待来得更强烈、更深切，也更有可能被满足。

用等待发送出的愿望通常显得轻微又偶然，难以引起接收者的认真对待，甚至可能因为过于平静而显得非常隐蔽，导致对方根本没有接收到。反之，如果清清楚楚地把这种渴望和意愿通过期待的形式表达出来，那么对方接收到的概率就会高得多，收到答复的可能性也相应更高。至于收到的会是怎样的答复，就像愿望的性质一样，这还取决于其他人和其他因素。

要 求

要求比期待来得更强烈。"我请你离开这所公寓！""你要接受我有自己的感觉和兴趣！""这是我对你的终极建议，接受它对你有好处。"要求中还潜伏着威胁："如果你不接受我的愿望和要求，那么……"一个包含着要求的句子里，后面往往跟着一个"否则"。当人们用姿态或动作表达他们的要求时，他们的手部通常会紧张地向前伸。提要求是一个主动的过程。希望加薪是一项重要的意见表达。如果没有被满足，通常也不会有任何后果。当期望加薪的愿望更加强烈，它的表达可能是这样的："你应该给我加薪。如若不然，我要考虑考虑下一步该怎么走了。"加薪的要求通常裹挟着威胁"要是不给我加薪，我就另谋高就了"。有所要求的前提有可能是为了更接近渴望的目标。这个目标不必具体，甚至可以很抽象，比如对公平的向往。

如果一切等待、期待和要求都徒劳无功，那么恐怕就有必要改变一下愿望的方向，或寻求一些帮助。愿望最终还有另一系列性质和动向：把握，抓住，出手。

抓　住

一名女士谈起她等心仪的男同事约她已经等了九个月。她甚至很勇敢又"随意"地"明示"过，她说："这个问题呀，等我们一起去喝杯咖啡，好好聊聊这个。"这位男同事当即点头同意，却并没有主动采取进一步的行动。女士左等右等，也没有等来同事的邀请。担雪填井，白费力气。要求比期待来得更强烈。她也怀疑过，难道是同事对她不感兴趣？答案显然是否定的，同事对她也很上心。她思来想去最后将问题归结于自己，并求助于心理咨询。治疗师告诉她，男人有时候也很害羞。男人也常常会有愿望又不敢表达，要等明确的信号，以免使自己陷入尴尬。治疗师的话让她非常的震惊，因为那位男同事给人的印象非常自信笃定。然而当她开始仔细观察时，才发现他也和其他男人一样，有许多不安全感。最终她意识到现在这种无望的等待只有两种选择，要么不得不继续下去，要么只能放弃自己的愿望。治疗师摇摇头，指出还有第三种选择："你可以邀请他呀。"起初，这个建议对她来说太荒谬了，她有点不好意思，也有点胆怯。在治疗师的鼓励下，她花了很长的时间才克服了恐惧和害羞，终于采取了主动，并且一击制胜。

摆脱被动局面，主动出击，并非每次都能马到功成，但肯定可以走出消极和等待，让渴望变得更明晰。如果上文提到的男同事拒绝了这位女士一起吃饭的邀约，她可能会感到悲伤和失望，但同时也能看清事实，及早结束这种被动、旷日持久、疲惫不堪的等待。只有走出这份期待才有机会和其他人走到一起。这就是为什么"把握""抓住""出手"都是愿望的主要属性。伸出手去，抓住了，就像前文的女士一样把手伸出去、去抓，这既是其字面意思，也有象征的意味。

第 2 章

（羞）耻感

意义与情感格局

（羞）耻感在情感标尺上的级别很低，与之相邻的是罪感、恶意、抵触、嫉恨、嫉妒、厌恶之类"不受欢迎"的感觉。如果一个人感到羞耻，他会尝试逃避这种感觉，不接受它，甚至压抑这种感觉，或者试图用其他能令自己感到片刻舒适的感觉来替代它。

（羞）耻感通常是分散弥漫，不可名状的，难以捕捉/捉摸。不少人都把它归为"奇怪的感觉"，因为每当人们要表达或展现出这种感觉时，就会感受到某种阻力进而退缩："我不知道是怎么回事，就好像有什么东西踩下刹车一样阻止着我。我并不害怕，只是觉得有什么东西拦在那里……有可能，我是不好意思谈到它。"

在文学作品中，我们首先是在莎士比亚和陀思妥耶夫斯基所作的诗文里找到了有关于羞耻感的描述，而这在后来的心理治疗学专业文献中所占的比例要低得多，并且越来越少。文学家和心理治疗师一样要研究人，钻研人们的苦难、感情、喜乐、纠缠、行为以及表现形式。就像我们看到的那样，几乎没有一部出色的小说或一场治疗完全不存在让主人公感到羞耻的情节；而如果文中角色性格或表现发生了变化，这样的情节更是绝对少不了。因为在改变，尤其是在期待的改变过程中，羞耻是一个重要的伙伴，而这也应该使羞耻这一情绪更受欢迎。

什么是耻辱感？代入如下场景时，我们便会明白这种感受：

- 一个12岁的小女孩在浴室泡澡没关门，一名家庭成员没有敲门就进入浴室。这个女孩感到羞耻。
- 一个男人忘记了妻子的生日。他感到羞愧。
- 一个女人在生日聚会上被她的朋友当众夸奖，在场的人都听到了。她很害羞。
- 一位画家画了一幅新画。他要把新作展示给他看重并且信任的人。他很兴奋，充满期待，同时还有点不好意思。
- 有人私下里向同事们骂了拜仁慕尼黑队，一位同事站出来称自己是拜仁球迷。起初开骂的人会因"被当场逮住"而尴尬。
- 一名女子当庭复述自己被强奸的经历，会有羞辱感。
- 一个孩子和父母玩扑克输了，开始发脾气，而父母对此报以微笑。孩子就哭了，小朋友恼羞成怒，又气又羞。
- 一个7岁的女孩每看到电影开始播放或提及情爱情节时，就把头埋在枕头里唱歌。她感到羞怯。
- 一位女士在5岁时的每个星期日早晨，都不得不在隔壁的售货亭用她妈妈给的空啤酒瓶偷换啤酒。这段回忆让已经成年的她至今仍然感到羞愧。
- 一位女士会为电视播报的难堪的事而羞愧。这些事与她毫无关系，也能被允许在电视上公共播放。
- 有些人在受到侮辱时不会有羞耻感，在被真心称赞时却会感到羞惭。
- 家长会因为孩子的病患或残疾而感到耻辱；人们会为自己的残疾感到羞耻；人们会因为其他人感到羞耻时，而感到羞耻……

羞耻有许多"面孔"，也有许多品质，但有一个特征贯穿始终：它是一种感觉，当人们完全或部分地展现自己时，这种感觉就会涌现。

羞耻（Scham）一词来自古德语的"scama"或古英语的"scamu"，词源可以追溯到原始印欧语根 kam/ke，意为："掩盖，遮盖，掩饰"。通过前置的"s"（skam），可将"掩盖"转化成"掩盖自己""隐藏自己"。

羞耻是一种社会性的感觉，一种交互的感觉，一种由人与人之间的互动产生的感觉。羞耻感来自一个"他人群体"，即自己以外的公众，至少是想象或假定的公众。"羞耻……是以他人的眼光来审视自己而编织出来的感受"[帕勒门（Palmen），1999，第 175 页]。羞耻感表达的愿望是想隐藏某些东西，使别人看不到它们——无论是曾经被曝光过的还是将来有可能会被暴露的。

然而这个定义并不足以让我们理解和领会羞耻感。为此我们首先要区分羞耻感根深蒂固的两种特质，也是它的两种来源：天然的羞耻和人为的羞辱。

当羞耻感涌上心头，我们清楚这就是一种感觉，却不能立即分辨出这种感觉是由于天然的羞耻还是来自人为的羞辱。

天然的羞耻

天然的羞耻是指人类在展示自己私密的时候所感受到的羞耻。一位女士说:"经过了漫长的预热之后,我终于向男朋友表白了。我当时的状态是一种前所未有的感觉——既紧张,又害怕被他拒绝,同时还为自己感到羞愧。也许是我太冒失、太奔放了。"

一位朋友谈起他曾经给自己敬仰的一位作家寄过一首自己作的诗并请他点评。当他望穿秋水终于盼到了作家的回执时,他感到又开心又羞愧,激动得几乎无法打开信封……天然的羞耻是人们在展示自己的某些东西时会产生的感觉,那不是随随便便拿出手的无关紧要的东西,而是发自内心、盛意拳拳、郑重其事亮出的,在他们自己看来重要而私密的东西。天然的羞耻通常关联着对他人反应的恐惧或期待,并会令人不断自省:"我是不是不应该说出来?我这样表示,是不是会有问题?"

天然的羞耻是私密空间边界的守卫。私密空间是我们的体验空间,它在大多数人的体内或肉体的边界;世界上任何一本解剖书都不会标出它的位置,但每个人都能感觉到它。至于私密空间的确切边界在哪里,何时以及何种强度的侵犯会触发羞耻感,则因人而异。对私密空间及其界限的认识并非一成不变,它有一个不稳定的形态。即使私密空间的边界自出生起就一直存在,也不会在到达某个年龄后"发育完成"固化成形。对于大多数人来说私密空间的边界很灵活,至少会根据生活经历和环境情况相应做出一些细微的变动。

谈及私密空间的边界,我们人类几乎一直都很纠结:一方面我们渴望这个边界有灵活性和渗透性,能够接纳他人,同时得到安抚、无间的亲密与温柔；另一方面我们又害怕自己的私密空间会遭到他人破坏，由此而生出对保护和安全的渴望，甚至一些曾经遭受过重度伤害的人会彻底封锁自己的边界，而这也给人为的羞辱饲以口实。

人为的羞耻

人为的羞耻通常由此类句子触发："不知羞耻！""真替你害臊，中午又不洗手就吃饭！""你自己摸自己的小鸡鸡（或者咪咪），简直没羞没臊！""你没做作业，不觉得丢人吗？""考试又不及格，你可真丢脸！""丢不丢人啊，你……"这种羞耻感就是人为的羞辱，由外界作用而产生。

它明显是由上文那一类的句子引发的。但不经意间的讥笑、嘲讽、鄙夷，往往微不可察又防不胜防，如同大衣上的一个针眼。在此种情形下暴露自己的人，会遭受直击灵魂的冲击，他们的个性会被忽视甚至鄙视。

人们之所以会被嘲笑，是因为他们的外表或行为不同于惯常所见——人们常常用"正常"或"正确"的规范和标准来衡量其他人。在这样的背景下，人们恐怕没有什么不能被边缘化的理由——显然，许多人觉得有必要通过羞辱他人来边缘化他人，以应对这个世界，以维持他们可以通过这样做来拯救自己的形象而不至于崩塌的幻想。他们不想感到不安全和无助，例如在抚养孩子方面。（如果我们在学校操场上听听上小学的孩子们闲聊，会发现人为羞辱在他们日常交流的言语中所占比例已经高得吓人）。其结果是，许多人都曾经受到过羞辱的伤害。每个人都经历过羞辱——并且每个人也都曾经羞辱过别人，不管是有心还是无意。因为某些言论很容易成为羞辱的土壤，人们也因而会将经历过的那些侮辱性的品评"调适"为"内置"的评价。然而，一旦天然的羞耻感被人为羞耻的经验所掩盖和重铸，其活力和保护力就会受到限制，由此一来，追根溯源就变得有必要且有帮助。

迷茫与困顿

人们如果受困于羞耻感，就会不时抱怨自己对过多的东西感到羞耻，尽管有时候这种耻感不仅完全没必要，比如说为别人而羞怯；甚至有时候毫无来由——人们自己都不知道为什么感到羞耻，因为这种羞耻感就像埋伏在那里突然袭击了他们一样。

诸如此类的疑惑和苦恼伴随着他们。但是走出受困于羞耻丛林的光明之路还是存在的，至少有一个方向，那就是正确认识羞辱。如果人们不知道这种羞耻从何而来，这在很大程度上可能是因为，这种痛苦的感觉来源于以往被羞辱的经历。（其积极的方面是，作为与他人共同生活中必不可少的一面，羞耻感是以社会良知的形象出现的，它的缺失通常与负罪感紧密相连。）

当天然的羞耻成为暴力的牺牲品

如果羞耻感不是在特定的情况中出现，并且不会在短时间内消失，而是几近于随意且长时间地在与他人打交道的过程中频频出现，那就说明，受害人内心深处已经受到了深深的伤害及极大的羞辱。

一名34岁的妇女因持续受到羞耻的困扰而接受治疗。虽然作为保险业务员，她在工作中能幸免于这种羞耻感的袭击。"但是，如果回到私人生活中，它就开始出现了。当一个男人看着我时，我很羞愧。当我走进一个有几个人的房间时，我感到很尴尬。然后，我确信所有人都会注意到我，我也会为此感到羞愧。"在治疗过程中慢慢事情就明了了，来访者在 13 岁的青年营中曾遭到主管的性虐待。她满怀痛苦和羞愧地告诉了自己的母亲。

而她的母亲因为担心她怀孕，转而抱怨自己的女儿在那个男的面前"放得太开了"，这进一步加深了受害人的羞耻感，从而使得她保持沉默。女儿自此一直担心再次受到侵犯，她在自我意识中一直存在一种强烈的不安，这进而影响到她与别人交往过程中的思想（她到底该开放，还是该拘谨呢）。

这种负罪感和经常出现的羞耻感就这样一直伴随着她。因为以往的经历，她内心的那种天然的羞耻感受到了强烈的伤害，然后她就会根据以往的经验做出判断。很明显，那次受辱的经历动摇了她内心的根基。在内心深处，她一直有被羞辱的感觉。这种羞辱感和其他对内心造成的伤害，以及各种暴力和攻击的经历会让她持续产生处在危险之中的感觉，从而使得羞耻感成为持续活跃的守护者和监护人，一直守护在现场，长此以往，每一个公共场合都被视为潜在的伤害源。

原生耻辱

儿童身上时常弥漫着这种羞耻感：总有哪里不对……我觉得不对……我不对。不知道什么时候无意中听到母亲这样说："如果我当时有钱堕了胎……"这孩子就会为此觉得羞愧。在这里，这种羞耻感不单指一个人的单个行为或者某一种特性，或身份的个别方面，而是指他的存在。这种羞耻不是因你做了什么或你怎么样，而是因为你的存在才触发的。对于这种"原生的羞耻"我们可以这样理解——因你的存在而感到羞耻。

原生的羞耻也有这样几副面孔：

- 一位母亲反复抱怨说，自孩子出生以来，她一直生病，失去了生活的乐趣。孩子感到羞耻，因为他的存在已成为母亲持续患病和困苦的原因。
- 一个女孩作为死于两岁的姐姐的替代品而生。这个女孩被赋予了相同的名字。死去的孩子仿佛会以"真实、更好的我"的形态漂浮在房间里。此外，还有一层仪式感——阳台上竖立着一个坟墓，上面有两个孩子（一生一死）共同的名字。这个女孩在童年时代就感知到自己是另一个孩子的替代品。她为自己的存在感到羞耻，因为实际上她的位置本属于另外一个女孩。
- 一个男孩总是听到"你是一块烂泥！""你是一坨屎，我怎么会有你这样的孩子！"他为自己"卑鄙"的存在感到羞耻。
- 在父母看来，一位姑娘生错了性别："她绝对应该是个男孩。她也不被视为女孩，而是被视为男孩。她必须穿男孩子的衣服，进行男孩子的运动和休闲活动。"这不仅混淆了她对性别的认知，而且这种超越了性别的矛盾让她感到自己的人生是"错误的"。她作为女孩的存在被否认，因此为之羞耻。

这些例子表明原生的羞耻主要是别人的羞辱造成的。他人不仅有选择地／逐渐地侵犯了受害人的私密空间，而且还完全质疑受害人及其内心空间的生存权。这种根本性的羞辱具有决定性的后果。它可以掌控人的整个身体,并像一条红线一样贯穿生命。

泛滥的羞辱感

有时候,耻感如同一个到处游荡的魔鬼,它泛滥的时候就像洪水一样喷涌而至,不断被无边无际的耻辱滋养,而且本身也没有边界。这个魔鬼,我们可以看到,也可感觉得到,但伸出手去又无法触摸。它到处游荡,渗透到生活中的每个角落。

具有天然羞耻感的人,内心始终潜伏着这种感觉,它会与羞辱经历互相交织在一起。这种羞耻感是随机出现的,即便有时候它并没有触及私密空间,又或者人们的内心深处根本就没有受到伤害。当然,要是说它的出现绝对没有任何诱因也不完全正确。

对许多人而言,引起泛滥性的羞耻感的原因一般有两种。

一种是因"有威胁性"的生活接触引起的,除了一句随意的"你好"之外再多说一句话,都可能触及个人的生活经历并产生影响。每一次接触都如同用小火慢慢加热,使之无法活跃起来,这样接触产生的共鸣就保持在耻辱阈值以下。如果接触的范围程度超过此阈值,并且对方不遵守该"羞辱溢出的禁止规则",那么他的这种羞辱就会引发强烈的反应,以至于双方必须迅速终止接触。羞耻不仅仅守卫私密空间,它还守卫着共鸣的边界。它改变了自己的功能,并且招致痛苦和孤独,因为它阻止了生活中的交往。

导致耻辱泛滥的另一个常见原因在于个人以往的痛苦经历,当他们在身体和情感上表达自己时,当他们出于某种原因唤醒了自我时,他们总是非常尴尬——因为羞辱禁止这种激动,与此同时贬抑的过程又加剧了刺激。因此,羞耻感"本质上"与觉醒有关。每当这些人受到刺激时，无论是出于喜悦、愤怒还是爱情，无论是独自一人还是与他人相处，他总会感到羞耻，并刻意减慢兴奋的速度。在这里，正如一个客户所说的那样，耻辱也从一个私密空间的守护者变成了"防止兴奋的保护墙"。

另一位客户将他的泛滥的羞耻感比喻为"中毒"。毒药通过血管进入体内，并阻断了体内的活力。在这种情况下，首先应当让那些受影响的人意识到自己被羞辱"下毒"了。然后，他们尽管会感到羞耻和羞辱，但也可以并能够恢复活力——一步一步，总是走得更远，直到这种羞辱被生命力所取代。

源于共同羞耻：共鸣式羞耻和委托式羞耻

当人们感到羞耻时，会引起其他人的回应。不幸的是，如果人们将自己的羞耻公之于众，往往随之而来的要么是羞辱，比如嘲笑，要么是其他让人愈发丢脸的行为，当然，偶尔也会有善意的安抚。

但那些没有表现出来的、被压抑着的羞耻感呢？它们因人们尝试把羞耻感藏起来而产生。根据我们的经验和观察，这种羞耻感在其他人身上产生了回声，即一种共鸣，通过这种方式，人们与隐藏的羞耻感"共鸣（共振）"了，这就是"共鸣"一词的字面意义。

或许你曾有过这样的经历：你在看电视，一位新闻主播正在播报新闻。她有条不紊、准确无误地朗读着新闻。突然，她口误说错了个词，不由地愣住了，虽然思索着正确的说法，但发言已然没有条理了。她变得结结巴巴，看起来分明已经憋不住笑了，但她强忍下了笑意。你看到她很尴尬，你也看到了本不该出现的场景——你也觉得尴尬。或许你会从理智上告诉自己："这个女播音员和我有何相干，这是她的职业危机！不是我的！我和她没有任何关系，也没有任何共同点……"——但你的情绪却有不同想法：你感到羞愧。

上述情况可能还相对无害，但下列情况的危险性就大了不少：你正在看一档电视节目，这位主持人曾主持过一档所谓的家庭节目，但并不成功，于是他现在转而主持这档少儿节目。他明明年纪不小了，却还装得跟个小男孩似的，摇头晃脑的样子看起来丝毫不可爱单纯，反而傻里傻气——而且他自己也觉得羞耻。他虽没有公开表现出来，但从他夸张的表现中，苦恼、屈辱和羞耻可见一斑，他的情绪传递到了你身上，引起了你的回应。相比第一个例子，这种羞耻感可能会给你带来强烈数倍的冲击。因为你亲眼见证了，一个人是如何失去尊严，如何以毫无羞耻心的方式将自己展现在观众面前的。他人的羞耻感、尴尬的自我暴露、对隐私的漠视，这种羞耻感蔓延到了你身上，引发了共同羞耻。而这种共鸣式羞耻于他人而言，亦是一种羞耻。

委托式羞耻

你或许已经意识到了，上述两种电视机前的情况分别是前因和后果，也就是羞耻感的来源及其影响。同样形式的共同羞耻会出现在大家庭中，尤其是在几代人之间，有时也会出现在伴侣之间，而发送者和接收者都不会注意到这一点。例如，母亲心中充满了羞耻感，是的，她仅仅为自身的存在感到羞耻。为了经受住内心的煎熬，她不知怎么"学会了"挪动、压抑、掩盖内心的羞耻。可她敏感的孩子虽然感受到了母亲的羞耻感，却无法确定其原因：羞耻的氛围"若有若无地"笼罩着家庭。孩子觉得，这是他的羞耻——并与他的羞耻感做斗争。但孩子不知道"羞耻感从何而来"，他发现这羞耻感"毫无缘由",于是他试着与之展开一场更激烈的斗争。但这恰恰使羞耻感站得更稳,甚至使羞耻感满到溢出(参考上述例子)。我们将这种类型的共同羞耻称为委托式羞耻(母亲或其他人将羞耻托付给孩子)。

委托式羞耻还存在一种变体,即某人为另一个人而感到羞耻,但另一个人才是那个应该感到羞耻的人。尤其是儿童,他们特别愿意"开诚布公"地与他人产生共鸣,他们只要一天不剥去这一禀赋,就不得不一直生活在这种羞耻之中。例如,一个10岁的小女孩走进街角的粮油店,她手中拿着一张购物清单:"我要6个鸡蛋、半磅[①]植物黄油、1磅面粉和6瓶啤酒。"女孩低声嗫嚅道。店员把东西都递给她时,女孩非常小声地说:"我妈妈明天再来结账。"粮油店老板早就见怪不怪了,这家人总这样。于是店员点点头:"好的,我记下这笔账了。"可女孩觉得很羞耻。

就像这个女孩一样,许多孩子对他们的父母或其他亲属感到羞耻。共同羞耻,以及为他人感到羞耻,都让孩子们畏缩退却、沉默寡言。埃利亚斯·卡内蒂(Elias Canetti)在讲述一个男孩的故事时,写道:"当他的爸爸……说了一些特别愚蠢的话时,男孩沉默了、退却了,表现得像个突然消失的隐形人。我当时就知道,他为他的父亲感到羞耻,尽管男孩不曾提起过父亲,但我还是意识到了这一点,或许这就是男孩不愿提起父亲的原因。"(卡内蒂,1977,第144页)

儿童会混淆自己的羞耻与他人的羞耻,自然也会混淆天然的羞耻感与本该属于他人的羞耻感。"哪些是属于我的,而哪些是属于其他人的?"这就是人们受委托式羞耻困扰时,必须处理的问题。但仅仅

[①] 1磅 ≈ 0.45千克。——编者注

会区分天然的羞耻与人为的羞耻，还不足以找到摆脱痛苦的方法。人们常常将对委托式羞耻的体会与经历看作理所当然，以至于人们需要借助旁人的帮助，才能正确认识委托式羞耻。通过治疗，人们将有机会一步步成功区分二者。

在此，重点并非认识天然的羞耻与人为的羞耻之间的区别，而在于找到羞耻属于的对象。人们会在此过程中获得支持，并清楚地体会到自己与旁人在其他方面的区别和界限，也能学会尊重他人应有的"权利"，人们不是非得与其他人感同身受，他们有权拥有不一样的情绪。

建议与帮助

我们想给你提供五点提示，而这五点提示已在我们的工作中被证明是切实有效的。

人为的羞耻与委托式羞耻：哪儿来的回哪儿去

要想解决人为的羞耻带来的羞耻感，最重要的一点在于，将人为的羞耻识别出来。只有当人们正确认识羞耻感，明白它源于人为的羞耻，是来自外部的、他人的，是针对自己的，会打击伤害自己，充满消极意义时，才能将其与天然的羞耻区分开。你所感受到的羞耻真的属于你吗？它提醒你注意捍卫自己的隐私了吗？还是说，它只是对他人尴尬表现的一种反应？直面这些问题，并尽可能回答它们，要注意，这并不是一次就能完成的。你最好做好心理准备，区分天然的羞耻与人为的羞耻需要一个漫长的过程，一开始会很费劲，但从长远来看是值得的。因为：羞耻不是可以被"抛弃"或"拒绝"的东西，尽管许多人对此梦寐以求，但人们能"抛弃"或"拒绝"的，只有人为的羞耻。天然的羞耻恰恰是我们所需要的，它能帮助我们捍卫隐私。在我们可能被人羞辱或伤害时，天然的羞耻会有所表现或发出警报。只有当你将天然的羞耻与人为的羞耻区分开时，你才拥有自卫能力，而对于人为的羞耻，应该对它说："哪儿来的回哪儿去！"或者它爱去哪里，就去哪里——但在你身上，它不（再）能长久停留。

练习与人交流

交流是羞耻消灭者。感觉羞耻的人往往会躲起来，不断退却，关上心门。而当人们看到其他感到羞耻的人时，自己通常也会有退缩的冲动，而且他们往往会和感到羞耻的人一样胆怯、谨慎。

交流能驱散羞耻感。羞耻感威胁要让人们孤独。当羞耻感隐藏起来时，它的威胁就愈演愈烈了。那么我们首先要认真对待并尊重自己和自己的羞耻感，看看究竟是哪方面的羞耻，这一点很重要。将隐藏的羞耻感公之于众——这意味着至少要向一个人敞开心扉——在我们看来，这是消除羞耻的唯一途径。羞耻是一种社会情绪，正因如此，消除羞耻才需要与人交流。我们刚刚已经谈到了，交流是羞耻消灭者。对羞耻保持沉默会助长羞耻的气焰，而向他人倾诉或与人分享则有助于瓦解羞耻。因此，请与人分享你的羞耻。从你最信任的人开始。

创造力

创造力也可以成为羞耻消灭者。当人们表现出创造力时，不论是画画还是唱歌，不论是跳舞、演戏，还是写诗——这些创造性的过程总是包含着一些个人的，甚至是私密的东西。公开展示创作过程或创作成果，比如在展览中展出画作、朗诵诗歌、演奏音乐、表演舞蹈或戏剧，意味着将个人空间或私密空间公之于众。因此，在公开这些创作过程时常常会感到羞耻。经历一遍这种羞耻，才能开启改变，在最理想的意义上变得更加无惧羞耻，这是一个自我治愈的过程。但在此过程中，你应该谨慎选择展示创作成果或展示私密空间的对象。再强调一遍，你应该寻找一个不会让你感到丢脸，同时也不会娇惯你的人，他应该是一个真挚、诚恳的人，不会轻视你，也不会伤害你。在这种情况下，羞耻可以发挥其作为一名守卫的作用，帮助你选择并检验倾诉对象。创造的过程能给予你建立在善意基础上的真诚的反馈，但不能帮你避免羞耻。相反，它甚至可能会引来羞耻，迫使人们一次次经历羞耻，不允许人们掩饰或隐藏羞耻。人们在经历羞耻的过程中会练习并学会将羞耻变成自己的东西，并接受与人为的羞耻截然不同的天然的羞耻。

"请设计或找到你的羞耻消灭者！"或许你会受此启发，为自己设计一个符号。这个符号代表了你的羞耻消灭者，或者换种可爱的说法：一只小小的羞耻消灭者，它专属于你，也只愿意帮助你。我们在工作中收集了一些创造性符号，它们会给你提供一些具体想法：一位女士画了一只凶猛的巨兽，巨兽以她的羞耻为食，会不断吞噬她的羞耻。另一位女士则画了一个小陶壶，用来盛放"我窘迫时的红脸蛋儿"。一位男士为自己买了一面小镜子，当他可能被羞辱或害怕被羞辱时，他就会照照镜子："我注视着镜子里的自己，这样我就不会感到迷失。"

致羞耻的一封信

也许你可以给自己的羞耻写一封信，信的开头可以写："亲爱的羞耻，我知道，你在。我知道，你从何而来。而且我已经知道了，你也很有用，会为我着想。我很感谢你。但是……"许多处于两个极端之间的人们（他们完全沉于羞耻，或试图完全摆脱羞耻）都已尝试过写一封类似的信。这样的信件或内心的对话往往让人能够心平气和地与羞耻交流。羞耻感在情感格局中获得了一席之地，一处安全且能被接受的位置，因此它不再需要踏上岸来折磨人们了。

张开五指

你肯定已经看到孩子们这样做了。一个孩子用手遮住眼睛。也许他不想被别人发现自己看到了什么。但后来，孩子的好奇心占了上风。孩子并没有把手从眼睛前拿开（羞耻心或警惕性还是太强了），但他把手指稍稍分开，通过手指间的缝隙向外看。但对于羞耻心而言，重点并不是要向外看，而更多在于展示自己。孩子张开手指的画面对很多人都有帮助，或许对你也有帮助。要摆脱羞耻，不必完全暴露自己，只需要露出些许缝隙就够了，就像孩子眼前张开的手指一样。如果你现在想一想，肯定能想到一些你敢于向朋友或信任的人展示的东西。不妨与他人分享那些你通常因害羞而藏起来的生活中的小小领域。这一小步就能够打响从人为的羞耻中夺取力量的战争，这一小步也能成为敢于采取新的交流方式的开端。

第 3 章

（负）罪感

意义与情感格局

没有负罪感，就不会有文明。如果对这一说法的正确性有所怀疑，就请试想一下，世界上人人都没有负罪感，会是怎样的情形，将会发生什么。当我们如此设想时，这种说法的正确性就瞬间明确了起来。如果有人为非作歹，无论是伤了人，还是害了命，都不能引起他内心的罪感，他就不会放下屠刀，而是会继续胡作非为。早在遥远的史前时代，原始人类还处于居无定所的游牧阶段，那时的人们以暴抗暴，以牙还牙，以眼还眼，奉行的是弱肉强食的丛林法则。

罪感心理的意义在于，它形成了一套制动系统，可以防止暴力行为的发生和不公正现象的反复出现。对孩子不管不顾，对伴侣拳打脚踢，在单位里手脚不干不净，出于报复对前任痛下杀手……对大多数人来说，脑海中一浮现这样的念头就会唤起负罪感，更不要说付诸行动。负罪感帮助他们克制那些冲动，以免发展成行为，这也进一步实现了人类的群居。

除此以外，总有些小事件会让你感到有所亏欠。这在日常生活中比比皆是。比如，某人受朋友的指点，申请到了一份新的工作，他很感谢朋友的建议，会说"这件事上你对我有恩""这事我欠你一个情"。再有，比如某人给朋友送了一份圣诞节礼物，却没有收到只言片语的感谢，他不由得恼火，并为没有得到对方的感谢而烦恼："来道个谢难道不是天经地义的吗？这人情债我可给你记下了。"再比如，××生日那天收到女同事送他的礼物，感到非常羞愧，因为他忘记了她的生日（尽管"礼物"和"亏欠"本不应该绑在一起）。在与他人的日常交往中，我们经常会不同程度地亏欠别人一些东西。

这种"罪"感是由其他原因引起的，并不是因为你违反了法律或打破了禁忌。显然，人类共存的规则之一是，在付出与收获之间得拿捏住趋于平衡的分寸。如果这个过程是强制性或索取而来的，就会让人难过，从而伤害人们之间的感情，关系甚至可能就此破裂。当然，只收取礼物而不给予任何等价的回报，也是可以接受的。但是，一味地索取而不懂得付出，会让人变得自私自利，要知道利己主义者是很难拥有友谊和爱的，除非这段情谊混合着别有用心的掌控和奉承——可那样一来，它也不再纯粹了。

因此，负罪感可能出现在付出与回报不对等的认知障碍中。出于某个原因的感恩戴德通常是一种愉悦的感觉，但个别情况下也会伴随着绝望的感觉。那些认为自己可以通过更多的付出换取好感、亲近和爱情的人，或将之当成通往爱与幸福的唯一途径的人，只要忘记过一次别人的生日，就会感觉"大错"已铸，从而陷入深深的自责之中。

另一种负罪感来源于无法解释的危险事件。

一座城市在地震中毁于一旦——这必定是对市民们罪行的惩罚；一个孩子得知父母离异，他找不到任何理由，只能归结于自己——这一定是他太淘气、不整理房间，他根本就不该来到这个世界上；一对双胞胎姐妹中的妹妹癌症晚期，不治身亡。虽然姐姐一直陪伴并照顾她，却恰好在妹妹病发身亡时去了医院的咖啡馆休息。妹妹的死令姐姐自责不已，她认定是自己没有照顾好妹妹，才导致她不幸离世的。

对于不符合人们期望的事件，人们如果在事发后无法理解，感到窒息而苦闷，就会一直寻找原因。最终他们要么会在别人身上找到原因，要么会在自己身上找到原因，这会给他们带来痛苦而持久的负罪感。

迷茫与困顿

没有任何人愿意与负罪感为伍。尽管有时不得不向其妥协，但绝大多数人都希望可以没有丝毫的负罪感，可生活哪有那么容易。在你减轻内疚感之前，如果你觉得有负罪感，请再先仔细研究一下它，因为其中恐怕还藏着更多的惊喜在等着你。

没有罪行的负罪感

有负罪感并不意味着你一定犯有不可原谅的罪过。不少罪犯，无论男女，在行凶后没有一丁点儿的罪恶感；而清清白白的普通人，不曾犯下任何罪行，反倒背负着罪恶感。区分犯罪作恶与负罪感之间的区别，关系重大。

F太太一天到晚都觉得有负罪感。当我们问她为什么一直都在自责，究竟有什么罪过时，她的反应很迷茫："我真的不清楚。我生长在一个严格的宗教家庭中，罪恶如影随形，甚至吃饭的时候它就和我们同桌。家里人一直告诉我，说上帝能看到一切并惩罚一切。我一直有罪，也一直觉得自己有罪。"罪恶感凝固了家里的气氛，至于这罪恶感是来自上帝的惩罚（不是宽容、慈爱的上帝，而是严惩不贷、不予宽恕的上帝），还是出于父亲或母亲的大家长式的家庭暴政，已经无关紧要了。它们的效果是一样的——盘旋在家中的罪恶感控制了孩子们，无时无刻不在压迫他们。

G 先生也是在负罪感中长大的孩子。他的存在就是他的"罪过"。他不断听母亲一遍又一遍地提起："都是因为怀了你，我才跟你父亲在一起……"这种指责把罪恶感深深埋在了 G 先生心里，他就像站在一个愧疚旋涡的中心，始终被负罪感包围着。他也是没有罪行而有负罪感的受害者，这种负罪感来自外在的指摘，无形无际，慢慢沉积在他心里，直到他自己都觉得理应如此愧疚。这不是因为他做错了什么事情，而是因为他的存在本身就是一个错误。至少是由于他母亲的说法和态度，令他心中产生了印象，并且已经深深地镌刻进了他的脑海里：他的出现，他的存在，导致了那些不好的事情，也就是令母亲不得不忍受这段婚姻，并因此心力交瘁。

很多人在成长过程中都会有这样的负罪感。这种负罪和愧疚并不是基于个人的某项行为，而是源于自己的出生。"自打你出生起，我就一直在生病""因为你，我的人生被毁了"这样的说法会让孩子产生一生都"甩不掉"的负罪感，即使成年以后也无法挣脱。他们能怎么办？他们无从改变，他们的内心找不到任何一块地方，可以让他们理直气壮地站在那儿重新绽放自己的人生。出生就是错误，这让他们手足无措。所以长期、磨人的不安，是这种出生即错误的外化表现。因此而备受折磨的人，往往会勇于不断尝试以求突破，从而改变他们的生活，让自己不安的心平静下来。但是根据我们的经验，如果不先解决掉他们对自己的出生所抱有的负罪感，那些改变是不会成功的。这类人群需要通过与其他人产生新的生活体验，由别人来告诉他们："这不是你的错，你能来到这个世上真好，这个世界欢迎你。"

幸存者的负罪感

还有一种无罪过的负罪感来自创伤性经历。许多幸存者，比如遭受过性侵的受害者都会产生负罪感，与之相对的，施暴者反而并不对此感到内疚自责。

"这不是你的错！"这句话要对受害者说不止一遍，十遍、百遍也不为过，尤其是性暴力事件的受害者，要让他们逐渐地对自己的负罪感产生怀疑，认真对待，甚至在自责的细节上，我们也要不惜采取偏袒受害者一方的态度，加强他们的无罪感。特别是在他们独自一人面对了恐怖的一切，却受到指责，甚至在事后不断遭到责备时。

通常，经历了肢体上和心理上双重暴力的幸存者的内心，格外容易被无罪过的负罪感攫取和占据。它也被称为"幸存者的负罪感"，更确切地说，是因为幸免于难而产生的内疚感。一位在泰国海啸中幸存下来的人说，他经常被内疚感所困扰，因为只有自己一人独活而其他人全部罹难，除了拼尽全力死里逃生之外，他谁也救不了。劫后余生的记忆被打上了负罪感的烙印，他们为家人不幸遇难自己却活了下来而感到内疚。基于自己多年来与灾难幸存者合作的工作经历，尼德兰（Niederland）第一次谈到了"幸存者的罪恶感"："其中对幸存者接下来的命运和整个悲剧最苦涩的讽刺恐怕在于，在一切非人的折磨之后，罪恶感在受害者的心头留下了难以磨灭的烙印，而放过了施暴者。"（尼德兰，1966，第468页）。 这一点在许多集中营的幸存者身上也得到了证实，例如，埃利·维瑟尔①、露丝·克鲁格②和普里莫·莱维③，他们一生都在不断地用这个问题折磨着自己："为什么活下来的是我，而不是其他人？"

幸免于难的受害者会产生负罪感，是因为他们试图去理解一些不可思议的东西，想找到无法解释的恐惧背后的原因，而这种尝试是徒劳的，会使他们进一步在自己身上寻找原因，从而推断是自己的某种应对不当导致了悲剧。这种应对策略有助于度过初期痛不欲生的阶段，但长久地看，可能会发展成终身的折磨，这种负担使劫后的生活"毫无意义"地变得沉重，甚至有导致受害人自杀的可能。

无法解释的负罪感

"每当我过得好一点，就会梦见战争，"男人喃喃道，"以前我并不知道自己在做梦，但我会在梦中憋气，或者呼吸太浅，这会惊醒我的妻子，她甚至无法判断我还有没有呼吸。我显得那么瑟瑟缩缩、躲躲藏藏，让她感到害怕。从那以后我渐渐地开始意识到每晚发生在我身上的事情。有时候我醒来还会想起梦中的战争场面。一般都是在斯

---

① 埃利·维瑟尔（Elie Wiesel），也作艾利泽·"艾利"·魏瑟尔（Eliezer "Elie" Wiesel，1928年9月30日—2016年7月2日），出生于罗马尼亚的犹太人聚集区。他的身份有作家、教师、活跃政治家、诺贝尔和平奖得主与犹太人大屠杀的幸存者。他的第一部作品《夜》（*Night*）描述了他一家人在纳粹集中营的遭遇，影响力和《安妮日记》（*The Diary of a Young Girl*）齐名。——译者注（若无特殊说明，本书脚注均为译者注）
② 露丝·克鲁格（Ruth Klüger），又名苏珊娜·罗丝·克鲁格（Susanne Ruth Klüger），（1931年10月30日—2020年10月6日），生于奥地利维也纳，是一位奥美文学家、作家以及大屠杀幸存者。
③ 普里莫·莱维（Peimo Levi，1919年7月31日—1987年4月11日），犹太裔意大利化学家、小说家。被誉为意大利国宝级作家，也是20世纪最引人关注的公共喉舌。其著作《这是不是个人》（*Se questo è un uomo*）和《休战》（*La tregua*）描述了他在奥斯维辛的经历，后者不仅被选入意大利语文教材，还于1997年被改编为同名电影《劫后余生》。

大林格勒①：被困在碉堡里、巷战中，炮火连连，中弹负伤，走投无路……上个礼拜有一天，我和太太度过了美好的一天。我们在市中心逛了街，去看了博物馆，晚上又吃了一顿丰盛的晚餐。

"可是到了晚上，我又被吓了一跳。我再次梦见……我惊醒过来，好不容易睡着了又再度惊醒。梦里全是战争，一次又一次。"

男人摇了摇头，接着说："但我并没有经历过战争啊。那段时间我能读一些关于战争的东西，但关于战争片、战争年代的纪录片，我根本看不了，因为我知道看完我就又要陷入无边噩梦，甚至吓得连觉都不敢睡。我搞不明白为什么会这样，现在我已经快60了，仍然摆脱不了这些噩梦。"

这位男士身上第二个不同寻常之处就是他的负罪感。"其实我过得很好，接受了良好的教育，事业上也小有所成，我已经结婚了，孩子们也都长大成人了，按理说我的生活应该很幸福。有的时候的确如此，但有时候我又感觉非常糟糕，而且我根本不清楚是什么原因造成的。当我在电视上看到墨西哥湾原油泄漏事件的画面时，我就会责怪自己在保护环境方面做得不够。当我得知孩子们遭到霸凌时，我想立马成立一个协会来保护他们，并且为自己没有早点这么做而责备自己，感到内心有愧。当我的朋友得了抑郁症时，我怨自己怎么事先没有发现什么苗头，怎么不拉他一把，让他免于身陷其中，我觉得自己没有尽到朋友的责任。我一直觉得这些都是我的过错。我知道你会说这也有好的一面，它会让我积极投身到各项事务当中。此言不虚，我也乐意继续保持这种积极性，但我厌恶这种压力，这种问心有愧的感

---

① 即今天的伏尔加格勒。——编者注

觉，这种罪恶感。当然我也责怪自己不能把这些东西丢到一边。我看书上说，我应该积极地考虑问题，应该给自己多树立正面的形象，把那些消极的东西就像扔进柜子里一样统统都收起来。我试过，但显然我的柜子上有个洞，放什么漏什么，那些良心的谴责和压力还是不断涌上我的心头。我埋怨自己做得不好，太软弱，'连这都做不到'，但我的自责反而让情况更糟糕。"

通过交谈我们发现，这种战争体验和负罪感是交织在一起、由一个共同的源头引起的。于是我们提出了一个关键性的问题："你的父母在战争中经历了什么？"

"关于这一点他们几乎从来没有谈起过。我只知道，我父亲非常年轻的时候在一条船上，这艘船屡次遭到攻击，但他还是撑了下来。那是在波罗的海，一直到1945年战争结束，美国胜利。我母亲年轻时在萨克森工作。谢天谢地，轰炸期间她不在德累斯顿，不过她还是从远处看到了冲天的火光。但这些我都是听我姨妈讲的，我母亲自己从来没有提起过。"

这位男士代表了一类人，他们会在自己并没有亲身经历过创伤性事件的情况下，重复不断地体验令人发指的创伤性经历，并且情况已经严重到影响他们的正常生活乃至生存的地步，让他们在精神上无法承受。怎么会这样呢？案例中的男子甚至都没有参与过战争，不了解战争，他有可能体验到置身于战争之中的恐怖吗？那会不会有人在没有经历过性暴力的情况下，也表现出与性暴力受害者相同的症状？人们会不会在没有经历过创伤性情境的情况下，极力回避一切让他们想起创伤事件的东西呢？

答案是：如果创伤性经历的受害者没有得到安慰和救助，这段伤害性的经历就会凭借强大的生命力，扎根于他们的生活中，继续和他们的生活融为一体，而他们往往别无选择，只能尽可能在表面上"抛去"这些恐怖的经历，但在暗中收容它们。不少人能在相当长的时间做到表面不动声色，可他们内心的恐怖感依然存在，他们随时可能被恐惧攫取，闪回到当时的情形中。对这种创伤性经历后果的研究表明，越是对这段恐怖经历闭口不谈的人，越有可能把这种恐慌不安传递给下一代人甚至第三代（弗里克-贝尔夫妇，2010）。这导致许多创伤经历者的子女在他们自己不明原委的情况下，仍可以在创伤性经历方面与他们的父母共情。

这种共情是怎样形成的？因为孩子是有知觉和有同情心的生命体，他们非常能体谅父母，会与父母处于一个类似情绪共鸣的心理区间里，并对父母感同身受。不管父母是不自知，还是有意为之，无论他们是出于什么原因，越是父母极力隐瞒的秘密，孩子就越会试图解读以期与他们的父母产生共鸣，并通过这种方式从精神上了解到父母已经"忘记"或试图忘记的经历，以及不指望孩子了解或刻意对孩子有所隐瞒的事情。这一过程是在不知不觉中进行的，以至于孩子们即使长大了，也无法将自己的痛苦症状切切实实地与具体的创伤经历联系起来，由此会更加无助。

当这层联系逐渐明晰起来，这位男士感到豁然开朗。他尝试着去找父母谈一谈。他的父亲已经年迈痴呆，什么也说不出来；他母亲略作迟疑，犹豫了一番之后最终还是很高兴能卸下心头的包袱，把内心深处那些不好的经历说出来。从那以后噩梦的困扰逐渐平息了，他只是偶尔还会梦到，清醒的时候很少再受到困扰。

愧疚感源自幸存者内心对往生受害者的愧疚感，这点我们在前文中已经介绍过了。显然，这位先生的父母也曾为自己幸免于难而感到愧疚，也许是因为当初未能帮助其他人（包括他们的亲人、同志和朋友们）逃离绝境而心存歉意。至于他们是否会一生都背负着这种歉疚，尤其是那位父亲，他是否在一生中也不断陷于负疚的余震，我们只能进行猜测，但永远都不会找到答案。这个男人自小就困在这样一张愧疚的网中。久而久之，这也成了他自己的网，令他久困其中却不明所以。

建议与帮助

在处理内疚感方面，我们首先要给你这条最重要的建议——把罪过和负罪感区分开来。不妨问问自己：我什么时候会感到内疚？我是否确实有过错？如果你并没有不当的行为，却承受着与之不相称的负罪感，请记得：不是你的过错，就不要轻易认领这件令人沉重的包裹。请遵从基本的"投递原则"：把它退回发件人，从现在起，拒绝签收此类包裹！不过，知易行难，恐怕大多数人都不得不接受这样一个事实：即使他们清白无辜，也明知自己没有罪过，却无法永远、彻底地摆脱内心的愧疚感。但是只要能确认自己的愧疚感背后没有过错，就有可能让它们找到归处。你可以在内心给它们分配一个位置，允许它们存在，而非令自己整个的生活和经历蒙上阴影，给自己造成负担，甚至是压倒性的负累。

如果你得出的结论是有问心有愧，无论是重大的罪责还是小小的过错，遵循如下三个步骤，你或许可以摆脱由此而生的愧疚感。

摆脱愧疚感的三个步骤

有一种方法被我们称为积极解脱之路，只有那些伤害了别人，并给别人造成了痛苦的人，才能通过这种方式摆脱愧疚感。每个人都有过错，这些对我们的内心都有所影响。有些罪孽深重得难以承受，有些小的过失稀松平常，几乎每天都有，是我们日常生活的一部分。我们每个人都曾经伤害过别人，有些是无心的，有些是故意的，有些伤害是不自知的，也有一些是心知肚明的。无论哪种，首先，承认是第一步。其中包括，感受这一行为给别人带来的痛苦，不管是过去还是现在。这包括感知过去经历和与之相关的痛苦。没有感同身受的懊悔不过是空话而已，一文不值。

如果说第一步是承认自己的罪过并悔过自新，那么第二步就是与人分享。因为比起仅仅停留在脑海里的想法，说出来的东西要更真实、更诚恳。请承认自己的过错，承认自己对别人有所亏欠，这种承认本身就是一种自我承诺，表明想要补偿被自己伤害过的人，平衡自己道德账户上的亏欠。

通常，私下里承认过错、表达歉意就足够了。但如果涉及公共事件，就必须公开承认自己的罪行。尽管一方面来看显得于事无补，比如惩罚罪过方也无法使暴力犯罪的受害者死而复生。但是，如果对罪过方迟迟不予惩罚，那么受害者及其家属，乃至后代的情感就会无所依托，这意味着社会在告诉他们："你们这些人，我们不在乎。"从而使受害者再次受到伤害。如果犯罪者没有受到惩罚，他们的存在就会变成对受害人和生还者的惩罚。换而言之，不惩罚罪过方这种行为本身就是在惩罚受害者。

如若有罪，则务必定罪。至于应该如何处以罚款，则取决于相关的法律制度，并会视个人的责任而定。尽管具体实施的责罚和惩处可能会对受害者造成舆论层面的伤害，但对受害者来说，这不是最重要的，重要的是天网恢恢，疏而不漏，有罪终会被定罪。

当2010年7月在杜伊斯堡举行的名为"爱的大游行"露天电子音乐节以许多人遇难①收尾时，人们都震惊了。但同样可怕的是，受害者和幸存者感觉被抛弃了，和其他数以千计的整夜惶恐、为亲人的生命安全而担心的人们一样。许多责任心强的人就像经历了一场自然灾害，置身其中却无能为力。一位26岁的幸存者事后在日报上声明："仍然没有人对这场灾难负责，没有人公开道歉，对于遗属和受害者来说，这是无法忍受的。"〔见《莱茵邮报》（*Rheinische Post*）2010年10月30日的报道〕

所有参与决策，令数十万人从唯一的地下通道进入的人，都应该站出来发声："有些事情出了可怕的差错，我们必须为此承担责任。这种责任在法律上要如何定责，还有待商榷，但毫无疑问，我们在道义上是有罪的。出现了这样的后果，一定有某个环节出了问题，一定有什么地方发生了错误，一定要有人承担责任，我们为此感到愧疚。我们对发生在眼前的苦难深感震惊、错愕和痛心。我们非常抱歉。"有了这样的声明，有了这样的态度，受害者就不会再感觉被抛弃，而是会在创伤和无助中受到鼓励。道歉必须从认罪开始，其他的一切都要从认罪开始。做不到这一点，一切都无从谈起。

---

① 2010年7月24日，德国杜伊斯堡举行的"爱的大游行"电子音乐狂欢节上发生了踩踏事件，并造成了恐慌，经确认有19人死亡，342人受伤，死者中包括一名中国女性，另有两名中国人受伤。

第三步是尽一切人力可能，维持道德账户的平衡。要做到这一点，责任人必须承认自己的罪行或责任。他们必须做些什么，积极行动起来，支持受害者并防止事态的进一步恶化。

然而要平衡道德账户绝非易事，一旦亏空，往往就无法弥补，因为事情本身已经发生并且无可挽回，而受害者和他们的亲属可能身份未知，下落不明，甚至有意躲避。可即便如此，仍然有很多事情可以做。一名曾经的皮条客现在正努力帮助他在柏林-纽克伦的亚洲格斗俱乐部里的儿童和年轻人，并劝阻他们，以免像自己一样，踏上不人道（甚至犯罪）的道路。目前，他已经脚踏实地走上了积极道歉的道路。感受只是开始，最终的行动才算数。

内心平静之路

"我在与我充满战争负罪感的良心做斗争。它令我无休无眠，简直不给我留活路。我的内心始终有战争在咆哮，它毁了我的爱情。"一位女士话音刚落，另一位立刻补充道："但我终归还是想得到内心的平静。"实际上，即使把本节的标题定为"战争与和平"也是恰当的，因为许多人感到自己生活在一种战争之中，这种战争可能是内在的，也可能是外在的。他们每每想摆脱这种内疚感，就会处于压抑和焦虑之中，内心极端动荡。

战争也在人与人之间肆虐，因为内疚感可以成为社会交往中的武器，是对伤害和失望进行支付的一种货币。这些战争状态下的痛苦越大，人们对和平的渴望就越大。处理好内疚就是踏上和平的道路。

人们所说的"和平"与"内心平静"包含了几个不同的方面。首先，这个视角排除了其他的一些东西，没有战争、冲突和动荡，没有栖栖惶惶，没有慷慨激昂，没有内心的煎熬、愤怒或恐慌。这些和平"杀手"可能有着各自不同的来源，通常情况下都基于愧疚、负罪的心理背景。

但内心的平静并不仅仅意味着和平"杀手"的缺席。内心的平静是一种生存状态，是一个人情感世界的基本状态，也是心理安全和宁静的外在表达。根据我们的经验，内心的平静往往等同于内心的安宁，但愿你通过我们的解释能够明白，强烈而持久的愧疚感、负罪感会让人多么不安。

内心平静的另一个重要方面源于一个人的自信，也就是信赖内心的自我评价。那些与自己"和平相处"，能依靠自己内心做出评价的人，行事必定有他们的准则，这些准则可以像指南针一样，指导他们的每一个决定，并且能把握好其中的尺度。但是，没有罪责的负罪感和没有过错的愧疚感，干扰了这一措施。

这让很多人对他们的决定是否正确产生了怀疑，并使他们不安。人们常说"良田多不如心田好"，瞒天昧地、泯灭良知是无益的。唯有心地善良才能得到休憩和恢复，但这也不是一蹴而就的。因此，内心的平静并非一朝一夕就能获得，也不能毕其功于一役，更多是一种对未来的憧憬与渴望。

与内心的平静格格不入的是压力。"我现在必须终结愧疚，创造内心的平静！"越是像这样给自己压力，就越会与心平气和渐行渐远。内心的平静无法"承载"这种压力，要给它减负，才能获得宁静——或者说要达到内心的平静最需要的，就是放下压力。好奇心、感兴趣、有热情——所有这些都可以与内心的平静兼容。内心的平静也可以在朝气蓬勃的活动中展开，而不仅仅是在吊床上。但"我必须如何如何"的句式，则代表着内心平静的终结者——压力。

这种压力并不罕见。它往往源于对终极和平的渴望，以及对疑虑的终结、与不稳定性的了断。

在这种情况下，我们经常遇到的另一个"必须"句式就是："你必须与自己和解。"和解是一个了不起的事件。在政治上，我们赞赏纳尔逊·曼德拉（Nelson Mandela）在南非种族隔离结束后为弥合几十年冲突的创伤而倡导的和解进程。并且这里的和解也不是简单地发布和解宣言，而是成立了真相委员会，由受害者和肇事者公开事件，并让肇事者承认罪行。当然，这样的程式是否也适用于其他国家和其他情况，还有待观察。我们无法想象盖世太保的首长和创建者赫尔曼·戈林（Hermann Göring）会成为真相委员会的一员；像大屠杀这样的罪行不配得到和解的待遇。和解只能由承认自己有罪并主动走上道歉之路的人达成。

大多数时候，我们在治疗工作中遇到的纠结于和解的人，正是那些承受着无罪行的负罪感的人；并且，我们从来没有遇到一例通过告诉自己"你必须与现实和解"而达成和解、获得内心平静的先例，大多数情况下这样做反而会徒增不少压力。许多人都必须经历漫长的自我剖析，通过与罪行和罪感展开深刻而长期的斗争，才能做到这一点。

对一些人来说，与伤害过他们的人和解是不可能的，这甚至堪比对自己施暴。对某些罪行报以不宽容的态度是恰当的，至少在主观上可以理解。每个人都有决定的权利，我们尊重这一点。如果不可能与事件和肇事者和解，就需要采取其他步骤与自己和解，以便找到内心的平静。那么在战争与和平之间往往会出现第三种状态：停火。我们的意思是暂停与行为人和肇事者的对抗，理清状况，迈出走向和平的第一步。我们这样说的另一层意思是指，在内疚感压得人喘不过气来时，与自己休战。"我无法与自己和解。我觉得我所做的事情是不可原谅的。但我不会再和自己作对了。"所有这一切并不意味着完全归于平静和真正找到内心的平静，但它使解脱成为可能，从而为朝着这一方向走得更远奠定了基础。

这里不妨再啰唆一遍，我们发现，通往内心平静之路的第一步是仔细观察一个人内在的内疚感。通过我们的观察，绝大多数人的负罪感都属于没有罪行的内疚感。大多数与我们一起做过这件事的人都经历过没有内疚的内疚感。这并不代表他们全都清白无罪，但罪责往往不在他们负罪感最强烈的那个领域。根据这些没有罪责的内疚感的各自的表达方式和来源，我们会采用不同的方式处理它们。

控诉书

如果你从小就在指责声中长大，从小就像"被告"一样被指控并想与之抗争，那么想要处理这个问题，第一步就是认清童年和现在生活之间的联系。然而，在大多数情况下，这并不足以给人们的感觉带来持久的改变。生活在被告人的角色中，况且并非是在短短的几个小时或几天之内，而是在几个月或几年的时间里，久而久之自然会使人感到无能为力。为了重新找到自己的力量，找到自己能做和想做的尺度，需要一个摆脱这种无力感的方法。

有类似经历的人往往会退缩，因为他们不想变得像那些让他们痛苦的人一样。一方面是伤害性和贬损性的权力行使，另一方面是合法的抵抗和自主，他们要学会并区分两者的不同。要做到这一点，他们需要来自其他人（比如治疗师、朋友或其他可靠的人）的支持，来帮助他们敢于迈出这一步。那些虽然无罪但仍像被告一样生活的人，即使已经成年，也需要找回他们在童年时期缺失的辩护。在这一环节，这位"辩护人"往往非常重要，应该是一个可能未必绝对公正，甚至带有偏见，但仍致力于真实性的人，他一方面为发生的事情作证，另一方面相信以往受害事件的真实性。

为了帮助人们在这条道路上走出无力感，并敢于有尊严地站起来，我们将介绍一种"起诉法"（弗里克-贝尔，2009，自101页起）。我们建议你起草一份起诉书。把之前射向你的箭调转过来——它们曾在你清白无辜毫无防备的时候让你羞愧不堪，不负责任地、毫无防备地射向你，现在请用它们来指向那些控诉你有罪的人吧。

想象一下，身为检察官的你同时也是指控人。你要写一份起诉书，在其中尽可能具体地指控那些伤害过你的人对你所做的一切。重要的是，要在这份起诉书上签上你的名字，并请一位你信任，同时也信任你的人作为证人共同签名。你由无辜的被告转变成检察官，随着指控的进行，你的一部分痛苦和绝望也被解除了。一贯被指责的被告成了指控者，尽管内心的指责和愧疚感并没有完全消失——毕竟，长久以来它们在这些一贯被指摘的"被告人"身上享有一种习惯性的权利——但它们已经完全失去了决定性的地位，而这有助于实现内心和外在的和平，也就是自己的生活和与他人的共存。在这种共存中，内疚感有其一席之地，这对履行其责任的任务是很有意义的。

第 4 章

恐　惧

意义与情感格局

当你开着车行驶在路上，突然听到刺耳的刹车声或喇叭声时，你会感到害怕，同时提高注意力。紧接着你会尝试找出是否有危险，以及危险可能在哪个方向。这种恐惧是有用的，它有助于提高你的专注度，调动起你的精力，让你聚精会神地去应对潜在的危险，摆脱不安全的状况。恐惧是处于紧急状态下的第一感觉，它的意义在于调动起你的紧张感来规避危险。

我们不仅应将恐惧视为一种孤立的感觉，更应将其视为一套整体体验的一部分。恐惧是进化过程中最古老的感觉，正如我们将看到的那样，它可以影响其他所有感觉，甚至将它们叠加起来，因此我们要在一切与之相关联的身体背景下观察恐惧，再来谈恐惧的情感格局。身体背景，意味着我们的目光要从各个角度出发，把被观察的人作为一个活生生的生物细细打量：他们的情绪和感觉，他们的兴奋和紧张，他们的亲身经历和自我形象，他们的思想和他们的社会关系，这些统统不能放过。

恐惧在人类的生存史上有着悠久的传统。它属于古老的情绪与感觉，可以说它属于伴随着人类发展最早产生的情感之一。当我们的祖先，史前人类，漫游在热带稀树草原和森林时，恐惧可谓攸关性命。当这群史前人中的一个突然听到了陌生的声音，看到草丛中有动静，闻到他不熟悉的气味时，这些信号就会引起恐惧，从而触发紧张。毕竟这些信号综合到一起，可能意味着一个足以威胁到他生命的猛兽。前文提及的开车的例子也是如此，恐惧调动了人类的原始力量并迫使驾驶员专心致志。由此，恐惧也是一种伴随压力而来的感觉，刺激人们面对潜在的威胁。鉴于那些没有长时间进行思考，甚至谋划高明策略的情况，人类以及许多动物的大脑中逐渐形成了边缘系统，它同时也是所有情绪与感觉的所在地。

大多数人对压力都不太有好感。我们视其为持续不断的施压源头，而我们只能承受痛苦，长吁短叹，骂骂咧咧。但是起初，压力是一个伟大的发明。在地球的历史上，这套程序最早出现在脊椎动物身上，"压力会导致大脑在发生危险时产生某些神经递质，这些神经递质被释放到血液中，并刺激肾上腺素的产生和释放。最初，这种激素反应的目的是对体内进行全面动员，不惜调动最后的储备，使自身在危险环境中生存下来。这是紧急状态下的反应，即所谓的应激反应，它已经帮助过无数的生物度过了危急的阶段"［胡瑟（Huther），1998，第 22 页］。后来，各种生物的应激能力都得到了进一步发展。当受到威胁时，不仅身体被调动起来，大脑也一样。在地球发展的某个时刻，随着哺乳动物的进化，人们开始寻找应对挑战的新方法。应激反应显然不仅是伟大的舵手——它一再确保了遗传程序在进化过程中的稳定性，这使大脑变得容量更大、更具有学习能力；同时它也是出色的缔造者，即使在我们的日常生活中，它也会反复确保当下"正确"的神经连接可以在未来被拆开，并且开辟新的途径，以免形成死结走进僵局。在这两种情况下，引起这些反应的触发因素都是"恐惧"（同前，第27页）。

理想状态下恐惧型应激反应的经典模式包括以下几个阶段：

- 以危险信号为具体的触发因素；
- 以恐惧为压力的最初感受；
- 紧张调动起克制威胁的行动；
- 恐惧逐渐转化消解。

在这里，恐惧是暂时的，其具体意义体现在调动一切力量对抗危险，展开保护行动。恐惧是在认识到危险的局势与采取行动消除威胁之间的过渡情绪。

目前，人类已经有能力深入、有区别地使用恐惧，特别在这两种特殊情况下——

首先，人们在感到害怕时，不仅可以用恐惧来保卫自己，同时还可能保护其他人。就人类而言，儿童，尤其是幼儿，需要受到较长时间的保护和照顾。从这个角度出发，仅从生物学上看，恐惧就兼具保护自己及后代免受威胁的双重必要性的加持。你一定也曾为孩子、伴侣或父母担惊受怕过。这种能力还可以扩展到近亲以外的其他人、其他生物，延伸到各种不同的生活领域，延及自然、环境和生命的许多其他方面。

其次，对于恐惧感，人类取得的进一步成果是，我们不必等到身陷险境才会畏惧，并非一定要亲身经历才会恐惧，而是可以预见到潜伏于将来的危险局势。就连我们的祖先也认识到，出没在一些特定区域的剑齿虎威胁着他们的生命。出于恐惧，他们会避免在这一带活动。而现代人类还发展出活跃的想象力，会对可能诱发恐惧的情况展开生动的想象。电视和其他新闻媒体播报着全球的天灾人祸以及其他危险，世界各国发布的相关报道和影像，都支持了这一点。如果在电视上看到交通事故的画面，你便可能设身处地地想象自己或所爱的人也遭遇不幸；看到飞机失事的新闻报道，马上要乘机旅行的人也会更加惧怕飞行。

这种可以预见可怕情境、预想自己和亲近的人面临的潜在危害的能力，能够帮助我们保护自己和亲人规避危险。但这也并非无懈可击，其中的隐患就是：在想象中，恐惧感应运而生时，我却无法在恐惧中采取任何行动——我既不能拼力一搏选择战斗，又不能逃跑（因为逃无可逃），只能僵在原地，眼睁睁等待这一状况发生。有不少人面临着这种困扰，因为他们在童年时期就被植入了一些恐怖影像——"要是你不乖，黑衣人就会把你带走""如果你离水边太近了，水鬼就会把你抓走"。其结果是，恐惧成为具有底色性质的常驻情绪，这样的恐惧既不能转化为其他的情绪或感觉，也不会随着采取行动主动出击而消失。这种事出有因的具体恐惧会随具体的行为转化成持续性的恐惧，演变为长久的折磨。

研究表明，我们人类可以将恐惧从其具体起源中分离出来，使恐惧带来的痛苦延绵不绝。《美国精神病学杂志》(American Journal of Psychiatry)对第二次世界大战退伍军人的研究发现，许多人直到停战30年以后才走出噩梦，得以恢复。在越南战争中有6万名美国士兵丧生，几乎有同样多的人——据估计有 5 万幸存者，在战后多年间选择自杀，沦为战争之外被恐惧收割的牺牲品。[《时代周刊》(Die Zeit), 2001 年 9 月 17 日，第 15 页]

这通常称为创伤后应激障碍（PTSD），它可能是由于创伤经历（战争、恐怖袭击、事故、强奸或其他灾难）引发的。创伤性应激的特殊之处在于，在引起紧张、带来压力的事件与应对并克服的可能性之间，有一道不可逾越的鸿沟。如果人们无法战斗，不能逃避，也无处躲藏，那么就可能会（注意是可能，而不是必然！）面临各种后果：

- 强迫性回忆（脑海里的影像挥之不去，记忆围绕着灾难性事件反复播放）；
- 逃避行为（回避事发地点、行为和事件，以及一切与诱发精神创伤有关联的事物）；
- 持续性的紧张，容易受刺激。

长此以往，精神创伤对大脑的伤害以及为了克服创伤而带来的负担，便会随着生物化学的进程对脑部产生实质可测的改变。

这种巨大的恐惧在创伤性的焦虑中根深蒂固，这是个人灾难经历的结果，这些人也有必要借助心理治疗的干预来纾解恐惧。

迷茫与困顿

无助地深陷于无边无际的恐惧

由于恐惧伴随着紧张的初始阶段出现，所以它通常被称为急性应激反应，并且表现出与此相同的症状。一旦身体在紧急状态下接收到了恐惧的信号，便会增强警觉性，并调动起一切储备力量：心跳加快（以便更好地战斗或逃跑）；由于血液从体表和面部流向内脏，面色变得苍白（这带来的好处有二： 一来即使皮肤受伤，失血量也不会很大；二来更重要的内脏受到了优先保护）；扩大瞳孔（以增强认知能力）。

其他可能出现的身体反应还有出汗，有小便的冲动，喉部收缩。在受到威胁的情况下，作为有机体的条件反射，这一过程会不由自主地发生，从而保护自己"在这个世界上"免受"掠食者"的侵害。从接收到第一个恐惧信号开始，大脑就会紧锣密鼓地运作起来，迅速检查上述所有行为模式的应对能力，包括计划辅助路线和计算隐蔽的秘密路径。当人们突然间找到了解决方案，即摆脱危机的出路时，所有压力的紧张状态都会解除，恐惧感也就此一并消弭。

如果这个过程一直进展顺利，那么我们就很难遭遇持续性的恐惧体验，也没有必要更进一步，深入地处理这种感觉了。然而紧张通常会持续很长时间，并且恐惧感也会随之不断增强。似乎我们的祖先面临的危险大多都来得急、去得也快，而我们这个时代所面临的恐惧，即便是具体的恐惧，在大多数情况下也会延续很长一段时间：

- "几个月来我心里一直清楚公司的状况不好，这是显而易见的。我的饭碗有可能会保不住，我已经开始找新工作了，但以我这么大的年纪……"
- "我知道我的婚姻出现了问题。恐怕这段婚姻要走到尽头了，好担心。"

- "两年前我儿子得了一场重病。他虽然康复了，但随时有复发的危险。这种病没完没了，让我每天都牵肠挂肚的。"
- "每次我丈夫驾车离开，我都忧心忡忡，真害怕他会发生什么事情。每每看到报纸上有车祸的新闻，我都害怕下次看到的遇难者会是他。"

突如其来的重压和具体直观的恐惧可能影响到我们的整个体验，同样可能造成这种影响的还有慢性压力与永久性或周期性重复出现的恐惧。那感觉就像被冻结在惊恐的状态中，或者更甚：人们生活在持续性的焦虑中，始终处于一种慢性高强度的刺激当中。

恐惧和长期焦虑

持续性高强度的兴奋刺激对人的影响表现在身体的高度紧张，时而声音尖锐，时而眼神警惕，屏息凝视。长时间忍受着重重胁迫，人会因而变得始终小心翼翼如履薄冰。他们的脑海里翻来覆去，一遍又一遍地复盘着同一件事。有些人在长跑或类似运动中会由于兴奋过度而摔倒，因为他们需要通过这种方式得到短暂的放松，才能继续"坚持下去"。

多年来，M女士已经慢慢习惯了自己的重度焦虑症。尽管她渴望回归和谐宁静，但她已经不再奢望这种平衡的状态。与之相反，"休息"在她看来等同于崩溃、瓦解和灭亡。实际上她的体质确实"崩坏"了，垮掉的身体只能通过心脏衰竭和不时的头痛等经常性的"崩溃"来强迫她休息。她不知疲倦的工作热情和不懈努力让人害怕，同时她个人的焦虑程度也一直居高不下，维持在高水平的状态中。

T先生经常因惊恐发作引起严重的心悸和心脏瓣膜闭合不全。而实际上，心脏检查并未发现器质性病变。他的心理峰值出现在各个时间段，尤其是晚上。T先生的对策是借酒浇愁。尽管每晚喝酒以后他可以更容易入睡，但是一旦夜半酒醒，他又会惊慌失措、心悸不已。就T先生而言，持续性的重度焦虑也是基于持续不断的恐惧：惊恐就像潜在的兴奋基座。同时，一旦当下的焦虑触及这个基座，就会刺激焦虑达到峰值，如同激发电流瞬间熔断保险丝一样，其深度和强度连T先生自己也无法解释。这并没有引起他的重视，他仍将之置于一旁，结果就是每当入夜或其他自制力薄弱的时候，惊恐就会喷薄而出、恣意发泄。对他来说，一个有帮助的做法是，把惊慌和恐惧的触发点和峰值记录下来，认真对待。其中最为重要的是，处理好自己长久以来的恐惧，解决了焦虑的根基才能将焦虑斩草除根。T先生焦虑的根源来自孩童时期的经历，为了躲避父亲猝不及防的体罚，年幼的他必须时刻保持警惕，即使是晚上（并且尤其是晚上）。如果发生了让他觉得自己犯了错误或有过失的事，他就会萌生曾经的挫败感，进而觉得自己是受了委屈而被"痛打"的"落水狗"，很快就会被惊惧和焦虑所淹没。

其他人的焦虑峰值可外化为各种症状和疾病，可能是心律不齐、高血压、肠梗阻或偏头痛发作等。诚然，缓解这些病症必须接受药物治疗；但同时人们也要认识到，这一人群真正需要的，是帮他们解除长久以来的恐惧，彻底消除焦虑。

长期的惊恐会使人容易有攻击性

持续不断的恐惧会限制个人体验，使人变得片面，甚至患上社交障碍。伴随着深度的焦虑，长期的惊恐还会推动外部活动的加强，只是这些行为的质量往往有限。我们的祖先没有静待剑齿虎发起攻击，就已经聚集在一起，最终他们凑够了足够的武器展开搜索，出击解决了这一猛兽的威胁。这种具有前瞻性的预防战，也是一些长期忍受恐惧的人所采取的策略，防患恐惧持续性的侵扰于未然。对许多人而言此举收效甚微，只是除此以外已经"别无选择"。

人们之所以狗急跳墙，充满攻击性，大体上算是无法继续忍受恐惧的应对之策。他们曾经在某种程度上以某种方式被恐惧撕咬，终于认识到进攻是最好的防御，这是他们防止自己感到恐惧、困顿、软弱、痛苦最可能也是最容易的方法。

长期的惊恐会使人变得更沉默

惊恐时，有的人大声咆哮具有侵略性，有的人则一声不响沉默寡言。如果我们要求人们描述恐惧时的身体感受，得到的几乎永远是关于紧绷感的描述：

- "我的嗓子就像被人掐住了"；
- "就像有什么东西压在我胸口，卡在那儿，挤得紧紧的，我几乎无法呼吸"；
- "我的腿僵在那里动不了，髋骨突然收缩起来"；
- "我就像被一个铁环紧紧箍住了，连胳膊都抬不起来"。

有时候，紧张感由于太过根深蒂固，会转变成慢性的长期焦虑，从而表现为压力甚至肿块。人们经常会说，他们感到腹部或胸口有东西压着，或者感到体内有一个或坚硬、或柔韧、或有时候晃来晃去的肿块。压力和肿块就是紧绷感和紧张感的灶点。如果灶点在胸部，紧张的时候就像穿着束腰一样，连呼吸都会受影响。恐惧和紧绷之间有一定的关联，而且渊源甚深，这反映在这两个词的词干——即"ang"和"eng"的起源上。根据词源词典，这两个词都来自印欧语的"angh"，意思是"收缩"。［克鲁格（Kluge），1999，第 40 页及第 221 页］

恐惧可以"扼紧人的喉咙"，以致发出的声音小到听不见。通常，不是每次说话都会发出这种出于恐惧的静音。例如，身为教师的 S 女士在教学时可以滔滔不绝、音吐鸿畅，可是话题一转入她的个人感情或社会关系，她就变得吞吞吐吐，声音再也洪亮不起来了。因为担心做不到，担心做不好，担心被否认、被拒绝，她怯声怯气。

恐惧与改变

面对巨大的恐惧，我们希望能够将其化大为小，或者如果还能化小为了，那最好不过了。正是这些零星琐碎的恐惧因素，在很大程度上，至少是有意识的，决定着大多数人的生活，而不是那些巨大的恐惧：

- 第一次用电脑，希望我不会败下阵来！
- 这次要去一个新的度假村，希望房间不要太吵，如果能让我放松一下就太好了。
- 去赴一次约，希望我不要太胖/太瘦/太无聊/太兴奋/太幼稚/穿得太正式/太傻乎乎/太咄咄逼人/好奇心太重……（被说中的请用下划线标出。这可以是道多选题。）

- 我得到了一次面试机会。希望我能给面试官留个好印象，千万不要结结巴巴磕磕绊绊忘了自己要说什么。
- 孩子第一次独自去旅行，千万不要发生什么意外。

这些小小的恐惧，对于每一位女士、先生而言都不陌生。在我们看来它们似乎都"小"得微乎其微，显得理所当然又微不足道。或者说我们情愿相信它们细微而无足轻重。偶尔我们也会抱怨一下自己的小担心，但其中大多数恐惧是我们熟悉和常见的。

有这样的恐惧是"正常的"。这一评估不会夸大或忽视这些恐惧，只是将它们归入人类的经验范围。能令我们担心的，不需要是什么"头等大事"。这种压力至多是，比如一名临时代课的女教师第一次给一个班级上课而感到的压力，或者她的朋友在参加音乐会时第一次穿上崭新的蓝色礼服而感到的压力。她们都不知道，接下来会面临什么样的反应，也都担心自己是否能够应付未知的情况。如果恐惧无法阻止她们，那么两人就都有机会各自根据需要为即将到来的状况做些准备。比如这位老师可以从一位好心的同事那里得到一些支持和鼓励，而朋友可以找一位颇懂着装礼仪的人，就那件蓝色礼服给她一些反馈。与"大的"恐惧一样，小的恐惧一样是需要被克服的挑战。与直面剑齿虎的挑战不同，它是否会出现威胁局面是不确定的。就全新的局面来说，会有什么样的后果，尚未可知。所以威胁性是可能存在的：课堂上可能会吵吵嚷嚷，让人焦躁不安，糟糕透顶；人们对新礼服的反应可能会不屑一顾。我们将这里描述的恐惧称为"对过渡的恐惧"，这种恐惧发生在尚无法预见进一步发展的新情况下。

当一个人想要做出改变时，他会立刻发现自己内心的声音开始老调重弹，劝他放弃，劝告他不要进行任何改变——事情不是一直都这样的吗，谁知道以后它会怎么样。要克服的不只是恐惧，还有对生存风险的担忧——无论是来自内心还是外界。

建议与帮助

大多数人都希望"摆脱"恐惧，但鲜有成功者；或者减少恐惧，似乎更有希望。就此，我们将为你提供一些意见和建议。

接受恐惧

曾经有一本荷兰侦探小说，描述过这么一个男人，他做出了一个象征着自己内心恐惧的雕塑。他把这个雕塑嵌在壁橱里，并且可以通过一种装置随时拉出。这样他就可以面对面地端详自己的恐惧。而看到自己的恐惧，对他来说也意味着接受自己的恐惧。接受恐惧便是减少恐惧的开始。

不是每个人都会把恐惧制成雕塑放在壁橱里，这种品味太过独特。但是，这个故事的核心对许多人来说都有意义：如果人们接受自己心有恐惧的事实，并且接受恐惧的形式，那么事情就变得简单，恐惧感也会因此而减轻。

当说起自己的恐惧时，人们通常会为这种感觉感到羞耻——然而，谈论恐惧并让他人分担自己的恐惧，几乎总是向自我救赎迈出的重要一步，当然前提是谈话对象是"合适"的人。男孩子通常从小就开始被"修剪"成勇敢无畏的样子。当他们表现得有所畏惧时，往往会招致嘲笑和羞辱。（千万不要以为这是好几辈以前的事情了，实际上我们的所见和所想大相径庭。在我们看来，所谓的改变只是一厢情愿，至少这在几代人中都没有发生太大的改变。问题有可能出在我们常常要与那些被恐惧折磨的人打交道。但即便放眼全局，大体也都如此。更进一步来说，他们的情况也正是这个原因导致的。）

有些女性也被灌输了这样的思想：要"超越恐惧"，即使感觉到害怕也不能表现出来，无论在什么情况下都不能。有些恐惧被认为是不恰当的，既不适合为此担心，也不适合表露出来：

- "你要是死了，我可怎么办啊？"
- "我要是老得离不开别人照顾该怎么办？"
- "你要是老了，我还得服侍你，该怎么办？"

不少人试图追随这种主张，选择积极地看待问题，以为能够驱散内心的恐惧。可惜往往行不通。不但恐惧无法消除，还徒增了挫败感。因此，作为减少恐惧的第一步，我们建议你面对恐惧，并且正视恐惧。不妨写一些《恐惧日记》，这可能会对你有帮助：在日记中尽可能具体地写下你担心的事情，越细致越好。你会发现：你越是能具体地表达自己的恐惧，那些以前在你看来要么太小，要么太大的恐惧就越有价值，你就越是能够把自己的恐惧处理得更好。

当然仅仅做到这些还是不够的。你还需要让别人来分担，或者说，分享你的恐惧。你可以列个清单，写写自己都怕些什么，然后找个信得过的人聊一聊。倒也不必"惧"无不言、言无不尽，你可以决定，清单上的恐惧中有哪些可以进入你们的话题。毕竟分享过的恐惧，就减轻了一半。

分散焦点

恐惧就像磁铁一样将你所有的注意力吸于一点。要打破这种聚集，我们需要使用疏离分散的方式。所谓分散焦点，指的是把你的目光、注意力，统统转移到寻求帮助上去，并找到一种方法摆脱对恐惧本身的关注，转而继续认真对待它，把它进一步地具体化。同时也要看得到，在恐惧之外，生活和经历赋予你的一切。

从这个角度来看，《恐惧日记》改叫《怕与不怕日记》似乎更妥当一些。我们恳请你，写下恐惧的触发因素，和惧怕的具体过程，以及帮助你对抗恐惧和减轻恐惧的一切事物，还有，请务必将那些无忧无惧的时光记录下来。这些被记录的时光暗藏着玄机，将来可能会给你带来惊喜。如果曾经的你以为恐惧必定会填满你的整个人生，那么你可能会为为时不短的"无惧时间"、为数不少的"无畏情境"以及平静的日常生活而感到震惊。这种分散焦点的方法可以激发勇气，有时还可以激发出兴趣，把这种不忧不惧的生命状态投入到自己真正的愿望和兴趣当中，与朋友交，与喜乐聚，积极活跃，享受人生。扫除完恐惧的心房也为其他的情绪和感觉创造了空间，调动了资源，请恐惧的反面（比如安全感）或至少能够限制畏惧心理的感觉和情绪入驻心间。

食恐族

请想象自己踏上了一段幻想之旅。（最好请人给你朗读这一段，这样你就能闭上眼睛听着故事想象。）"在一片遥远的土地上，生活着一个不为人知的族群。他们身材矮小，灰不溜秋，很不起眼，不爱动弹,百无聊赖。他们整日饥肠辘辘,不过这个族群的食物非常古怪:他们以别人的恐惧为食,所以他们也叫食恐族,族中的每一个人都是恐惧嗜食者。如果有什么地方需要他们,或者有人在寻找他们,食恐族就会闻风而至。对他们的期盼越是殷切和热烈,他们行动得就越迅速,会赶去那里捧着那个人的恐惧细嚼慢咽,要是好长时间没吃过恐惧了,他们也会不计吃相狼吞虎咽。进餐的时候,他们的形态和颜色会发生变化。至于他们长什么样,有多大,身形如何,会呈现出什么样的颜色,只有那些把他们召唤来、叫他们吃掉恐惧的人才知道"。

你内心有画面了吗?请拿起笔,找一张纸画下来你脑海中的形象,它就是你专属的恐惧嗜食者。

食恐族是我们借鉴米切尔·恩德(Michael Ende)的童话《吃噩梦的小精灵》(*Traumfresser*)改编的。这个故事已经帮助过很多人,希望现在也能帮助到正看着这本书的你,无论你是个小读者,还是成年人。是的,食恐族不但能帮上孩子的忙,对我们大人也一样。一名51岁的老太太就曾经做到了。她拿出一大张纸,画了一个红色、白色、黄色相间的食恐族,它有四条青蛙一样的腿——对此她解释道:"这样它就可以迅速跳到任何地方";一个巨大的头、一张大嘴和两排锋利的牙齿——"它可以一口咬住恐惧";还有一对长长的、大大的耳朵——"这样恐惧还没抓住我时,它就能听到动静";它的颜色鲜艳耀眼,还有大片的红色——"这能吓退恐惧,恐惧都怕我的托尼,对了,我的恐惧嗜食者就叫托尼"。

深呼吸,多运动

前面我们提到过,持续的恐惧如何使人感觉紧绷,有时候甚至让人透不过气。如果你有相同的感觉，可以下意识地这样放松一下，来使呼吸通畅。就像恐惧使呼吸不畅一样，反之亦然：恢复呼吸吐纳可以排出恐惧和紧绷感。了解这一点在当前的日常情况中会有帮助。第一步：感知恐惧和紧张感。第二步：呼吸，呼吸，再呼吸。呼吸不必深也不必重，但是要有意识地感受和感知呼吸，感觉仿佛和气息融为一体，入境入定。通常，从原则上来说，能够解除紧绷感，使呼吸自由通畅的方法都有效果，有些人适合练习呼吸方法，有些人适合散步或慢跑，有些人和儿孙们一起踢踢足球效果最好。

第 5 章

安全感

意义与情感格局

像所有的感觉、情绪或其他情感冲动一样，安全感易于感受，却难以描述。安全感无法衡量，但是我们可以感觉得到。和热爱、惧怕、愤怒不一样，它不是一个向外、对他人的情绪，而是一个内在的状态。安全感很少单独作为一种感受被注意到，比如表白的时候说："在你身边，我觉得很有安全感。"大多数情况下，安全是不确定的，但它会影响人整体的内心体验，以及最紧密的生存空间的气氛。因此我们最好将其描述为一种心理状态，一种心绪和情感的状态，而与他人的交往状况又在其中起着决定性的作用。

一个人的安全感，或者说他的心理状态和心绪水平，主要涉及他近旁的环境和生活境遇。更进一步说，它来自对家庭的归属感以及安全无虞的感觉，来自有家可归，且受家庭庇护的状态。安全感并非远在天边，它其实近在眼前——就环绕在我们左右。安全感在一个我们能够触及或到达的空间，能打开我们的一切感官，让我们在眼观、耳闻、鼻嗅、手触，甚至用行动测量时都感到安全。当我们感受到内心的安全感时，这种情绪就会弥漫开来，扩散到附近区域，在我们生活圈中形成一种氛围，最终这种氛围又反馈回来，反照在我们自己身上，从而形成一个围绕着我们和我们的生活环境的安全空间。

每个人都有不同的安全感，并会在不同的情况、环境、人员、气氛的细微差别中建立安全感。认识并考虑到这一点后，我们将设法描述观察和研究当中最常见的安全感的三个基本特质。

保 护

安全感含有受到保护的意味，并且是各方面、全天候的保护。危险、威胁、伤害、病痛、没安全感、不安全，都是安全感的宿敌。"安全感"一词的词根不是来自"borgen"（借予），而是源自"Burg"（城堡）的变形——人们受到了城堡的保护，免遭敌人攻击，甚至还能在城堡里发起反击。

从人们受到威胁的那一刻起，安全感就不复存在。如果威胁切实而持久地存在，人们因为缺乏外援而备感威胁，无从防范也无法摆脱，就会永久地丧失安全感，甚至陷入彷徨无依的迷失当中。

当痴呆症患者搬家或住院时，他们常常会感觉到无依无靠，茕茕孑立，只能听凭他人差来遣去。他们失去了很多自决权（比如什么时候起床，午饭吃什么），并感到暴露人前，任人摆布。可以与之类比的还有早产儿的防御无力。自从他们呱呱坠地，离开安全熟悉的子宫，就会被陌生的器械包围，还有陌生的声音、陌生的碰触、陌生的氛围环绕四周。即使是曾经有安全感的人，如果遭受了暴力，也会在这段经历后丧失安全感。安全感包括被保护着的感觉。想获得安全感就需要保护。

不是每一个人都能保护自己，而人类无法保护好我们每一个人。我们曾经赖以为生或奋力击溃的城堡，不是一个人就能建好的。安全感需要其他人的参与，它是一种社会性的情绪。当我们谈论安全感时，总是有人敌意弥漫，有人亲切友善。对于前者，我们要提防；而后者，则会为我们提供安全和保护，危难之时会帮我们渡过难关。只从自身和只为自己寻求安全感的人注定会失败。

一位 52 岁的女士很早就失去了伴侣。经历了很长时间的黯然神伤之后，她决定走出来，重新建立自己的世界。她在寓所里建起一座"安全岛"，装修用色温暖宜人，到处都是抱枕。因为她喜欢猫，还精心选了很多猫的图片和猫的陶瓷摆件，用来装饰自己的家。

在短暂地住院两天做完一个小小的外伤手术之后，她开开心心地出院回到熟悉的家，惊恐地发现寓所遭到了洗劫。虽然财物损失有限，但心理的创伤是巨大的。从此，家给予她的安全感一去不返，家不再能为她遮风挡雨。自那时起，她就不断地感觉受到了威胁，夜里经常被窸窸窣窣的声音惊醒。最终，她不得不搬出了那套公寓，另找住处。但是"人为刀俎，我为鱼肉"，无力自保的恐惧和不安始终伴随着她。

曾经经历过被入室抢劫的人大多数都会缺乏安全感，而且这种状态可能会持续很长一段时间。以这位女士的情况来看，这一事件自发生起就势必会给她带来安全感的缺失，因为没有其他人可以让她分享痛苦，或者为她提供保护。用以营造安全感的器物和空间固然重要，但它们都不能取代人的因素。安全感需要来自他人的保护和信任，他们是你所熟悉的人，关键时刻会为你站出来，充当你的卫士。

提供保护不仅仅是避免危险，阻挡威胁。它还意味着会有人挺身而出，和善地站在需要被保护的人这一边。他们能带来亲切和睦的气氛，就像是城堡内部散发出来的友善。友好也是一种正面的保护，因此属于安全感的一部分。

我们所说的友善并不是指低劣的推销员或电视节目主持人挂上那种职业性微笑，开始上演友善亲和的举动。我们所说的友善表现在举手投足、一颦一笑间，包括音色、姿态、眼神，等等。和善，与其说是一种行为，不如说是一种态度，没有任何强迫的意味，还包括诚恳的批评和清楚的拒绝，旨在划定边界，而不是贬损。

一个人即使不是你的朋友，也可以非常友善。无须承诺相互扶持，只要有经得起考验的持久的信任便可。而友善只是个开端。友善在字面意思之外，还包含着快乐和喜悦。不是那种震天撼地热情洋溢的欢乐，而是自然流露的平静和欢喜，它无声地告诉你：幸而有你，有你在真让人高兴，你在这里相当受欢迎。当短暂的接触或投来的目光包含着这样的信息时，友善已经笼罩着你、保护着你，像在寒冷的冬日为你披裹了一件温暖的大衣。

温　暖

很多人把安全感描绘成温暖。温暖的光线、温馨的烛火，有助于营造出安全的氛围，但安全感首先来自人情温暖。随着小圈子东游西逛的小年轻，跟朋友们玩玩扑克的中老年人，圣诞节回家欢聚一堂，准备拆礼物、唱圣歌的家人……这些人全都感到安全，因为他们在熟悉的环境里和亲近的人在一起，他们真诚自然，温暖着彼此。

一对夫妇在家里讨论，哪个饰品更讨人喜欢。丈夫表示："我可以什么都不要，那些对我没什么用处。"妻子反问道："但是如果你回家的时候，桌子摆饰得很漂亮，到处都是蜡烛，而我躺在沙发上。那种感觉不是很棒吗？"丈夫如实答复："对，但最棒的是有你在，家里因为有你才温馨。"装饰、蜡烛和周围的其他元素固然重要，但重中之重是两个人之间脉脉的温情。

生物学知识表明，除人类以外，还有许多其他动物拥有具边缘系统的大脑，换言之，它们也都有情感生活，向往并且需要安全感。早在 1957 年，生物学家哈里·哈洛（Harry Harlow）在恒河猴实验中就已经证明，相比于食物，小恒河猴更倾向于安全感。他把猴宝宝关在有两个假妈妈的笼子里：一个是用绒布做成的代母，柔软温暖，可以让猴宝宝依偎；另一个代母可以给猴宝宝提供奶水，却由冰冷的铁丝制成。小猴们一进笼子就紧紧地挤在绒布妈妈身上，抱着她，寻求保护和温暖。只有在饥渴难耐时才紧张地跑到铁丝妈妈那里，迅速吃点东西后，就立刻又跑回到温暖柔软的绒布妈妈身边。拥抱对于小猴宝宝和人类的意义，有如其他猴类互相捉虱子，以及鼠类互相舔舐以示亲密和温暖。一直以来，温暖、温和的触碰轻抚，对人类和动物来说都是不可或缺的。甚至一杯温咖啡、热可可，也是可以联通彼此的，友好、体贴的抚慰，虽不能取代体温，但也能带来一些安全感。

温暖的反面是寒冷。"寒冷"不仅可通过温度计和天气预报来衡量，也可以在人与人之间的氛围和接触中感知到。商务会议中的气氛可以让人"冷得发抖"；我们描述一个冷酷的人会说他有"冰冷"的眼神，或者说他的声音"没有任何温度"。冷暖都是人际交往当中的体验，它们总体而言决定了安全感的水平。

信 任

安全感的第三道配方是信任。当我们无法信任别人时，也就感觉不到我们之前的温情。而那些在共处时给我们安全感的人，必定是我们信任的人。就安全感而言，信任与保护、温暖一样，举足轻重，不可或缺。而信任，又与熟悉程度息息相关。

恒温保育箱发出的声响，与母亲子宫中的声音是如此不同，睡在其中的早产儿又怎么会对他们此刻的居所建立信任？他们会感到恐惧，会有心跳加速等紧张的症状。在医院里，或住院部的重症监护室度过的每一个晚上，对大多数人而言都不会有什么信任感。这种陌生的环境反而会唤起不安全感，尽管他们的心里清楚，这是出于对健康状况和生命安全的考量而采取的措施。如果你恰好也住过院，如果你恰好有过相关的经历，就会有同样的感受——谢天谢地那些照顾着病人的医护人员是有血、有肉、有体温的真正的人，而不是冷冰冰的机器。熟悉的程度取决于我们的感官体验对周围环境是否了解，它们是否通过翻来覆去的不断感知而变成了我们习惯的一部分。我们通过这种反复多次的体验得知，这样的环境不会对我们产生不良的影响。

信任也可以通过身体接触建立。比如大人们互相拥抱或投以好感的眼神，比如蹒跚学步的孩子投入爸爸妈妈的怀抱，诸如此类的举动既是对信任的表白，也是对信任的巩固。

在寻找熟悉和温暖的过程中，人类通过接触来试探和确认对方是否值得信任。信任不是一种理智的推断，而是基于身体接触的感性判断。没有建立起信任就不会有安全感。

迷茫与困顿

我们的心理诊所陪伴过多名安全感缺失的患者,他们普遍惊骇不安,恍然自失。根据经验,我们归纳了四种最常见的类型。

从人间坠落

一位年轻的女士在她年仅 16 岁时遭到了强暴。她在接受治疗时轻声道:"从那时起我就变了,我不再是我自己。我对周围的看法也不一样了,这个世界听起来也不一样了,东西吃在嘴里,味道也不一样了。就好像我不再属于这个世界,仿佛我已经从人间坠落了。"

经历过恶性性暴力,或者在两性关系方面有过其他深度创伤经历的受害者,通常使用"从世界跌落""堕落"之类的字眼。她们天然建立的安全感,突然之间就毁于一旦。如果她们此后有幸得到关爱和陪伴,恐惧会渐渐退出她们的生活,她们也还能重新建立起安全感。然而有太多太多的受害者独自一人承受着痛苦,长久地生活在恐怖的阴云下,失去了重获安全感的机会。

突然之间一无所有

一位刚过五旬的中年男子被脑出血夺走了伴侣。他极度消沉,失魂落魄,喃喃地说:"我的小魂儿,丢了……"

两年后在接受治疗时,他说:"突然就没了,我的妻子走了,房子空了,床上空了,浴室里空了,我脑子里也空了,到处都缺了一块,心上也缺了一块。"

他无法克服各种缺失感,自顾不暇,结果连自我都迷失了。我们需要在治疗当中帮他建立起热情、保护和信任，让他在深渊的谷底找回自己，好好地哀悼他的妻子，并与他人分享悲痛和哀思。他流下的每一滴泪水都帮他积攒起了一点安全感。

孤独是静默的恐怖

有时候驱散安全感的不是狂涛骇浪——恐怖会轻手轻脚地从寂静中探出头来。

伊娜和彼得都是30出头的工薪族，也都没有孩子，在一起已经三年了。还不认识彼此的时候，他们都把所有的精力放在事业上。他们都很害羞、内向，几乎没有什么社会交往。他们在一次专业培训的进修课程上相遇了，他们渐渐地、审慎地走到了一起，并在一年后同居了。他们都认为找到了最爱，找到了幸福。

他们搬到一起以后与外界的隔阂更深了。没有朋友拜访，没有熟人到访，甚至没有亲戚间的走动。他们俩甚至连电影院都不去。之前各自独身时的孤单寂寞，变成两个人一道离群索居。而寂寞也渗入了他们的关系当中，两人之间的交流越来越少，渐渐无话可说。

直到彼得精神崩溃，两人才求助于我们，希望得到心理咨询。这其实是一种"心理孤独症"，我们会在后文详解。它描述的是一种基于心理的无力感——人们无法敞开心扉，不能把自己看重的东西跟人分享，包括他们的生活和他们的人际关系。

在这个案例当中，恐怖并不是因为惊骇的创伤事件或突如其来的缺失造成的。恐怖早就不声不响地潜入双方的心里，悄悄赶走了安全感。

强加的安全感是地牢,不是城堡

我们不时会遇到这样一些人,一提到"安全感"就会引起他们强烈的反感和防范。

比如有一次,一位年轻的女生说:"当你提到安全感时,我特别难受。老实说,这个词令我作呕,让我不寒而栗。你如果对我的家庭有所了解,就不会觉得奇怪了,我们家特别强调和谐和睦,家里的小孩还要表现出安全感满满、无比幸福的样子。到了圣诞节,我们必须这么想——真是太好了,一切都这么好,家里布置得这么漂亮,食物这么美味,爸爸妈妈爷爷奶奶一定花了很多心思和力气,好让我们大家能过个开心的节。如果我胆敢表现出自己心情不太好,有一点点不开心,甚至有一点点的伤感——要表现出气愤我真是连想都不敢想——我妈就会一把抱住我,一边紧紧地抱着我,一边求我别让她伤心,而我爸也会在旁边说,这孩子让母亲难过了,这肯定不是她的本意。每每这样,我都觉得他们好像要一口把我囫囵吞下,太可怕了。安全感,这个词让我如鲠在喉。"

安全感不仅没能在初始的生活空间和城堡中舒展开,而且还被迫压进了城堡的地牢当中。希望对此的正确解读能帮助这个误入歧途的小姑娘一步一步迈出父母强加给她的安全感,逃出强制"安全"的监牢。

安全无迹可寻

缺乏安全感的人会不断寻找安全感。有的人终其一生都会被这种寻找所约束。尤其是当这个人之前从来没有安全感时,他会相当绝望。

露西称自己为"失败者露西"。她说她的人生充满了无边无际的失败和争取安全感的斗争。刚刚出生一个月，露西的亲生父亲就抛弃了露西母女。露西对父亲全然没有印象，也没有父亲的照片——照片全被母亲烧了。

母亲经常外出，丢下年幼的露西一人在家。每当母亲外出归来，第二天就很晚才起床。露西说："我只知道自己小时候经常喊叫，没完没了，整天都哭天喊地的。我妈总说，'你这倒霉催的孩子，你会要了我的命'。"

无从奢望哪怕一丝一毫的安全感。

但露西还是在争取她应得的权利，她以哭喊来抗争。

后来，她有了一个继父。接下来是第二任，之后是第三任。露西的名字变了又变，因为她老得改姓，她经常紧紧地抓着自己的小猴子——小猴子是她的一个玩具，而且那根本不是猴子，而是一个绒布做的女娃娃。

从一年级起，露西就很安静，不太合群。她经常被忽略，动不动就会心不在焉。她迷失在另一个世界，或者说，沉浸在自己的世界。在那里她有爱她的父母，她有兄弟姐妹。她做梦都想有人给她读故事书，给她答疑解惑。她做梦都想能有人依偎，能有人展开双臂抱抱她。她做梦都想要有人和她一起玩耍。

谈起她的世界，露西整整说了好几个小时，仿佛那是一个真实存在的世界。于她而言，那些经历桩桩件件都真真切切，那个她臆造的世界赋予了她赖以存活的安全感。

12 岁那年，发生了令她意想不到的事。露西的新学校里来了一个名叫安吉丽卡的小姑娘，大家都叫她安吉。

露西和安吉很快就认识了，更确切地说，是彼此相认了。"我们一见面立刻就明白，我们俩都是怪咖和失败者。头些天我们还一言不发，只互相偷瞄了几眼。有一次课间休息的时候，她走过来跟我说话。我至今都记得她的第一句话：'怎么，也是失败者？'实际上这并不是一个问题，而是一个声明。我点点头。"从那以后她们俩形影不离。她俩自称是一个"四腿失败者"。"失败者"是她们俩携手闯荡江湖的名号，是她们俩并肩作战的番号，她们以此为傲。对她们来说，从此以后，"失败者"不再表示"输家"，而是标志着两个失意的人找到了彼此，合二为一。她们相拥取暖，彼此信任无间。

毕业后露西选择了出国旅游。首先是加拿大，然后去了美国。搭了几个星期的便车，经历了一段不羁的岁月——然后回来发现安吉消失了。突然地，没有告别，只留了一张纸条说她要和本搬到一起住了。对于露西来说，整个世界都崩塌了。

在一度沉溺于酒精和数次自杀未果之后，她想做点什么，并且做到了：她成了一名卡车机械师。拿她的话来说："我是那帮汉子当中唯一一个女的，其他人要么是男人，要么就是以为自己是男人也看不出来的女人，他们都尊重我。"她发现她比自己以为的要聪明，学得快。甚至有人建议她去复读，然后考个大学，成为一名工程师。这使她受宠若惊："我不敢奢求，而且我不太相信自己能搞定。"

之后就是按部就班地工作、恋爱——和一个年轻、英俊、壮实的小伙子。三十出头她就自立门户，受人尊重了，店里除了她还有一个老师傅。她把店里打理得井井有条。两人很快成为一对璧人，一个月后搬到一起同住，两个月后举行了婚礼，计划要三个孩子。但是没怀上,"倒也不坏",直到现在她还在庆幸,多亏还没有孩子。

婚姻仅仅维持了两年,两人就各奔东西。露西发现前夫和自己一样,都是"失败者,失败者,不知道自己要什么,什么都坚持不下去。要不是店里那位老师傅,连汽修厂也要关门大吉。让我心仪的那个男子汉,只是他演出来的模样。他每天烂醉如泥,拈花惹草。而我只是他曾经的一个猎物,早就没有了兴趣。不得不承认,从某种程度上说,他也是我的一个猎物,我想要有一个自己的家,然后就遇到了他"。

一直以来,露西都渴望安全感,却从来不曾拥有过。她频繁地被同样不曾拥有过安全感,或失去了安全感的人所吸引,相信在他们身上能得到理解和依靠。她曾一度和他们亲密无间,对他们无比信任。可惜负负不一定得正,两段残缺的弧线并不一定能凑成圆满。两人最终还是分道扬镳了。露西没有了伴侣,失去了工作,但这并没有断绝她对家的渴望。她还在继续拼搏争取,就像她孩提时代就开始的抗争。

那些日子,她是怎么熬过去的?

她成了一名作家:"我把我的故事写成了小说,爱情小说。"

儿时曾经帮助过她的,再次助她一臂之力:沉浸在想象的世界里。

失败者露西——或者我们现在应该叫她露西·洛瑟——的故事告诉我们,绝望地寻求安全感,会把寻求者推向可能会伤害她的人。因为对安全感的渴望会蒙蔽人的双眼,让人走向不适合自己的人群。往往是那些自己也没有安全感的人,"迷失"的人,才会聚在一起,互相支撑,抱团取暖。他们要的不多,需求不高,但却一定有。这样的人群缺乏对自己的信心，也不相信自己的直觉和感知——可能是因为受到过干扰或者伤害。同样，他们也无法真正信任别人，或者说，他们丧失了信任的能力，而这才是他们不自信的根源所在。

这只是有关安全感的一个小故事。它说明：一方面，对安全感的渴望可能会维系并延续不健康的关系；而另一方面，安全感所释放的不可抑止的力量，会结成坚不可摧的纽带联系起彼此，提供温暖，给予保护。

对安全感的缺失有望通过一段情感体验得以治愈。这个过程伴随着痛苦、绝望和悲伤，但有助于恢复、建立或增强信任感，尤其是自信。

建议与帮助

大灵魂和小灵魂

乌尔姆的文化人类学家和精神分析学家伊娜·罗辛（Ina Rosing）在安第斯山脉与以愈疗而闻名的印第安族裔卡拉瓦亚人（Kallawaya）一起生活了七年，终于发现了有关印第安人疗伤仪式秘密的蛛丝马迹。她在报告中写道，卡拉瓦亚人能够区分人灵魂的大小，并分辨出哪个是"大灵魂"，哪个是"小灵魂"。其中，"大灵魂"会随着身体的死亡而消亡；而拥有"小灵魂"的人即使还活着，生命没有终结，他的灵魂也可能已经七零八落。

小灵魂需要安全感，需要保护，需要温暖，需要信任。根据卡拉瓦亚人的说法，拥有小灵魂的人如果遭受了惊吓，比如来自野兽或"恶灵"的袭击，经历过雷击或其他威胁性事件，他们就会失去自己的小灵魂。卡拉瓦亚人认为小灵魂会在受到惊吓后脱离人体、留在原地，只能由疗愈人员前往找寻并唤回。依照我们的观点，治疗不能摒除文化根源而从一种文化直接移植到另一种文化中。但是"小灵魂"的这一概念太特别了，我们允许自己有一个例外。我们不会把它作为一种治疗手段，但是它可以作为一种具象的概念，与人们自己的经历联系起来。

"两人一起，庇佑更多"

女诗人希尔德·多明（Hilde Domin）在自传中写下了这句话（多明，1998，第118页）。身为犹太裔，由于纳粹恐怖组织的驱逐，她和丈夫被迫自欧洲逃亡到多米尼加共和国。到了这个加勒比海的中美小国后，她在试图确保自身安全的同时，突然发现与那些独自一人流亡的朋友们相比，自己和丈夫能够更好地适应背井离乡的流亡生涯。

"两人一起，庇佑更多。"这句话在我们的诊疗经验和日常生活中一再被印证。对许多人来说，重要的是找到那个另一半，那第二个人，那个可以一起获取安全感的人。

根据我们的经验，在大多数情况下，我们必须首先甄别出可能会对我们的小灵魂构成威胁的人。想要扫清内心的障碍，就请扪心自问以下几个关键性的问题：谁会是这种人？又有哪些人可以帮助你，守护好自己的小灵魂？

- 目前有哪些人和你是互相保护的关系？
- 你希望得到哪些人的保护，你能否想象自己会受到他们的保护？

- 哪些人会让你不寒而栗？
- 哪些人让你觉得温暖？
- 你还记得有哪件事让你觉得跟这个人的关系变得亲密了吗？
- 哪些人让你一想起来就心里暖暖的？
- 哪些人让你觉得无法信任？
- 你信任谁？
- 你愿意相信什么样的人？这些人哪里让你觉得他们值得信任？
- 你可以跟谁放松地聊天？（这意味着不会一边说话，一边暗暗在兜里攥紧拳头，而是一点都不害怕或者紧张）
- 你怎么知道你有能力信任别人？
- 你觉得这些人能为你的小灵魂做些什么？

为了让这些答案更有帮助，请你不要用语言回答我们的问题，而是把答案画出来。我们建议你拿一张纸出来，在纸的中间画一个小小的圆圈，填好颜色，这个小圆圈代表你自己。围绕着这个小圆圈，请再画一个圆代表"安全感的可能范围"。

如果你选择听从我们的建议，请分别针对保护、温暖和信任，在这个圈子里每项各画两个人。他们代表着保护、温暖或信任。也许在你周围，有人同时对应着其中两项甚至三项；或者，每个人分别代表其中的一项。这都可以。只是如果对于一些人你不是特别确定，请用虚线把他们圈起来。你还可以另外找一个和你一起思考的人，共同判断其他人与安全感圈子的关系是"属于""可能属于"，还是"完全不属于"。

我们几乎总是有这样的体验，那就是——在这些具体问题面前审视你的熟人或朋友，会有益处。还有，你会惊讶地发现，说起安全感圈子，你能想到的那些人中，有多少人值得你进一步在他（她）那里寻求安全感。你应该把他们拉进你的安全感圈子，你值得为他们冒这个险。

相遇的感觉

关系的安全与巩固

有些人将安全感视为理所当然，我甚至很羡慕这样的人。另一些人渴望能拥有安全感，并为此不断抗争，就像我们前面描述的那样。安全感这种情绪状态的萌发、生长，或者摧毁，取决于社会交往和人际关系的质量。大自然的法则似乎已经确保了每个在母亲的子宫里长大的孩子，都曾在分娩前体验过最基本的安全感。如果母亲期待孩子的出生，在孕期就爱这个孩子，那么孩子从一开始就感受得到安全。如果母亲也感到安全，就可以说是一段愉快的孕期了。如果一切顺利，孩子会在良好的氛围中出世，父母和其他亲近的人都接受和爱护这个新生儿，孩子出生后仍然感受到来自身体接触和环境气氛中的温暖，享受保护和照顾，在充满信任的环境中成长。婴儿的活动范围是很有限的，孩子每天会听到居所内日常的噪音，听到母亲和其他亲近的人们的声音，感受他们的爱抚，看看目光所及之处的婴儿床、音乐盒、洋娃娃，感受着其中的氛围……随着他们的生活半径逐渐扩大到整个寓所、小游乐场、幼儿园、学校，开始与他人的交往。这个过程，我们称之为"家园建立"。[分别见书于福克斯（Fuchs），2008；贝尔，2012]孩子要面对的环境越来越多元，并根据对不同的人与环境的印象积累起自己的经验。从天真无邪的婴儿，到蹒跚学步的孩童，一直到成长为一个成年人。他会将目光投向环绕在他身边的更多事物，不同的人和领域，聆听它们发出的响动，也聆听自己内心的低语。他会走近一些事物，踏进一些领域，甚至把它们放在手上，端详、把玩。就像一个松松环绕在孩子周围的螺旋线——结构看起来有点松散，形状也不太规则，但是连续不断地螺旋盘桓向前延伸——波及的环境范围越来越大，经验顺理成章地积累起来，形成一个拓展了的生存空间和熟悉的家园。

"孩子这个家园建立的过程，放在成年人身上就是搬到一个陌生的城市生活。一开始他首先熟悉的，可能只是他的住所，起初房间和家具对他而言都是陌生的。直到晚上他可以不假思索地在黑暗的房间里行走而不会磕到碰到，很清楚开瓶器放在哪个抽屉，花瓶摆在哪里，这个公寓对他来说才熟悉到可以算是一个家了。与此同时，以及此后，这个陌生的城市对他才越来越有家的感觉——首先延伸到工作环境中，其次扩展到采购日常用品的商家店铺，然后延展进电影院、最喜欢去的餐馆，等等。交到了朋友，建立起进一步的联系，陌生的城市逐渐变成了熟悉的家。"（贝尔，2012）

在家园建立的过程中培养起的熟悉感是内外兼修的。外部环境越来越一目了然、顺理成章，同时内心对环境的体验也积少成多，从而越来越熟悉。这个过程是营造安全感的基础，家园建立可能会受到干扰甚至失败。不过，根据前文对安全感的各种特性的描述，通过保护性、温馨性和信任感三个方面发展，同时内外兼顾，就可以建立起安全感。

家园建立的过程是一个熟悉环境的过程，所谓安于所习，就是把一个人生地疏的陌生空间变成听过、见过、经历过、驾轻就熟的生活环境。这包括地理位置、物什器件，当然还有人。其中人的因素是第一位的。不论孩子玩的音乐盒多么有趣，如果父母间气氛冰冷并且没有给孩子提供保护，孩子都无法建立起安全感。

人际关系的安全感，或者说，与提供保护、感到温暖、令人信任的人之间的关系中的安全感，是能够发展和巩固安全感和幸福感的关键。

那么如何在家园建立的过程中营造亲子关系的安全感？关于这一点，下面有一些重要的建议。

目光带来的安全感

刚刚降生到这个世界上的新生儿，总是目不转睛地盯着这个世界看。他们认可了这个世界，也向世界投射他们的光芒。婴儿目光的意义超越了感观上的视觉功能，这目光是双向的，既有孩子向外界投去的目光，也有向孩子投来的目光，是婴儿与世界、与身边人的初次接触，是最温暖和最深切的信任。在注视与被注视之中，"目光仿佛在跳舞"，正如终身致力于婴幼儿心理发展研究的丹尼尔·斯特恩（Daniel Stern）描述的那样，人们寻求的安全感和安全感的建立，要追溯到婴儿期第一次目光接触的情形。

目光可以是充满温暖、直击灵魂的。这与视力好坏无关，也不在于关注的次数，而是取决于关注的程度、对视的质量。四目相对而焕发的共情，能传达出守护、保卫、温暖和信任，是高质量的目光交流，而不属于解剖学能够解释的范畴。

特别是对孩子来说，一起看向同一个方向，能够促进安全感的形成。尤其对于幼小的孩子，当母亲或父亲和孩子一起看向一个方向（可能是伸手指出的方向，也可能是一起看同一本书或同一个人）时，孩子的发展就迈出了一大步。发展心理学家认为，一起看向同一个方向，是孩子们学会理解别人意图的前提，而这又是让孩子们产生社会融入感的前提。

和孩子一起翻阅一本书，并大声朗读，或者漫步动物园一起对狮子大声惊叹，这就产生了共同的行动，联系也由此建立了起来。和自己的孩子一起看一场足球比赛，往往是一起踢球的第一步，也可以观察花园里的鸟儿，和孩子一起动手给它们搭一个鸟窝。妈妈和孩子一起烘焙，热乎乎的不仅仅是烤炉，还有两个人的心房。共同行动的人们在这一过程中学会了彼此信任。

眼睛朝一处看、力气往一处使，这样的共同行动，也会带来共同的方向和经历，因此常常被视为一种具创造力和能赋予意义的东西。（"感知、意义"，究其词源就是"方向"的意思）

眼睛朝一个方向看的人会与彼此联系在一起，有意义地校调方向能促进信任和安全感。

声音带来的安全感

每个人都有过这样的经历——声响和音调让人感觉受到了保护，或者遭到了威胁，甚至即将被摧毁。出于人类的本能，我们可以分辨出一个声音是冷酷的，还是散发着温暖的。这些不同的效果无法用声波的频率或振幅来衡量，而是通过音色辐射出来的，需要倾听的人用心去听、去感觉。

人们能够感应到，一个声音是否值得信赖。首先，人们会不自觉地注意别人对自己说的是不是话中有话，是不是真实可信。为此，人们的所视所闻对于做出判断都很重要，比如音色、肢体语言等。声音会带出情绪，长期（尤其是在儿童时期）处于一种声音环境中，人就会形成某种性格的基调。

能够接受他人的声音提供的保护感，是获取安全感的核心要素。尤其是当我们人类缺乏安全感，需要帮助时，当我们想退缩到心理的"城堡"来获取内心的"安全感、受保护感"时，这种信任就显得尤为重要。声音也可以创造安全感，必要的时候，这些外界的声音可以拥抱我们，支持我们。

对很多人来说，音乐带来的安全感非常重要。每个人都很清楚哪段乐曲可以增加他们的安全感。在某些人看来，可能是一首钢琴奏鸣曲；对另一些人来说，可能是约翰·列侬（John Lennon）的歌。此外，这些乐曲往往是相同的，是人们最熟悉、最了解的旋律。要想产生安全感，不仅人们听到的声音很重要；让人们能够发出自己的声音、让别人听到他们的声音，也很有必要。新生儿用他们的声音来问候世界，尽管不会讲话，但他们的表达能力是极其多样又富有辨识度的。人们通过自己的声音把内心表达给外界，进而获得听众，有时还会收获回应。

孩子们会和他们的泰迪熊或他们最喜欢的洋娃娃说话，也会和他们养的狗或猫说话。它们都是极好的倾听者，孩子会把自己藏得最深的秘密说给它们听，与它们分享。

还有一些孩子会自顾自地唱歌，给自己营造一个熟悉而温暖的空间。如果小朋友总要听 CD 里的同一个故事，那势必也与他熟知的经验和对熟悉事物的渴望有关。在妈妈给女儿讲故事时，女儿往往要听那个已经讲了几十遍的老掉牙的故事——这谁又敢改一句？

前文提到的一起看的经验，也同样适用于一起听、一起唱。当妈妈听到宝宝的咿呀学语，并且和宝宝你一言、我一语地对起话来时，他们之间的联系和信任就会在这些言语之间建立起来。

当父母和孩子一起唱歌时，传达给孩子的是支持和温暖。合唱带来的安全感就连成年人也能感受到。和老年痴呆症患者合唱熟悉老歌的人，也可以感受到由此而生的安全感。那些老人已经连自己的名字都不记得，也认不出对面是谁，却能突然唱出十首老民歌，想起曾经的流行歌曲的全部歌词。这可以说是一个安全的奇迹——声音带来的安全感激活了关于往昔经历的记忆。

把握带来的安全感

一把抓住别人为求助而伸出的手，意味着伸出援手给予支持。

年幼的孩子会伸手去握住奶瓶，去抓住乳房，去拽爸爸妈妈，去拿玩具，去拿任何他们感兴趣的东西，再把它握在手里。通过把握，孩子们打开了世界。通过把握，他们可以分辨出什么是温暖的，什么是寒冷的，谁是值得信任的，谁不是，什么能提供保护，什么会有威胁。不抓紧就没安全感，的确：不紧紧抓住就不会有安全感。

即使是成年人，只要没有忘记如何伸手，就会一次又一次地伸出手来，不仅伸向物品，更会伸向他人。我们伸出双臂，希望能触摸到的是至爱亲朋。

如果人们想要得到的东西不存在或拒绝了他们，他们就会坠入虚空，什么也体验不到。这种情况若是频繁地发生，人们就不会再伸出手去抓了。

对于那些不能够或不被允许再伸出手接触世界的人而言，总有一天恐惧和克制会取代他们的好奇心和发现所带来的喜悦。世界在他们看来变得陌生而不确定，家园建立就此止步或呈现出退步之态，以至于无法再建立新的安全感，甚或丧失原有的安全感。

当我们与人接触时，我们遵循的是大多数人与生俱来的深层渴望，即带着信任去触摸或被触摸，满怀信任地触摸别人或被人接触。给我们提供了持久保护的，不是空旷的四周，而是我们所遇到的那些散发出温暖和值得信赖气息的人。

抓握会提升安全感，促进理解。小孩子会把触手可及的一切东西都拿在手里。他们会放在手里摸，放进嘴里尝，用手指和嘴巴来感受（这也是一种了解的方式）。他们以此来确认自己近旁都有什么，并通过这些行为了解这些到底是什么。即便他们还不知道这些物体的名称，也已经能很清楚每个物件的轻重、冷暖，是不是会发出声响，是不是能吃，味道好不好。孩子一定要有随意抓取的自由，才能确定周边的安全感。只有允许抓握、触摸，才能学习建立信任，找到安全感；与之相悖的，强制性的经验积累，暴力地抓取抓握，以及让孩子伸出的手扑个空，只能适得其反。

压力，安全感的来源之一

第四种感觉接触是压迫。很多人不知道压力对于体验自我和感受外界的积极意义，而只知道自己所背负或被施加的那种压力。

有时，夫妻们承受着太多的压力，外界要求他们发挥稳定，得体到位，齐齐整整，"井井有条"。压力之大以至于可能威胁到两人的关系，也许会导致婚姻分崩离析，令两人之间的安全氛围荡然无存。压力杀死了安全感，彼此之间的温情便也消失了。

对于一对寻求治疗帮助的夫妇来说，首先要能公开畅谈他们的压力。这本身就缓解了矛盾，减轻了负担。当两个人都与对方几乎无话可说，力争在夫妻关系治疗中也做到"井然有序"时，治疗师建议道：

"我坚信以毒攻毒、以压解压。所以我建议你们俩互相挤压挤压，用单手或者双手按一按、压一压，用背挤一挤，总之用什么都可以。试试吧！"

虽然有点吃惊，但他们还是遵从了这个出人意料的建议。一开始，他们只是手对手地互相推了推；然后他们站起来，转过身，彼此背对背地在房间里推来推去。直到妻子开始抽泣："现在我终于又能感觉到你了！"他们再次拉起对方的手，捏了又捏。不知道过了多久，最后他们两人的额头互相抵触，紧紧地贴在一起，同时小心翼翼地轻轻挤向对面。最后他们拥抱在一起，都哭了，也笑了。

这虽然并没有解决他们之间的问题，但也排除掉了一个重要的障碍。要彻底解决他们之间的问题还有很多工作要做。横亘在他们之间的压力形成了一道鸿沟，阻挡他们再看到、听到、触摸到对方。当这种无形的压力具象成为可感的压迫、可以伸手去挤去压的实体，他们便又能感应到彼此，从而重新建立了联系。

因此，压力的经验是宝贵的，它可以成为安全感的重要组成部分。

压力作为一种能增进安全感的接触，不包括肆言詈辱、咄咄逼人、盛气凌人、令人窒息的种种压迫，以及争强好胜、尊己卑人式的打压。它综合了勇气和信任，体贴而不拘束，能让人们坦诚相见，推心置腹，和对方一起身体力行地去体验。比如当孩子们在游戏中互相伸出手，试图把对方推到对面，往往会嘻嘻哈哈、呼哧带喘的，这是一种彼此间的较量，但最重要的是，他们感受到了自己的力量和实力。

这跟安全感有什么关系？通过身体力量的对抗了解彼此的实力，亲近对方，了解对手的同时也了解自己，能让双方眉飞色舞，笑逐颜开，一起开心欢笑。这才是压力的精彩之处，不仅孩子这样，对成人尤其如此。安全需要保护，这保护包括别人的支持——来自你可以依靠的人的支持，会坚定不移提供帮助的人的支持。至于他们能否以及是怎样做到这一点的，只有通过压力的考验才能得知。当我们面对面地向他施压，就可以感受到，对方究竟是真实、热忱、充满信任地回应这种压力，还是选择暴力相向，或者对我们置之不理。

倚重，安全感的顶级体验

在阐释感官接触和安全感之间的联系当中，我们要介绍的倚重是一个非常特殊的例子。很多人将可以依靠、依赖别人的经历，或者被别人依赖的经历，视为安全感的巅峰体验。互相支撑，彼此扶持，互为后盾，相互应援，这既是安全感的体现，也是安全感的深化。

互相依靠包含了相互保护。一个依靠着别人也让人依靠的人，势必要提供安全和稳定。

依靠是有温度的，因为依靠会带来温暖，不管是身体上的依靠，情感上的依靠，精神上的依靠，还是其他层面的依靠。

依靠需要信任并创造信任。我们只依靠我们可以信任的人。当我们对此有积极的体验时，我们之间的信任就会再加深一层。

有的人不敢依靠别人，他们认为这会导致自己因为过于依赖别人，而变得人微言轻，变得不由自主不再独立。那些曾经遭到过背叛、被施暴，或经历过孤立无援局面的人，可能会暗暗决定"再也不要"依靠别人。那些局限于消极的安全感中的人，还在为生存和自主而挣扎。对他们来说，依靠是禁忌，是危险。

一位女客户曾分享过她的经历："我已经被抛弃太多次了，以至于我都不愿意再试着去依靠别人了。和前男友在一起时，我以为终于等到能托付终身的人了。然而是我想错了。一切都只是虚无的泡沫。我不仅无法依靠他，反而还得处处受他依赖。但现在一切都结束了。我一个人也过得很好。我值得更好的生活。"

但渴望仍旧存在。对上文这位女士来说，"孤军奋战"的确是一条迫不得已的权宜之计，而"孤军奋战"也让她精疲力竭。这正是她寻求心理治疗的原因。

如果你和这位女士有相似的经历，我们希望你可以尝试多种多样的依靠方式。可以从把手覆在别人的手上（这也是依靠）开始，接着再试着把头枕在别人的腿上或与别人背靠背站着。不妨试一试。尤其是体验一下与他人背靠背站着，你可以从中很好地体会到多种美妙的可能性：独立拼搏也拥有后盾；依靠他人也拥有主见；收获支持与帮助。在这个意义上，我们都成了大"和"之友，与"和"同行。

所谓安全感，是指一种可以依靠的感觉，而非必须依靠。当我们所依靠的人也能从中收获安全感时，安全感就会展现出它的奇妙能量。注视与被注视、诉说与倾听（确切地说，是被倾听）、触碰与被触碰、挤压与被挤压——所有这些感受式邂逅都能让人得到保护、温暖与信任。所有这些感受式邂逅最终都通向依靠，它既是邂逅的高潮，也是安全感的形式与内容。

当你寻找安全感时，将安全感的内在来源可视化往往会有帮助。考虑到或许你想自己尝试一下，我们要在这里介绍一个对治疗工作有帮助的小试验，这项试验在我们的客户中广受好评：

- 放松地坐下，专注于自己的一呼一吸……

- 感受吸入的空气正慢慢流进身体里，蔓延扩散至全身，再从身体流出……

- 让注意力伴随着呼吸，自由流进流出，不断重复……

- 感受呼吸填满的身体区域，感受呼吸触碰的身体部位……

- 你会在某个身体部位发现一处奇妙的地方，你的安全感便来源于此。让呼吸将你指引至此……

- 请你注意这处地方的实际位置或你印象中的位置，让你的呼吸伴随着你前往那里，也请你在过程中稍稍注意自己的呼吸……

- 请你将此处看作你安全感的源头，在心里想象一幅画面。这幅画面是什么样子的？

- 你看到的也许是抽象的颜色块，也许是风景，也许是某种生物，也许是其他完全不同的东西。

- 此时，也许内心深处会响起某个声音……

- 请关注周身的气氛、光线、温度……让你的想法与念头给自己一些惊喜。也许它们与你的预期完全不同。但请你不要试图纠正它们，而应该关注它们。

- 如果你愿意，可以准备好铅笔或彩笔，以及一张画纸，画下你想象中的安全感之源……

- 如果你的脑海中暂时还没有浮现安全感之源的形象，请不用担心，要相信，它会在你画画时出现……

在寻找内心安全感的源头时，你可能还会在无意中发现隐秘宝藏或其他无价之宝。短暂地专注于呼吸时，你的脑海中会浮现出一个画面，或许你想向其他人展示、谈论这个画面，并分享自己的经验——不是为了获取他人的注解或建议，而仅仅为了被倾听。请彼此珍视各自安全感的宝藏。

第6章

攻击性情绪

攻击性情绪——荒芜的风景

轻微的生气与狂暴的恼怒；狂暴的生气与轻微的恼怒；合情合理的愤怒与莫名其妙的愤怒；嘲讽与仇恨——都属于攻击性情绪，也就是富有攻击性、侵略性的情绪。

攻击性情绪和行为每天都会以各种各样的形式出现在生活的方方面面。或极端，或细微，它们是我们生活的一部分。但绝大多数人都畏惧攻击性情绪，渴望融洽和谐的生活。

根据我们专业的治疗经验，恼怒与愤怒被压抑的程度之深、被封禁的程度之重，几乎没有任何其他情绪可比拟。倘若将这些情绪引入生活，一方面可以唤起解脱感与活力，另一方面也会使我们陷入巨大的焦虑之中。因为在这种情绪的影响下，我们无法对暴力和暴行避而不谈——攻击可能会导致暴力，且被攻击的经历与痛苦往往会激起对暴力及攻击性情绪的畏惧。有些人曾是攻击性情绪的受害者，他们不仅受自己的攻击性情绪困扰，同时也被他人的攻击性情绪困扰着，因此，他们会努力"控制"使这种情绪也发生在情理之中，同时也值得尊敬。

攻击性情绪的目的在于，想要"摆脱"某些东西，从最广泛的意义上讲，即想要改变某些东西。我们的祖先不得不为养活自己而战斗。而他们的攻击性情绪能帮助他们抵御敌人和猛兽。今天亦是如此，当我们或我们的家人受到威胁时，我们也会变得愤怒，甚至会愤怒得像狂暴的雄狮、猛虎、鬣狗。有时，微不足道的事就足以诱发我们的攻击性：当我们在工作中被不公正地对待时，我们会愤愤不平；当我们的停车位被邻居的车挡住时，我们会恼怒不已；当裁判在足球比赛中做出错误的裁定时，我们会闷闷不乐；当我们发现孩子们把三明治藏到书包里，放到发霉也不吃时，我们会火冒三丈。我们的攻击性情绪以改变某些东西为目标，它们意欲摆脱或改变某些东西。

形形色色的攻击性情绪间存在着巨大的差异，每一种情绪都有不同的含义。愤怒与仇恨的感觉不同，执拗与暴躁的感觉不同。诸多攻击性情绪构建了一种独特景观，相比宁静的平原，它更容易让人联想到有着峭壁与深谷的荒芜山区。这样的景貌绝不可一览无遗，每一处弯道后都是新的视野，那里往往也藏着意想不到的惊喜，值得细细探寻。因此，我们将在这一章分别介绍攻击性情绪最重要的内容，与你一道开启这赏景之旅。

据我们观察，生气（Ärger）、愤怒（Wut）与恼怒（Zorn）通常在日常用语中表示同样的意思，但在此我们想试着区分三者。因为哪怕是一个细微的差别，在更准确、更连贯地把握个人情绪及其变化过程的方面，也有着重大意义。这与易怒、愤恨、仇恨等专属概念不同，在我们看来，这些专属概念的区别应当是始终如一、保持一致的。对于所有提到的攻击性情绪，我们都将在本章末给出建议与帮助,大部分建议适用于若干个攻击性情绪,同时也充分考虑了各个情绪的特殊性。

生　气

意义与情感格局

生气是"最轻微"、最无害的攻击性情绪。我们每天都会遇到烦心事,每天至少会有那么一件小事,要么不合我们的心意,要么与我们的预期不符。

当孩子们还小时,他们尚不能区分各种形式的攻击性情绪的游戏和表达。孩子们的生气是纯粹且喧闹的。当他们不喜欢某样东西时,他们就会变得越来越激动不安,并做出相应的表达。温柔体贴且适应力强的父母有时能从婴儿表达生气的响亮哭声中猜到原因:是因为纸尿裤该换了吗?是因为累了吗?还是因为觉得无聊了?或者是小肚子被压到了?尽管如此,误解仍旧不可避免,因为父母无法询问孩子,孩子也不能以不同的方式表达自己的需求。有一件事是肯定的:幼儿并非有意用自己的生气来伤害别人。他们是在用哭闹声告诉周围人:"有些东西让我不高兴了!"

随着年龄的增长,儿童区分并表达烦恼的能力也在提高。渐渐地,他们的情绪记忆也随之逐步发展。他们变得更能够鉴别自己的感受,并会利用情绪记忆来比较他们感到愤怒的情况以及相应的反应。就大多数儿童而言,攻击性情绪逐渐被"文明化",有时甚至被"驯化",被引导至正道上,促进与他人的共同生活。

攻击性情绪的原始意义本是与某些东西做斗争，摆脱它从而改变它，但有时，攻击性情绪却在这条路上迷失了。人们受到威胁和攻击，却无法保护自己免受其害。他们被"点燃"，清晰地感受着愤怒，却无法采取相应的措施。生气有了自己的独立意识，而我们陷入了迷茫与困顿。

迷茫与困顿

当生气消失

有些人认为，没有烦恼的生活状态像天堂般令人向往。而人们常常将对这种生活状态的向往与对稳定和平共处的渴望混为一谈。但是，在我们的文化观念中，人们会讨论理想的生活状态以及相应的改变，和平共处就在讨论的过程中产生并不断更新。而在这里，生气可以发挥举足轻重的作用，因为它可以避免个人和集体在成长过程中停滞不前。生气会带来改变。另一方面，持续地停滞无异于制造虚假的和平（也被称为墓地的和平），这不仅阻碍了内部与外部的双重和平，还给个体的活力和境遇带来了沉重的负担。

但人们如果缺少或刻意压制这种情绪，就可能会变得任人宰割，或被人随意拿捏。

比如说，有一个女职员经常被迫无偿加班，并且从没有得到任何表扬，只有挨批的份儿，明明是老板犯的错误，却要由她来顶包，升职加薪的好事总也轮不到她。她会不会感到生气呢？"有时会。只不过是有点儿生气罢了。我能谅解老板。他在公司的压力很大，在家里肯定也有不顺心的事儿。所以他才会有些糊涂。"她的话语中没有丝毫生气之意。即使悄然冒出些许生气的火星，也会被她对老板的谅解轻易扑灭。

像这位女士一样，许多人以各种方式抑制或扑灭他们的怒火。如果说，上文提到的女士以谅解压制了怒火，那么对这位年轻的男人来说，克制怒火的方式则是他对公平与正义的追求。每当生气或更激烈的攻击性情绪出现在他身上时，他就会开始考虑，他这样生气是否合情合理。于是他想了很久，考虑了合理与不合理的方面，在内心开始了一场审判，他指责自己，同时也为自己辩护，支持也反对自己——直到他的怒火化为乌有，审判才结束。这两位都长久习惯于压抑生气。对这个男人来说，公平正义具有极高的价值。作为五个孩子中最小的一个，他经常感觉受到了不公正的对待，并因此学会了在生活中高度重视公正。而这位女士，她之所以如此理解老板，是因为她穷其一生都渴望有人能够理解她。不知何故，她想要成为榜样，她能够理解别人却无法谅解自己。而最重要的是，她丢失了自己的情绪，尤其丢失了生气。他们并没有做错什么：理解与公正都具有崇高的意义，都很珍贵，都值得为之努力、为之而活，但如果过度偏执于此，偏执到在大多数时候隐藏起对他人的攻击性情绪，而只对自己有攻击性，长此以往，善解人意的女人会变得对自己一无所知，而公平正义的男人会变得对自己不公。

我们常常会遇到一些人（男女都有），他们曾遭受过别人的攻击与暴行。他们也曾发誓："我永远不会变成那样！"——绝不会成为像家暴的父亲、暴躁酗酒的母亲那样的人，也绝不会成为像狗眼看人低的老师那样挖苦、嘲讽别人的人，总之不会成为自己所讨厌的样子。

他们的生活原则值得我们奉上最深切的尊重与最真挚的赞赏。但这里的的确确存在一个严重的问题，这些人因"把婴儿和洗澡水一起倒掉"而痛苦：在驱散被施暴的痛苦回忆时，连带着驱散了生气，而生气恰恰为我们带来生机与活力。

为了不成为凶徒的继任者，而不允许自己拥有攻击性的人，那么到了面对凶徒时，也就无法以攻击性捍卫自己。为了不让富有攻击性的力量侵扰自己，而放弃力量的人，始终唯唯诺诺，软弱无能。

在这些不具有攻击性的人里，有许多人后来因为自己的无能为力而痛苦。正如一位女士所说，对他们来说，力量是不好的、具有贬义的，他们从没想过"把别人摆平"。而其结果是，女人强忍下怒火与绝望，当儿子三番五次偷她的钱时，她变得无话可说，无动于衷。当丈夫出轨时，她并不觉得愤怒或恼怒，只感到无尽的空虚。她总是说"我不想像我的父亲那样粗暴，我不想训斥任何人"，她的初衷虽然值得尊敬，但她在这条路上逐渐失去了种种攻击性情绪，让自己陷入无助的境地。就如同年幼时面对父亲突然发作的家庭暴力一样，在面对自己的家庭时，同样的无力感涌上了她的心头。她不想再一次次体会这样的无力感，所以她允许自己生气。她发现，原来生气可以帮助她坚持自我，帮助她"以进攻保护自己"，也帮助她捍卫自己的尊严。分辨人们使用力量的目的，于她而言有着非凡意义：是为了维护人们和自己的尊严（这也是她现在正为之努力的），还是为了把人们的尊严踩在脚下（正如她小时候所经历的）。

至此，我们可以清楚地看到，当人们长久拒绝感受生气与其他攻击性情绪时，会发生什么：这些情绪会反噬人们自己。自责、内疚、罪恶感往往（并不总是）来源于攻击性情绪。攻击性情绪本该是向外、针对其他人的，但它们并没有找到向外发泄的途径，而是被本人的禁忌和其他禁令严防死守。向外的出口被封住了，攻击性情绪因而只能调转方向，转而攻击自己。人们被持续的烦躁和失眠、抑郁和"没有真正过生活"的感觉掌控。人们因禁止攻击性情绪而患上疾病，其形式与后果由个人体质和经历决定。

令人惊讶的是，给自己颁布生气禁令的人在生活的暗道中找到了一间小夹室，于是他们便以某种方式将他们的攻击性情绪偷偷藏到小夹室里。比如热爱和平的上班族几乎每天晚上都坐在电脑旁，玩着从第二次世界大战为主题的游戏或征服世界的策略游戏。现实中羞怯无助的女人沉浸在小说世界中，她们仿佛变成了小说中强壮有力的女性角色，在中世纪或其他时代大展拳脚，取得了令人瞩目的伟大成就。这些人用他们的方式纾解内心压抑的攻击性情绪，不会伤害到任何人。那些"连一只蚂蚁都不忍心踩到"的人则大不相同，他们把自己的生气和其他攻击性情绪拒之门外，却不管不顾地对他们的宠物，甚至孩子发号施令，或者对某些"敌对群体"，比如"年轻人""骑自行车的人""流浪者"尽情发泄情绪。

当生气有了独立意识

大家身边都有这样一群人，他们长期被自己的生气所困扰，虽然他们并不会真的生气，但他们身上却有一种别样的磁场，让别人不愿靠近，只想远离。他们从不表现出自己生气的一面，却始终被困在"暴躁情绪"中，对生活极其不满。大家身边也总有几个"喷子"，他们总是对万事万物都愤怒不已。我们不仅会遇到忘记如何生气的人，而且会遇到陷于愤怒的人。他们总是为了鸡毛蒜皮的小事生气，且无法从生气的状态中抽身。这会极大地限制并破坏他们自己和周围人的生活意趣，于是他们常常将这种状态形容为"腐蚀性的"和"苦涩的"。琢磨如何少生气，或是试图避免种种小烦恼治标不治本，我们真正该做的是寻找生气的源头。因为根据我们的经验，小烦恼已然成了一种慢性病，其后总是隐藏着滔天怒火或巨大的失落感。

愤怒与恼怒

意义与情感格局

从根本上说，愤怒与恼怒和生气有关，但相较生气而言，它们给人们带来更猛烈、更强烈的感受。但三者的初衷是一样的：改变。

愤怒是一种激烈的情绪，发作起来时，往往会控制住整个人。当孩子们感到愤怒时，他们的情绪往往是强烈、纯粹、持续的。男孩的爷爷行将就木，不久前，他养的豚鼠也永别了这个世界，男孩愤怒地咆哮道："总得有人死去吗？"

这种愤怒"简单"而始终如一地表现为不能接受某些东西消失：在这里它指的甚至是死亡。而成年人都明白，死亡是所有愤怒都无法改变的事实。

如前文所说，愤怒意在改变，而这种意图通常没有具体的表达，也没有明确的方向。否则，这种意图就会在熊熊怒火中迷失方向。在愤怒一词的语言发展历史中，它常常被与"火爆的""激烈的""狂暴的"相提并论。愤怒牢牢掌控人们，让人们在那一刻被愤怒支配，迷失了自己，人们不是因为迷茫而迷失自己，而是因为愤怒。所谓"愤怒者"对一切人与物都感到无比愤怒，这种愤怒已经成了他们身上的慢性病，很有可能会让他们感到迷茫。

恼怒也可以燃起熊熊火焰，但它有一个明确的方向。恼怒是针对人、行为、环境等。我们将恼怒定义为目标明确的愤怒。恼怒不仅能指明人们想要摆脱的东西，还能指明人们渴望拥有的东西——恼怒仍然可以拥有愤怒的特质。比如说，一个小女孩因为没有拿到另一个孩子的玩具而恼怒，气得直跺脚，一边跺脚一边怒嚎，一边哭一边喊——完全听不进旁人冷静理智的劝解。女孩恼怒地愤怒着，愤怒地恼怒着。

迷茫与困顿

无节制的愤怒

正如前文所提到的，当人们感到愤怒时，容易没有节制。愤怒不是一种得体的情绪，而是一阵火焰，它在顷刻间爆发，但转瞬即灭。它的持续时间取决于触发因素或愤怒者的脾性。有些人没能把火扑灭。于是，愤怒的火焰猛烈地燃烧着，不仅从自己身上攫取燃料，也将生活琐碎当作一捆干柴，若不是被无节制的烦恼掌控着，这些鸡毛蒜皮的小事本该只是一点小烦恼，一笑而过便可。

无限制的愤怒是一个陷阱，无论是小孩还是大人，都难以从中脱身。至少感性的劝告和理性的告诫都起不到什么作用。其原因在于，无限制的愤怒通常来源于极度空虚的经历。但这究竟是什么意思？举个例子，当安妮特还是个小女孩时，她的母亲患有严重的抑郁症。特别是在安妮特两岁至四岁时，她几乎无法接触到母亲。当她和母亲说话时，母亲不理解她所说的话。当她向母亲伸出手臂，寻求拥抱时，却又扑了个空。当安妮特忧伤时，没有人安慰她。

当安妮特生气或愤怒时，怒火转瞬就会消失得无影无踪。她既没有得到安慰，也没有找到愤怒的界限。她无法从母亲眼中看到自己的模样，也无法从母亲身上获得情感生活的榜样。当母亲在诊所接受治疗时，会有人轮流照顾安妮特。而父亲却不会照看安妮特和她的妹妹。这里也是：无尽的空虚。

后来，母亲的心理状态变得更加稳定，她能够像"母亲"一样陪伴在安妮特和妹妹身旁。但有些事情已成定局：安妮特的愤怒情绪开始发作了。其他人眼中"再细微不过的事由"都能点燃安妮特的怒火。那是无节制、无界限的怒火。安妮特的怒火不仅源于各种触发因素，也源于她的无助经历，小时候对交流与接触的需求总是无法得到满足。孩子们需要与温柔慈爱的人相处，否则他们会变得极端。孩子们也需要亲切、明确的界限，否则他们的愤怒会变得无边无际。

当怒火燃得过于猛烈时，空虚的经历也会一再助长它的火焰。但恼怒也有其特点，即针对某个对象、某个目标，针对某些不想听到渴求或要求的人，而无节制的愤怒则遁入虚空，有开始但没有结束，有起点但没有终点。有些恼怒给人一种可以"超越许可限度"的感觉，于恼怒者而言，它主要是一种"神圣"恼怒。如果恼怒的诱因是极端的不公正或深深的伤害，恼怒也许会转而针对其责任人。大多数人觉得自己这种神圣恼怒是正义、合情合理的。它甚至可能会触发了不起的行动。因自然景观被破坏而产生的神圣愤怒引发了公民运动和立法倡议；因针对妇女、女童的暴力行为而产生的神圣愤怒引发了抗议，促进了咨询中心、妇女庇护所的建立以及其他帮助的提供。然而，即使是积极的神圣愤怒，其背后也隐藏着危险：恼怒者的行为超出了限度，他们对已经实现和无法实现的东西都视而不见，甚至会在某些时候伤害到人们（至少是伤害自己）。

转　换

无法忍受自己的愤怒和恼怒的人，有时会将怒火转换成其他情绪或感受。

这让我们想到了一位女士，她将怒火转为一种空虚感。她感到寂寞，感到周围的空乏，感到世界的孤独，这的确不是令人愉快的感觉。为了隔绝怒火，这位女士付出了高昂的代价，但这显然对她来说是值得的，至少在多年之内都是值得的。

另一位女士则将怒火转为性欲。她无法信赖源于怒火的冲动，并且害怕这种冲动。因为她只能克制住一部分怒火，所以她发现自己总是处于高度兴奋的状态中。于是，她试图通过性行为缓解这种情况。当她处于愤怒状态中时，她就会觉得自己"被驱使着"寻找男性性伙伴。长远来看，这样的性关系并不令她满意，这又再次令她感到生气，并再次开始恶性循环。

一位男士则将怒火转为工作的动力。因为他是IT行业的自由工作者，所以工作机会总是源源不断。他的工作欲持续急剧增加，一直到他的心脏开始"颤抖"为止，他试图通过治疗找到停止这一切的方法。

你可能会在身边发现很多类似的例子，也许还有用情绪进行相反的转换的例子：

一位女士偶尔会将愤怒与悲伤相互转换。她说："我知道，我的愤怒和悲伤是非常接近的。当愤怒情绪离我而去时，我就会陷入无尽的悲伤。但我更享受愤怒感。因为悲伤使我感到无力，有时甚至让我感到抑郁。但愤怒能给我一个方向，一个非常明确的方向。虽然我受到了打击，而且这打击让我很不好受，但愤怒可以让我继续前进，帮助我保持最佳状态。"这里的愤怒是助力，它帮助这位女士免于堕入"无尽的悲伤"中。不像前文所述的例子，她不是将愤怒"换走"，而是将之"换来"。

伊恩·麦克尤恩（Ian McEwan）在他的小说《赎罪》（Abbitte）中描述过一个类似的转换。书中的一位女士意识到，她与童年时期的一位好友之间不再仅仅只有友谊，两人之间也有爱意。但这些"违背本意"的爱压倒了她，以至于她将爱转换为愤怒："我的确很生你的气。但我想，这可能只是让我能不再时刻挂念你的办法。"（麦克尤恩，2002，第191页）

其他让人不适，甚至让人无法忍受的情绪也会被转换为愤怒。如恐惧、欲望、迷茫、羞耻、孤独和所有与离别相关的情绪，也包括空虚。如前文所述，有些人用愤怒换取空虚，反之，有些人用空虚换取愤怒。一位女士总是一再靠近空虚的深渊，濒临再次陷入消极情绪的境地，那是一种"阴魂不散"的情绪，也是与她童年不幸经历息息相关的情绪，童年时渴望被看到、被抚摸的呼喊常常得不到回应，万般渴求化为泡沫。她无法再忍受这种情绪了，于是她在成年后将这种情绪转换为愤怒，风吹草动都能勾起她的怒火。发怒的对象是次要的，她的怒火或多或少随意地攻击了身边所有人：她的同性伴侣、她的同事们或那个加油站的女收银员。

仇　恨

意义与情感格局

　　仇恨有其方向，也有具体针对的对象。这种攻击性情绪的特殊性在于，仇恨想要摧毁它所针对的对象。此外，仇恨倾向于长久地在情感生活中落地生根。

　　在整个人类历史上，仇恨——无论是哪一种仇恨，无论它是针对宗教、肤色、国籍还是社会阶层的——招致了无尽的苦难。许多人已在致力于呼吁消除这种仇恨了，这是完全正义且合理的。

　　许多人每天都在努力打击这种集体仇恨，努力消除其政治、社会和心理根源。可不管是在自己身上，还是在私人生活或职场生活中的其他人身上，我们都没有找到任何促使我们产生集体仇恨的原因。

　　仇恨的独特之处在于，仇恨是针对个人的。人们经历过毁灭后，毁灭便在他们身上种下冲动的种子，仇恨情绪由此而来。一位父亲的女儿被杀害了，我们可以理解父亲对犯罪者的仇恨。一位妻子被她的丈夫辱骂、家暴了12年，我们也可以理解她对丈夫的仇恨。仇恨的目的是消灭，是摧毁，伴随着仇恨的是"有我没你，有你没我"的决绝。这可能不符合我们人文主义的理想图景，但这的确是人性的一部分。

　　我们理解仇恨情绪。但这并不意味着，我们也接受以毁灭为目的的行为。它只是意味着，我们要将仇恨作为人类个体情感格局的一部分认真对待。我们知道，必须用言语将仇恨情绪表达出来，向他人倾诉，这样才不会让仇恨爆发出暴力行为。

因此，遇到心怀这种可以理解的仇恨的人时，我们应该做出两方面的反应：一方面，我们应该尽量分享我们能分享的事情，在我们能够理解的地方表示充分的理解；另一方面，我们应该警告他们，仇恨所招致的暴力可能会吞噬一切，同时也应该尽我们所能，陪伴他们走上摆脱仇恨的漫漫道路。仇恨可能会成为一个黑洞，吞噬仇恨者的所有能量，最后吞噬仇恨者本人。有的时候，人不仅仅被仇恨支配，还成了仇恨的化身。这就是我们要停止仇恨的原因。

迷茫与困顿

仇恨给我们带来了迷茫与困顿。当仇恨的起源已成为过去，但仇恨依然存在时，仇恨就会变成痛苦。文学作品中满是仇恨让人变得狂热、变成恶魔的故事。我们从小说和传记中摘录了一些节选，向你展示仇恨的不同面貌。

美国著名犯罪作家詹姆斯·埃尔罗伊（James Ellroy）曾描述过父母间的相互憎恨。"他们维持着表面的和谐，把所有争吵都留给唯一一个目击者——我。他们的同居生活是一场艰难的搏斗。她数落他懒惰，他抱怨她每晚都酗酒。他们的争吵纯粹是口头上的——少了肢体暴力后，争吵显得更加冗长。他们从不大声争吵，很少辱骂对方，也不大喊大叫。他们不会砸花盆，不会乱扔盘子。他们没能上演激烈的戏剧性表演，这恰恰掩盖了他们不愿意与对方讲道理并和解的事实。他们决意要在战争中分出胜负，却不愿意给这场战争一个出口。心胸狭窄的态度让他们觉得一再被对方冒犯。随着时间的流逝，他们的仇恨不断升级为潜意识中燃烧的怒火。"（埃尔罗伊，1997，第

111页）

在他6岁的时候，母亲告诉他，她要和他的父亲离婚。造成的后果是："我在外面胡作非为了好几个礼拜。这些年以来，父母常常因为小事而争吵，于是我用无理取闹来回应他们，这让我感到狂热。"（同前，第111页）

尽管小男孩告诉法官说，他想和父亲一起生活，但法官还是做出了不同的裁决。"法官宣布把工作日和周末分开安排：和母亲一起住五天，剩下两天和父亲住一起。他把我的生活一分为二，让我周旋于两个相互憎恨的人之间。我被迫体会这种来自双方的仇恨，这种仇恨不仅会用它尖锐的一面刺伤我，还会用它喋喋不休的一面给我洗脑。"（同前，第113页）

在他10岁的时候，他被迫亲眼看着母亲被奸杀。谈到仇恨与暴力带来的后果时，他曾说："我生活在两个分裂的世界里。我的内心充斥着各种胡思乱想……两个世界不断碰撞。我想毁灭外部世界。我想用我的戏剧天赋让世界记住我。我确信，人们只要了解到我的思想，就会不可自拔地喜欢上我。"（同前，第141页）

男孩开始喝酒、行窃、吸食大麻和其他危害性更大的毒品。这样的荒唐日子持续了5年之久，他戒了毒，却又复吸。

他还编写了很多故事。不出所料，这些故事写了谋杀与误杀、被杀害的妇女、儿童、侦探和走失的人们。他找到了应对仇恨经历的方法，他通过写犯罪小说，而非破坏性自我憎恨来排解内心的仇恨情绪。

菲利普·罗斯（Philipp Roths）的小说《人性污点》（*Der menschliche Makel*）中谈到了马克对他的父亲科尔曼教授的仇恨。科尔曼本是个黑人，但他利用自己皮肤较白的条件，隐瞒自己的黑人身份，从小就装作白人。"他与孩子们的关系建立在一个谎言上，而且这还是一个很可怕的谎言。马克本能地知道他的谎言，他莫名地也明白了，科尔曼的孩子们从基因上继承了科尔曼的'白人身份'，并将继续传递给下一代，这种传承至少是基因上的，也有可能是身体上的，视觉上可辨认的，科尔曼的孩子们从未曾真正知道自己的真实身份，他们不知道自己是谁，也不知道自己曾经是谁。"（罗斯，2002，第356页）

在科尔曼的葬礼上，马克崩溃了。"显然，马克曾想象过，他的父亲会永远在他身边，这样他就可以永远恨他。恨他，恨他，恨他，始终恨他，然后，或许在他觉得合适的时候，在他将对父亲的指控推向高潮爆发时，在他用仇恨之棍将父亲痛殴至死亡边缘时，就原谅他。"（罗斯，2002，第349页）这个例子证明了，仇恨的力量足以吞噬生命，这也是一个感人的例子，它展示了马克对救赎的渴望，对宽恕的渴望，而这种渴望在毁灭一切的欲望中毁灭了自己。

埃利亚斯·卡内蒂也从他在维也纳的学生时代开始，对仇恨的力量做了令人印象深刻的描述。比如，他用仇恨来守护对母亲的爱，他的仇恨之意在一个同学身上升起，又再次消失。在关于"孩子是如何产生"的问题上，这个同学欺骗了他，最过分的是，这个同学甚至嘲弄了他的母亲，卡内蒂觉得自己和母亲被轻视了。仇恨、背叛和爱的起源故事并不是我们在此应该考虑的首要问题，为了更好地理解卡内蒂回忆中仇恨的样子和后果，我们应该将其当作背景知识了解。母亲告诉他，他的同学德斯恪柏格欺骗了他。"从那一刻起，我恨德斯恪柏格，像对待人渣一样对待他。他本就是个坏学生，我索性在学校不和他讲一句话。课间休息时，他有时候会来找我，我就会转过身去，背对着他。我再也没有和他讲过一句话，也不和他一起结伴回家。我逼着另一个同学在我和德斯恪柏格之间选一个。我还做了更过分的事情：地理老师要德斯恪柏格在地图上指出罗马，但他却指着那不勒斯；老师没有注意到他指错了，于是我站起来说'他指的是那不勒斯，不是罗马'，于是老师给他打了一个差劲的分数。我做了本来让我非常鄙夷的事情，我本该站在同学这一边，在我力所能及的地方帮助他们，甚至是忤逆我喜欢的老师。但母亲的话让我的心中充满了仇恨，因此我允许自己不择手段。这是我第一次体会到什么是盲目的跟从，我和母亲再也没有提起过德斯恪柏格。对他来说，学校的生活变得难以忍受。他变得不自信，他那恳求的眼神始终跟随着我，他为重获安宁费尽心思，但我始终不依不饶，奇怪的是，这种仇恨对他的影响明显增大了，而不是逐步减少。最后，他的母亲来到学校，在一次课间休息时质问我。'你为什么要这样对我儿子？'她说道，'他没有做什么对不起你的事情，你们之前一直是朋友。'她是一个坚强有力的女人，语速很快，语气强硬……不过我还挺高兴的，因为她求我放过她儿子，于是我像她一样坦诚地告诉她，我敌视德斯恪柏格的原因……德斯恪柏格战战兢兢地站在母亲身后，她猛地转过身，看着她儿子问道：'你说过这种话吗？'他怯懦地点了点头，并没有否认。对我来说，这就是整件事情的终结了。德斯恪柏格那句有争议的话又回到了它最初的起点，也因此，它给我带来的仇恨情绪消失殆尽了。互相伤害让我们没能再变回朋友，我没有再去打扰他，所以，我对他也没有更多的记忆了。此后，我在维也纳的学生时代又持续了半年左右，每当我想起那段时间，脑海中仍旧搜寻不到更多关于德斯恪柏格的记忆。"（卡内蒂，1977，第134页）

赫尔曼·黑塞（Hermann Hesse）在他的《荒原狼》（*Steppenwolf*）中谈到了仇恨和自我仇恨之间的联系："虽然我对荒原狼的经历知之甚少，但我有充分的理由推测，他是由慈爱而严格虔诚的父母和老师培养长大的，他们认为教育的基础就是'摧毁意志'。但是，这位学生太坚强、太骄傲、太有才气了，因此他们没能成功摧毁他的个性和意志。他们的教育只教会了他一件事：憎恨自己。他把所有想象天赋、思维能力都用来反抗自己，反抗这个无辜而高尚的对象。不管怎样，他把所有讽刺、批评、恶意与仇恨都发泄在自己身上；由此看来，他是个彻头彻尾的基督徒，也是个彻头彻尾的殉道者。对于身边的人，他总是勇敢而认真地试着去爱他们、公正地对待他们，不伤害他们，因为'爱别人'和'恨自己'都已同样深深地扎根在他心中……"（黑塞，1994，第17页）

很多人都有这种倾向——将仇恨的对象变成自己，甚至过度自我仇恨，那些没有基督教背景，却有相似经历的人也是如此。

马洛伊·山多尔（Márai Sándor）在他的自传作品《土地，土地……！》（*Land*）中描绘了他的仇恨，1945年苏军围攻布达佩斯，炮火、战争、暴政，他的仇恨在那时爆发："后来，当共同经历的苦难和暴政——以恐惧带来的伪团结——使人们更靠近彼此时，仇恨的心理就会消退。在布达佩斯被围城的头几年，仇恨带着灼热的气息爆发，像瘟疫般蔓延，不管是在自己身上，还是在面对其他人时，又或是在交谈中，仇恨处处可见，恨意之灼热，就像靠近了地狱里烧得滚烫的油锅。仇恨，为何仇恨？因为活下来的是别人。因为他不像其他人一样，经历过那样的不幸，也没有以那样悲惨的方式受苦……因为受苦的人没有很快获得慰藉和补偿。仇恨，是因为一切都太少了，惩罚太少，慰藉太少。"（马洛伊，2001，第136页）"在私人生活与公共生活面临重大考验的时刻，最重要的问题是：你是恨我所恨，还是对此无动于衷，一笑而过？……如果有人恨意不够浓烈，那么他会成为被憎恨的对象。"（同前，第138页）

暴　躁

意义与情感格局

我们总是能遇到那些在童年和青少年时期被父母或老师的暴躁所折磨的人。父亲脾气暴躁，而母亲则手足无措，或无动于衷，容忍他们对孩子的发泄，有些家庭中则是母亲暴虐，父亲沉默。许多人因此而受苦。暴躁的表现有连珠炮似的辱骂、推搡、拦截、踢踹、殴打。暴躁的老师在其他人的生活中扮演了重要角色。他们经常不管不顾地"自由发挥"，他们吃准了有些孩子知道自己不能从家里得到任何帮助，或是会感到羞愧，又或是不想给父母带来麻烦。一位女士讲述了她的原生家庭中的压抑氛围，因为这样的氛围每天早上都会在她家不断蔓延，她因此深受其扰。家里之所以如此压抑，是因为她深爱的弟弟。弟弟在10岁的时候，因为害怕暴躁的班主任，每天早上都会呕吐。暴躁情绪的影响范围不断扩大，无力和无助也随之而来。

因为别人的暴躁而受了很多苦的人有一个共同点：神经和身体始终都保持着高度紧张。他们始终保持着警惕。不论过去还是现在，他们都努力不给别人发泄怒气的机会，但几乎总是徒劳无功。他们这样做，只能让自己陷入持续的紧张中：下一次发脾气是什么时候？我可以做什么或不做什么来预防它？家庭作业没做完，或外套没按规矩挂好，都是发脾气的由头——但不是根本原因。暴躁的受害者总是忙着避开这些由头，但暴躁的根本原因是在暴躁者自己身上！暴躁的受害者被洗脑，他们相信自己才是过错方，这就是攻击性暴力的阴险之处——暴躁也是如此："要是你能多注意一点儿，父亲就不会总是这么生气了！"这种话将罪责转嫁到了受害者身上，并且分散了人们对暴躁根源的注意力，让人们忽视了，暴躁的根本原因其实就在暴躁者身上。

因此，我们需要以一个不同的视角来看待暴躁。当我们描述暴躁的情绪格局时，我们是在描述暴躁给受其影响的人所造成的破坏。其中不存在任何意义。如果非要说暴躁有什么意义，那就是让人们注意到了暴躁者内心隐藏着的荒芜。但这并不能成为发脾气伤害、折磨他人的借口。不过，这的确引起了人们对巨大压力的注意。这种压力存在于暴躁者身上，并在他们的暴躁中以火山喷发般的方式释放出来，从而使暴躁者有机会坦然面对内心和过往，并做出改变。

迷茫与困顿

人们不会公开表露自己的暴躁。它会被隐瞒、淡化、遮掩。因此，暴躁的根源在很大程度上仍处于一片黑暗中，无法捉摸。人们若试图观察暴躁者，总是会在过程中被沉默和禁忌之墙、秘密和未曾经历的过往拦截。

托马斯·曼（Thomas Mann），令人敬仰、受人尊敬的著名德国诗人和诺贝尔奖得主,他的例子清清楚楚地说明了这一点。不管是在他的自传作品、电视节目,还是其他人所撰写的书籍中,都很少能看到关于他暴躁的讨论。他在日记或带有自传色彩的长篇、短篇小说中,也始终对此保持沉默。克劳斯·哈普雷希特(Klaus Harpprecht)曾为他撰写一本精确、素材丰富的传记,这本2 000多页的传记主要依靠二手资料,首先便来自他的儿子们。

戈洛·曼(Golo Mann)在1915年前后写道:"每一次争吵,都极大地伤害了我脆弱的灵魂。那些年里,父亲的暴躁情绪每每爆发,就会与母亲争吵。每当我看到争吵到来时,就会在无声的痛苦中蜷缩着。"(戈洛·曼,1986,第35页)戈洛·曼说道,父亲"在战争期间有了变化。他仍旧会散发出慈爱的光芒,但大多数时候,他展现出的是沉默、严厉、不安或愤怒的一面。直到现在,我还是能清楚地回忆起那天餐桌上的场景,暴躁、无情突然爆发,虽然是朝着哥哥克劳斯,但我却也忍不住流泪"。(同前,第41页)"不久后,父亲又说道,'孩子们太吵了'。我们必须在绝大部分时间里保持安静;早上要保持安静,因为父亲要工作;下午要保持安静,因为父亲要读书,然后午睡;晚上要保持安静,因为父亲又要专心工作。一旦我们打扰了父亲,他就会大发雷霆;因为父亲不常被激怒,所以偶有的怒气会更加尖锐地刺入灵魂。在餐桌上,我们也大多沉默不语,从柏林来拜访我们的阿姨们夸赞了我们的'礼仪',却不问我们如此守规矩的原因。父亲有着很大的威信;母亲的威信也不小,且用得更频繁些;母亲承袭了父亲的暴躁。"(同前,第51页)

卡特娅·曼(Katja Mann)是托马斯·曼的妻子,在作家延斯(Jens)夫妇还没有谈到托马斯·曼的暴脾气之前,她就突然在传记中表示："但是，将托马斯·曼看作一个毫无同理心、不公正、敏感、容易被激怒的父亲，认为孩子们面对他的暴脾气时只能发抖，也是大错特错的。"（延斯，2003，第129页）

按照我们的经验来看，托马斯·曼的暴躁情绪爆发的原因和背景，至少可以在《未曾经历的生活》(*Ungelebtem Leben*) 中一探究竟。[魏茨泽克（Weizsacker），1986]托马斯·曼是同性恋，但他不曾真正付诸行动。他一次又一次地爱上年轻男子，直到逐渐上了年纪；他为最爱之一写了一首诗："我的心在此，我的手在此——我爱你！我的上帝……我真的爱你！——做人原来如此美妙、如此甜蜜、如此温柔缱绻吗？"（哈普雷希特，1996，第224页）——但他终究还是和卡特娅结了婚。他只有通过脱离真实的性取向和"性"，或者他所说的"肉欲之爱（Unterleib von der Liebe）"，才能使婚姻、在上流社会的公众形象与对同性不可抑制的狂热勉强维持平衡（同前，第155页）。他穷其一生试图掩藏自己的同性恋倾向，最多只是让它在自己的文学作品中显露，精细地修饰、美化它，将它提升到美学的层面。他曾谈到，想把"地下室的狗"牢牢锁住（同前，第227页）。对托马斯·曼来说，地下室意味着一切低级的东西，而"地下室的狗"则象征着下半身、性、狂热、情欲和其他难以掌控的事物。为了让这些狗留在地下室里，需要终生与之抗争，而这场战争会耗费大量精力。链条必须非常牢固才行，因为这是一场激烈的战争，在暴躁情绪的助力下，其侵略性横冲直撞，来去无阻，攻击那些只是呆呆站在那里而无法躲避的人们。

托马斯·曼将他所有的感情隐藏在上流社会的体面背后，他把感情化作小说中的辛辣讽刺，他这一生都极易产生仇恨情绪。比如，他在笔记本中写道:"仇恨给我带来的痛苦,非任何其他情绪可以比拟……我最痛恨的是那些通过刺激我的情绪,而使我注意到我性格中的弱点的人。"(同前,第200页)除了仇恨,托马斯·曼再未提过其他情绪。提到托马斯·曼,人们会想到讽刺,而非情感。仇恨是唯一一种寸步不离地伴随托马斯·曼一生的情绪:与哥哥亨利希·曼(Heinrich Mann)不和,在第一次世界大战期间反对民主政体,之后反对纳粹主义,再后来又反对西方。他的传记作者克劳斯·哈普雷希特发现,这种仇恨情绪始终是准备好了的——"变成资产阶级的自我仇恨,他从未允许自己真正做自己,也从未允许自己按照真实的意愿生活"。(同前,第1 519页)

在他的小说《威尼斯之死》(*Tod in Venedig*)中,主人公阿申巴赫是位和他一样的人,他们都在高度紧绷中刻意压抑自己,压制着"地下室的狗"——"当阿申巴赫35岁在维也纳病倒时,一位相熟的细心观察家曾说,'你们看,阿申巴赫的生活总是这个样子',说到这里,这位观察家把阿申巴赫的左手紧紧捏成一个拳头,'从没有像这个样子'。说罢,阿申巴赫张开的那只手就舒舒服服地摊平在安乐椅的扶手上了。"(曼,2012,第14页)

当仇恨运作起来,便有了暴躁,也带来了破坏和毁灭。受暴躁情绪影响的人,忍受着难熬的痛苦。尤其是孩子们,他们无条件地爱着自己的父母,也希望得到父母的爱,希望自己把事情都"做对了"。

叛　逆

意义与情感格局

　　叛逆与其他攻击性情绪的不同之处在于——尽管它常常看起来具有攻击性，并会引起他人的攻击性反应，但它不太关注主动做出改变，而是优先坚持自我，并且说"不"："我不想玩积木！""不！我不想穿鞋子，也不想去幼儿园！""我不吃饭！不！我就不吃饭！"……叛逆主要是抵抗某些事物，对别人提出的要求说"不"。这也是"叛逆"一词的字面意思，叛逆源自中古高地德语中的"Trotz"一词，意为防御。从前，拥有坚固城墙的骑士城堡也被称为"Trutzburgen"。

　　叛逆与攻击性情绪之间的密切关系似乎并不明显。或许关键信息就隐藏在自卫的重要性中，固执的叛逆者通常不会觉得他们当时的情绪状态是具有攻击性的——他们更多将自己看作自卫者。特别是在特殊情况下与自己的叛逆情绪做斗争时，人们就能尤为清晰地体会到这一点。"之前是怎样的？有没有可能是某些东西给你带来了困扰，而你的叛逆情绪是对它的反应呢？"当我们再提出这样的疑问时，我们就离关键信息更近了。

　　我们常常会觉得受到攻击，或是界限被侵犯。此时，反抗是防御性反应，而生气、愤怒与恼怒则是进攻性反应。

　　孩子们臭名昭著的叛逆期无非是一个信号，表明孩子们开始发现自我，想要捍卫自己的界限，并将自己的意志与他人的对立。我们已为人父母，原则上，我们将叛逆看作一件无比愉快的事情，尽管它常常让作为父母的我们心烦意乱，而我们也确实常常气得要命。但叛逆是孩子做出的一项伟大成就，值得赞赏和支持。孩子们"叛逆"的方式往往是笨拙的，正如前文所说的，这常常会让别人心烦意乱。

迷茫与困顿

在那些陷于叛逆情绪中无法自拔的人身上，我们常常能看到迷茫，比如我们在养老院里遇到的 F 先生。他是我们组织的创造性治疗小组的成员。起初，他拒绝了我们所有的建议。他抱怨着一切：我们播放的音乐不对，运动和舞蹈太费力。小组中的其他成员不以为意。他们已经习惯了 F 先生在养老院成天发牢骚。F 先生一生都被迫对抗命运的打击，他靠一门手艺营生，单打独斗，只有通过坚定不移地坚持自己的意志来对抗他人的敌意，才能让他在身体和心灵上都挺过来。他堪称叛逆王者。他的问题——不仅是其他人的问题——在于，他无法停止叛逆。即使面对别人的示好，他也会抗拒，甚至摆出的架势就好像要为生命而战一样。

我们想知道，他为什么要参加这个小组。养老院的一名员工告诉我们，如果不加入小组，他就总是独自一人，没有人来看望他，他和其他住户相处得也不融洽。没有人能够忍受他的防卫方式，很多人觉得他是个自以为是的怪咖。在这之前，他已经两次试着加入一个小组，但在两三次集会后，他就自己离开了，也有可能是被其他人排挤走的。后来 F 先生加入了我们的小组，他在第一次集会上没有参加任何活动，只是坐在一旁，以局外人的姿态强调些什么，又或是对每件事和每个人进行评论——大部分是贬义的。第二次集会时，他参与了进来，但他总是力争表现得和其他成员不同。大家唱歌时，他不唱，而是拍手。我们把许多明信片在桌子上摊开，让成员们挑选一些做拼贴画时，他却拿起一张明信片，转过身，从外套口袋里拿出笔，开始写明信片。

起初，我们既束手无措又颇有些恼火，不知该如何对待这位F先生。但与此同时，我们对这位老人的顽强精神的敬意也与日俱增。他没有让自己被打败，也没有崩溃——这的确是一个了不起的成就。问题并不在于他的固执，而在于他的孤独和他所面临的境况：他所做的事不仅没有得到任何认可，还引起了其他人的不满。从这个视角看，他的一些固执行为其实挺讨我们喜欢的，因此，我们开始对之予以肯定。最开始的时候，他以不解和疑惑回应，好像我们在骗他似的。但之后，当他第二次、第三次、第四次听到赞美时，他的眼睛里开始有亮光了。当我们发现他的特质，并在片刻间使他成为其他人的榜样时，坚冰开始融化，他那孤独的顽固开始消失。然后，我们的小组有了一个固定仪式：我们每次都会以一起跳华尔兹开始。一些成员站着跳，微微摇摆着，剩下的成员则坐着跳舞，只是舞动着手臂。我们注意到，F先生是用鼻子在跳华尔兹，过程中还来回摆动着他的头。"F先生有一个绝妙的点子。他用鼻子和头跳华尔兹。不如大家也都试试，让鼻子跟着音乐动起来。"大家都欣然接受了，而且都玩得很开心。试着做一些疯狂的事情，比如用鼻子跳华尔兹，会让大家开怀大笑，F先生也跟着笑了起来。

最后的结局是，F先生不由自主的叛逆情绪逐渐转变了。虽然F先生仍旧任性，仍有一些怪脾气，但他必须不断保护自己的压力减轻了。F先生变得更加柔和、更加沉稳。他也不再那么孤独了，至少他不再形单影只，因为他似乎有魔力，每隔一段时间就会有人向他表示爱慕或赞赏。他从叛逆地说"不",变成了给予建议,其他人或保持原样,或采纳他的建议。F先生与别人的接触和交流就此开启。

讽刺、嘲讽、挖苦与刻薄

意义与情感格局,迷茫与困顿

讽刺、嘲讽、挖苦、刻薄和暴躁非常相似:它们的目的并不在于直接、自发的改变。人们赋予它的意义是,它使人们不必非得感受到"真实的"情绪,如失望、无助、无奈、轻蔑、自轻自贱……它们不会导致迷茫与困顿,它们本身就是一种迷茫的化身。被别人讽刺、嘲讽、挖苦与刻薄的人,不仅受到了伤害,还会感受到藏匿于自己身上的攻击性。那些容易产生这些情绪的人通常也不快乐,而且往往会感到孤独,因为讽刺、嘲讽、挖苦与刻薄妨碍了他们与其他人坦诚而互相尊重地接触。

据我们观察,容易产生这些情绪的人通常已经长时间或很早就遭受着这些情绪的侵扰,并且体验着强烈的孤独感。这种孤独感强烈到难以忍受时,有时就会化身为讽刺、嘲讽、挖苦与刻薄。欲望,通常是人们面对空虚时产生的一种无助的愤怒,是难以忍受的。要说这些情绪有什么意义的话,那就是它们指明了那些愤世嫉俗、抑郁不振的人心中尚未实现的欲望和无法抑制的情绪。当这些人去寻找他们陷入苦难的原因时,他们往往会与愤怒、无助、欲望、被无视的悲伤不期而遇。

我们认识的许多苦命人在过去都承受着暴躁带来的苦楚。因此,我们常把嘲讽和挖苦称作"暴躁的亲弟弟"。相较大发脾气的人，那些讥讽别人的人更容易回避他人的负面反应："我只是开个玩笑而已啊。你干吗这么较真?!"后面往往还会跟上一句"别那么敏感啊!"。父母的冷嘲热讽给许多孩子的自尊心造成了永久的伤害。

可能你会反对我们将讽刺、嘲讽、挖苦、刻薄相提并论，但我们仍旧坚持这种说法，因为在亲身体会和对他人造成的影响方面而言，这四者的界限是不固定的。我们来看一看字典对它们的解释。嘲讽，意为"刻薄、伤人的嘲弄"[《杜登辞典》(*Duden*)，1990，第700页]。而挖苦则基于"伤害性、嘲笑性、无耻且尖刻的"(同前，第832页)举止、态度、秉性。挖苦用礼貌的言语伪装自己后，就摇身一变，成了讽刺。讽刺是"微妙的、隐蔽的嘲弄，通过夸张的表达手法嘲笑某事，产生幽默的效果"(同前，第365页)。在报刊和文学作品中，讽刺可以以一种轻松幽默又略带嘲讽的方式反映政治环境和社会现实。有时在日常生活中，讽刺也能起到同样的效果。但如果某人说话时常常夹枪带棒，讽刺就失去了其原有的效果，也会让人们忍不住疏远他。讽刺是贯穿托马斯·曼所有作品的基调，托马斯·曼也因其讽刺艺术备受推崇。这种对讽刺的偏爱与他的暴躁情绪之间是否存在某种联系，我们无法确定。那些拥有"地下室的狗"的人常常同时或交替表现出讽刺、挖苦或暴躁的一面。他们如果允许自己（或是在我们的帮助下）释放生命中被压抑的部分，就可以摆脱暴躁、讽刺与挖苦的控制。

攻击性情绪：建议与帮助

我们在应对攻击性情绪方面所提出的建议与帮助，部分是针对所有攻击性情绪而言，其余则针对个别情绪的表现形式。我们衷心希望，这些提示或多或少能对你有所帮助。哪些攻击性情绪的表现方式能够引起你的注意，可能也是需要关注的重点。

不如先一起来看看，当我们压抑攻击性情绪，并将其列为禁忌时，会有什么帮助。

小愤怒

对许多人来说，从压抑攻击性情绪，甚至对它闭口不谈，到感受并尽情享受它，还有很长一段路要走。要想在这条路上迈出一大步，我们就应该给予攻击性情绪应有的位置，比如重新思考我们对待愤怒的态度，尤其是对小小的愤怒的。

大多数人为自己的愤怒而生气——他们和自己过不去。他们听到，也读到了"'超脱'是好事"；他们想要"安宁"，却无法安宁。人们会陷入愤怒，这愤怒可以说是永无止境的，这一点我们之后再来讨论。首先，让我们给轻微愤怒送上赞词。为什么要赞美它？答案在下面的故事里。

一名30岁出头的幼儿园男老师正努力重新找到他原有的活力。由于过往发生的种种，他失去了所有攻击性情绪，同时也失去了对生活的兴趣、欲望和做出改变的动力。他每天沉浸在对当下生活的不满和厌倦当中。在婚姻生活中，他努力满足妻子的期望，努力让妻子满意。但激情、性欲和对彼此的兴趣几近消退。在幼儿园里，他对孩子们关怀备至，热情洋溢，但他的温柔并不总能成功调解孩子们之间的矛盾，或制止孩子们的吵闹打斗。"作为幼儿园唯一的男老师，我对其他女老师来说，不仅是吉祥物，还是男保姆。她们完全没把我当回事。"

在治疗过程中，我们帮助他将现状与他的成长环境联系起来。在他两岁时，父亲就离开了母亲，从此杳无音讯。于是，他作为家中唯一的男性成员，与母亲和三个姐姐一起生活。家庭中不仅缺少男性榜样，还缺少对男性的信任。他头顶仿佛始终悬着一把达摩克利斯之剑："不要变得像你父亲一样！"人们常常将男子气概与攻击好斗混为一谈（可悲的是，人们常常能找到证据）。也难怪他所有的攻击性冲动都消失了，如此一来，兴趣与激情也随之消失了。他不仅学识渊博，还很擅于和女性打交道，因此颇受女性欢迎。但他却不是作为一个有魅力的男人，而是作为"朋友和好帮手"受欢迎的，他的男性性别被忽视了。渐渐地，他对童年时期的自己生出了些怜悯与理解，在幼儿园工作时，他也对小朋友们表现出同样的理解与同情，特别是对那些不声不响的孩子们。他努力为孩子们提供他不曾拥有的许多东西。但有一样东西他给不了，因为他自己都不曾体验过：掠夺、争抢、打闹和对立欲望，还有许多男孩和男人的冲动，这些也是不曾有人向他展示过的东西。当他感受到这些情绪的缺失后，他同时感到了悲伤和愤怒。他开始结交男性朋友、参加体育活动。（他尝试的第一项运动是成人教育中心提供的合气道课。第一次上课时，他怔住了，耸了耸肩，发现自己再次成为女人堆里的唯一一个男人。于是他又很快转到了手球俱乐部。）在幼儿园工作时，他努力明确地表达自己的需求，设定界限。但在家里，他仍旧无法摆脱一直以来的困境。

他的治疗师在处理男性被压抑的轻微愤怒方面很有经验，治疗师问他："我相信，你家卫生间里肯定有一个洗手池，洗手池上面有一个置物架和一面镜子。架子上当然放着人们洗漱需要的各种物品。你曾因为置物架上没有放剃须刀的位置而生气过吗？"

"当然！你是怎么知道的？"

（对于有着相似经历的男客户来说，这个问题的命中率接近百分之百。）治疗师继续问道："你曾和妻子说过，你也希望置物架上有一个留给自己的位置吗？"

"没说过。"

于是，治疗师建议他先与妻子商量，让他至少能在置物架上有一个小小的位置。这可能听起来很微不足道，甚至对一些人来说，这件事情小得有些可笑——但改变生活态度，大多都是从这种小事开始。认真对待每一次小小的愤怒，并将它们表达出来，不断实践这个过程，巨大的改变会就此开始。

如果将所有"有点儿生气"的情况记录下来，你可能会惊讶于其数量是如此之多。如果你从此开始认真对待自己的小愤怒，并且起码偶尔表达一次愤怒，那你可能时常会发现，其他人变得更加认真地对待你了。有些事情的改变并没有那么惊天动地，它们比你想象的要平淡得多。

在接下来的一次治疗中，这位男客户非常自豪地告诉我，他已经让妻子在卫生间的镜子下面给他留出一点儿空间放剃须刀了。他有好几次话都到嘴边了，还是没有说出口，直到他最终鼓起所有的勇气，才终于说出口。妻子的反应是他始料未及的。妻子直接回答道："好呀，没问题。"当他把这些讲给治疗师听时，他笑得很开心。

人们还给自己颁布了许多其他禁令，试图阻止自己产生这些小小的愤怒。人们尽情地生闷气，直到自己下令停止生气——许多人已经习惯于此。如果人们将怒意表达出来，就会被比自己更厉害的人"训斥",就像孩子们被大人"训斥"一样。由此,怒意便被扼杀在萌芽状态。又或者,人们因为已经经历过攻击性情绪的毁灭性影响,从而学会了消灭内心所有的攻击性情绪。人们出于过往的某些经历而禁止自己产生愤怒或恼怒情绪（如"我不想变得像……"等）,而人们之所以禁止自己产生小小的愤怒情绪,也是出于同样的原因。

禁止生气的牌子上写着"抓住合适的时机"。此刻你对某件事情感到生气,但你没有立即表达出自己的愤怒,而是想等待合适的时机。几乎所有"没有攻击性"的人都熟悉这条禁令。我们之所以等待,是因为现在不是合适的时机,现在会干扰到别人。我们消耗着生命,只为了等待正确的时机。而当你觉得终于等来了恰当的时机时,你往往已经忘了之前为何生气了。或者你成功地表达了愤怒,但对方对你"突然来这一出"而感到惊讶——于是你感到不安,并且越来越不敢在事后表达自己的愤怒,这时的愤怒也已经失去了即时性和那一股冲动劲儿了。"现在已经太晚了,来不及了。因为没有当场发火,而选择憋在心里,我现在反而更不能说了。"这样的话尤其会挑起怒火。

按照我们的经验,要想脱离这种困境,就必须认真对待愤怒情况带来的影响,承担在错误时机表达愤怒的风险,并且学会原谅自己。"无力回天"或"无法克制"都没有关系,因为从来都不存在发脾气的"合适"时机。

让我们,或许也能让你感到宽慰的是：如果没有真正合适的、正确的时机,也就没有真正不合适的、错误的时机。其实无论这句话是否百分之百正确,它都可以很好地帮助我们在不确定的情况下拿出勇气说出自己想说的话。所以,请大胆说出你想说的话吧!

另一个禁止生气的牌子上写着"帝国反击战"。一位男士曾讲述过他日常生活中的一个例子:"当我和妻子说,我需要更多的衣帽间空间时,她却说,我早就该把电脑从客厅搬走,我的衣服也不应该继续放在卧室里,另外,我现在应该去院子里修剪灌木丛,而不是在这里发牢骚。"女士们也有很多苦水要倒,当她们因丈夫缺席家务而愤怒时,丈夫也会以指责回敬她们("你就是没能好好分配自己的时间""你根本不知道工作有多累"……)。伴侣间是否真的要这样针锋相对是次要的。在大多数情况下,对"帝国"可能"反击"的恐惧使人们无法认真对待自己的愤怒。有助于缓解这种情况的做法应该是,在愤怒或想做出改变时,应该着眼于某件具体的事情,就事论事,不要想着你犯我一尺,我回你一丈。(但如果基本的矛盾点暗藏在许多小小的愤怒之后,彼此的关系已经暗流涌动,那么上述建议当然无济于事。或许,此时需要先解决其他影响双方关系的情绪。)

第三个禁止生气的牌子上写着"生自己的气":"都怪我,我就是气自己""……因为我太较真了,没办法一笑而过""……因为我太心胸狭窄了"。诚然,"我"是那个在生气的人,这是事实。当然,通过一些方法让自己免于陷入内心的矛盾是好事,比如冥想等。我们常常听说或看到,人们因自己不"纯洁"、拥有人类正常的欲望而自责。许多人内心充满了愤怒,但他们不曾或很少对别人发脾气,他们热衷于把怒气发泄在自己身上。

"生自己的气"有一个非常令人不适的特质,那就是它的持续性。如果我们将自己的愤怒明明白白地表达出来,朝着引起愤怒的人诉说不满,那么这种愤怒往往会在事后烟消云散。但如果我们揪着这股怒气不依不饶,或将怒气发泄到自己身上,那么我们可能会持续保持愤怒的状态,许多人都深受其害。

如果长久以来禁止自己生小气，就会在未来某个时候发大火。那时，人们往往会将怒意发泄到自己身上，但也常常会突然调转枪头，朝别人开火。因此：尊重小愤怒，就能避免大恼怒！

当攻击性情绪即将变得过于强烈时，该如何缓解？

许多人注意到，当攻击性情绪和暴力行为即将爆发时，自己身上会出现预警信号。比如，有的人会突然觉得燥热，有的人则觉得浑身冰凉；有的人目光灼灼，有的人则视线模糊；有的人头晕目眩，而有的人手脚发麻；有的人心脏几乎停止跳动，有的人则心如鹿撞。如果人们愿意了解自身的预警信号，并认真对待，就已经迈出了重要的第一步。如果想进一步阻止事态升级，人们往往会借助理智与控制。对一部分人来说，这可能会有帮助（此时它就是一个成功的方法），但对很多人来说，理智与控制毫无帮助，至少不是总能起到积极作用。根据我们的观察，以下四个方面的努力可以帮到大家：

转换层面。勃然大怒和大发雷霆都是情绪化的行为。如前文所述，有些人努力将情感层面转换为理智层面。如果无法成功实现这个层面的转换，不妨试试由情感层面转换到物理行为层面，这也会有所帮助。一位女士表示："当我感到怒火在我心中升起时，我就会跑步或健走，特别有用。"另一位女士则会用打扫卫生来缓解愤怒，"我会把公寓翻个底朝天，集中整理一块区域，比如卧室的衣柜；我会把柜子里的东西都清理出来，整理好再放回去，仔仔细细地从里到外打扫一遍。等打扫完，我已经筋疲力尽了，躁动的情绪也消退了"。也有人会在狂野的音乐中跳三个小时的舞，或逃进车里，开到树林里去，在那里放声尖叫，又或者到花园里翻掘花坛。这些都能分散注意力，从而减少躁动情绪，或缓解紧绷的心情。

转换位置。大部分实用的活动都涉及位置的转换。在情绪爆发的初期阶段，人们常常会觉得周围的环境正在发生变化，好像进入了"敌方领地"。在这个时候，还有什么比离开"敌方领地"，走出封闭的房间，拥抱大自然，或从大自然回到安全密闭的房间更好的选择吗？

当你与一个人或几个人接触时，如果攻击性情绪忍不住要爆发，直接停止交流会有助于缓解情绪。一位女士表示："我会直接离开我工作的办公室，到街上走走。同事们都已经了解我的这个习惯了。他们也觉得这样比较好。我会拼命暴走，理清头脑，等我再回到办公室的时候，就已经调整好自己了。"另一位女士说："干坐着，等怒意散去，对我来说不管用。绝对一点儿用处都没有。我必须得喊出来或动起来才行，但这也只有在我离开当前的环境，到别的地方去时才有效。"在夫妻、家人间，在同事圈里，或在其他小社会群体中，被这种攻击性情绪的爆发所困扰的人们，将躲避视为一种可能摆脱困境的简单方法，以此避免让身边的人受伤，或者至少尽可能少受一点儿伤害——他们应该知道，具有攻击性的人之所以这样做，不仅是为了保护自己，也是为了保护他们——重要的是，当他平静下来之后，仍旧会回到他们身边。这一点对儿童和伴侣来说尤为重要。否则他们可能会生出被全世界抛弃的长期性恐惧感，而这一点认识可以避免这种事情发生。

转换方向。一位先生讲述了他的故事："当我注意到，我即将对妻子发火时，我体内残存的一部分理智就会告诉我——在这一方面，我已经有了足够多的治疗经验——我的愤怒不是针对妻子，而是针对其他事情的。在这种情况下，起初我也不知道怒气究竟从哪儿来的，但我知道或至少预感到，妻子不该承受我的怒火。这个时候，我觉得自己就像一辆飞速行驶的汽车，即将撞向妻子，但我在最后一刻拽住了方向盘，使劲把方向盘朝别的方向打。"

换一个方向：这始于某种预感，即现在的方向是错误的。要想拥有这种预感，我们必须在情绪爆发前（可在治疗的帮助下）发现并认真对待预警信号，意识到心中的无限怒意实际上是针对哪些人或事的。"换一个方向"不一定意味着剧烈地"转动方向盘"，正如前文的例子，或许"换一个方向"只是为了"堪堪躲开别人"。所有内心的、独特的想法都是有用的，它让我们周围的人免受可怕的怒火和愤怒的毁灭力量的摧残。这样一来，怒火可以再次控制住自己，使自己不必朝着糟糕的方向发展。

找到一种形式。面对不受控制的攻击性情绪时，不仅要考虑转换层面和地点、改变方向——找到一种发泄情绪的形式也大有益处。下文的例子是我们的一个治疗案例，它清楚地说明了我们所要表达的内容。这个男人坐在钢琴旁，以一种随心所欲、暴力且极端的方式发泄着他的怒火。这对他有好处，使他感到解脱。经历过熟悉的治疗框架中的其他情况后，他明白，自己必须先经历羞耻感的考验，然后成功从羞耻感中脱身。然后呢？他收到提示："找到自己的过渡方法，它应该是一个你可以自由停止的方法，通过这个方法你可以吸取经验，得到启发，并将之融入日常生活，比如一种声音、一段旋律、一个和弦。"于是他开始即兴创作，直到最终找到了一段萦绕心头的短短旋律，他不停重复这段旋律，直到他"确实掌握"了这段旋律。纯粹发泄愤怒的行为没有（或几乎没有）任何意义。就像这个男人，他找到了一种应对愤怒并结束愤怒的形式，从过渡的意义上讲，这意味着能够找到一种有助于在日常生活中做出改变的态度。发泄并找到一种形式：其他人更倾向于在艺术活动或运动中发泄愤怒。"发泄"会这样开始：比如，用尽/榨干全身的最后一丝力量把报纸揉成一团或撕成碎片；把愤怒融进黏土里，把泥块砸到墙上扔到地上；把许多颜料洒到一张巨大的纸上，或用手搅动颜料、用刮刀加工画作。做完这些后，就可以且必须进行下一步，即创造一个新形式：一张报纸、一尊黏土雕像或一幅具备多种结构的图片，它们都包含了有用的、独特的信息。

另外：在还没有找到（安全的、有限制的）空间发泄、展示、表达自己的攻击性之前，试图用某种形式承载攻击性，只是一种规律性的尝试，从长远来看，很有可能不会很成功。更有意义的并非前文所述的具体步骤，而是进行这些步骤的顺序。

从源头克制暴躁

对暴躁者来说，他们暴躁的来源在于其未曾实现的生活，而不在于他们发泄对象的行为。受害者也许应该看看那些暴躁者生活中所缺少的东西，这有助于帮助受害者更好地看清自己和自己所处的困境，也能让他们明白，他们并不是责任人，也不必感到内疚。如果人们因自己的暴躁和对他人的所作所为而感到痛苦，那么无论如何，重要的是他们要找寻自己在生活中所缺失的东西，寻找"表象之下的根本"，寻找"暴躁的潜台词"和其他攻击性情绪，特别是破坏性情绪。这通常无法独力完成，人们需要帮助，常常是心理治疗方面的帮助。

从源头克制刻薄、挖苦、讽刺与嘲讽

一位男士曾向我们倾诉，他的妻子和孩子们已经控诉了他很长时间，他们觉得他总是挖苦别人，他的嘲讽让人手足无措，甚至有时会让人大为光火。"我自己完全没有注意到。但当我说出口时，我确实明白我是在讽刺。但肯定是有什么东西让我的家人，也许还有其他人感到厌恶。"

他提了一些他曾说过的具有讽刺意味的话，比如说："你这次又做得很好啊！""真棒啊，一个多么美妙而安静的夜晚啊！"被问及他说这些话的具体情形时，他记得他是在晚饭后说了一句"美妙而安静的夜晚"，当时他的孩子在吵吵闹闹地玩耍，他的妻子则在和朋友打电话。

我们要求他再次想象那天的场景，再次重复这句话，并注意这句话听起来如何，他照做之后震惊地感叹道："这句话听起来真的很刻薄！"

当人们变得刻薄，并且说出一些刻薄的话时，往往会引出第二个问题："是什么让你对当时的情形感到恼怒？"

他不知道答案，只耸了耸肩。

我们知道，人们的刻薄往往来源于未实现的欲望，于是我们提出了第三个问题："如果把那天晚上的经历看作一部可以重拍的电影，你想从那天晚上的哪一个时间点开始重新拍摄？或改拍？"

他想了一下，最后回答说："从吃完晚饭开始。"

"那你希望怎么重拍？"

"我希望孩子们和我一起玩！"

"你看起来有些惊讶。这让你感到惊讶吗?"

"是的,我挺意外的。毕竟我已经很久没有陪孩子们一起玩了。但之前陪着孩子们的时候总是很美好的。"

"你小的时候也和你的父母一起玩耍吗?"

他苦笑着说:"没有,想都不要想。"

"我从你的语气中又听出些嘲讽。是这样吗?"

"是的,显然我是在嘲讽。我的父母从来没有陪我玩耍过。他们甚至严厉禁止我在他们面前喧哗,大笑或大声讲话都不可以。"

他继续讲了让他感到"痛苦厌世"的事情。那时他还是个小孩子,他别无选择,只能无条件"忍受"这些禁令,顺从地克制自己对和父母亲近、一起玩耍的欲望。如今,他长大成人了,但他已经完全不能自发地感受到自己的欲望。刻薄取代了温厚,并以讽刺的话语表现出来。

我们常常能在痛苦厌世的人身上发现这种联系。认识到这一点后,枯萎的心愿和渴望就可以再次绽放,虽然常常只是以缓慢、笨拙、充满羞怯与恐惧的方式表达出来——但它们至少是发自内心的,并会一步步慢慢取代原来的刻薄。

有些人是讽刺与挖苦的化身。他们总是以贬低的态度对待其他人。而这可能会深深地伤害他们亲近之人的自尊。这个假设表明,这些人肯定有过一些痛苦、具侮辱性、伤害自尊、让他们手足无措的经历,他们只有通过讽刺和挖苦逃避过往,才能忍受得住过往的种种不幸和心理上的痛苦。如果他们仍旧无法拥有充满爱的生活或至少是真情实意的相遇,并因此而痛苦,如果他们想要改变这种情况并担负起相应的责任,那么按照我们的经验来看,心理治疗会对他们有帮助,或者他们至少应该寻求一下外界的帮助。人们无法只依靠美好的意愿孤身一人完成这个重任。请帮助、关心受伤的人们，关爱他们受伤的灵魂。

从孤独中挽救仇恨

仇恨也源于毁灭性、破坏性的经历。我们给出的第一个有帮助的建议是，认真对待这些深刻的伤害。对一部分人来说，仇恨感会慢慢消失或明显减弱。但不是所有人都如此。在大多数情况下，简单地呼吁停止仇恨并没有任何帮助。

有几个人能像纳尔逊·曼德拉一样呢？对于那些因仇恨而想要毁灭他人和自己的人来说，他们所需要的最重要的帮助是，有人来带领他们走出孤独，对此，我们已经有过相关的治疗经验。但他们通常会拒绝别人的帮助："反正没一个人能理解我……"在这个时候，尽管他们绝望地固执己见，我们也必须坚定地给予他们陪伴与同情。这时，他们心中的仇恨虽然不会消失，也不会转变为宽容，但往往会有所减弱。当仇恨被合理的愤怒取代时，仇恨就失去了其破坏性的力量，可以发挥其有益的影响。

再来谈谈纳尔逊·曼德拉：我们可以从看守他的狱警和他的"狱友"的描述中猜测，也许纳尔逊·曼德拉之所以能够如此坚定地不怀怨恨，是因为他尽管在服刑期间孤身一人，但没有让孤独感吞噬自己，而是从别人那里感受到团结，感受到自己与他人之间的紧密联系，对抗则让他更加坚定了内心的信念。

认真对待叛逆

大多数时候，"叛逆期"会遭到嘲笑，更糟糕的是，有人会试图打破叛逆。贬低叛逆、试图打破叛逆或不认为儿童有权拥有独立意志的人，破坏了人们为建立自我认知、保护个人舒适界限所做出的努力。这些努力不该被贬低，而是值得尊重。这种尊重本应该被明确地表现出来，但人们却总是争论具体的"叛逆表现"："你可以告诉我，你不想这样。但绝不是通过这种方法！这让我很受伤！"在这种情况下，孩子们叛逆得更加笨拙，更加"得寸进尺"，也就不足为奇了。哪怕是已经学会走路的人，也会经常摔倒或撞到别人，而他们并不会因此被禁止走路。学开车时，教练不仅会陪着学员练几个小时的车，还会注意将对汽车的损坏和其他损害降到最低。与培养自我意识、捍卫个人界限相比，学习驾驶又有什么难度呢？但即便如此，人们学习驾驶时不还是需要教练陪同吗？

诚然，以下种种场面都是非常尴尬的：当你作为父母带着叛逆的孩子在逛超市时，四周都有看客，他们等着看你如何"正确"处理孩子，才能使孩子重新变得"规规矩矩"，并让自己牢牢树立起威信；当孩子赖在马路上，一步路也不肯走时；当孩子们不再乖巧，幼儿园老师、学校老师因孩子的叛逆而责备父母时……于是自然而然地，父母以生气、愤怒、恼怒回应孩子们的叛逆，内心满是各种攻击性情绪的潜台词，如忧虑（"这孩子以后会变成什么样子啊？"）、羞愧、无助。在我们看来，如果有父母试着想出个"秘诀"来，让自己能享受这些攻击性情绪，那绝对是失败的。我们才想到，作为成年人，我们对待叛逆孩子的基本原则应该是尊重孩子，并忠实于自己、自己的情绪，以及坚持自我的勇气。真诚坦率，甚至是温柔抚摸当然是很好、很有帮助的。

我们恳请大家，尊重并重视叛逆。因为有很多人（甚至是成年人）的叛逆都被击碎了，其后果很可怕，我们接触过太多这样的人了。比如，一位女士在鞋店当售货员。她是众多同事中，唯一一个定期被安排去收拾垃圾的人，别人都不愿意收拾垃圾。她的自尊心就快土崩瓦解了，用她自己的话来说，她好像即将成为"所有人的垃圾桶"。我们问她，能不能建议老板换一种方式安排这项工作，让每个同事都轮流承担收拾垃圾的工作，这时，她坚定有力地回答说："不行，这可不行，这也太反叛了。"显然，她在小时候就已经学会并吸收了这句话，以及话中所包含的贬低。对她来说，叛逆是个骂人的词，她无论如何都不想成为一个叛逆的人。但无可奈何地任人摆布，无法捍卫自己的边界、表达自己的意愿让她受尽苦楚。

因此，让我们（再次）赋予自己成熟的叛逆以愤怒的力量！只要叛逆还具有信号的作用，表明某些东西不适合我们，表明我们正在反抗、抗拒某些东西；只要叛逆只是短暂性的谵妄，我们没有被它困住——那叛逆就应该是我们的好朋友。因为好朋友的特质在于，他们并不总令人愉快，也并不总是正确的，但他们是最接近真实的。

伤害与脆弱

如果有什么能够帮助我们摆脱攻击性情绪带来的迷茫与困顿、痛苦与伤害，那一定是对自身伤害的处理，尤其是对脆弱的认识。

作为人类，我们不喜欢面对自己的弱点。"这其实是一个我根本不愿意讨论的话题"，一位女士表示，她习惯将自己的脆弱和伤痕藏到暗处。很多人像她一样，为自己的脆弱而感到羞愧，或者当他们被迫体会到，展现自己脆弱的一面不仅毫无意义，甚至还会给自己带来伤害和危险时，他们同样会感到羞愧。"如果妈妈看到，我在玩耍或在学校上课时受伤了，她就会因为我的马虎大意扇我耳光。如果我试图告诉她，她的打骂伤害了我，那她就会再给我补上一耳光。不过我至少有理由哭出声了。爸爸也一样。"

展现并与他人分享伤痕和脆弱看起来没那么积极，即便在电影和电视剧中也是如此。当电影中的英雄（不论男女）将自己受的伤袒露在众人眼前时，往往会被看作是软弱可笑的，没有人将它看作内心力量的表现。然而许多例子已经告诉我们，伤害与脆弱往往是攻击性情绪爆发的潜台词，或是攻击性情绪爆发的源头。

当我们在强化治疗中处理客户的攻击性和暴力行为时，治疗总是在某个时刻以客户的脆弱告终。客户们往往将自己的脆弱藏起来了，有时甚至会将脆弱从过往经历中剥离，抹去脆弱存在的痕迹。但脆弱并没有消失，而是以一种隐蔽的，有时甚至是难以名状的方式伪装自己。伤害别人、伤害自己、一再将自己置于被伤害的境地——被埋藏的脆弱看似安分"冬眠"了，但其实它正以扭曲，或是矛盾的方式暴露自己。

对脆弱的感受往往是：我是一个感到脆弱的人。我受到了伤害。脆弱，是痛苦。掩藏脆弱，是幼稚的希望——如果我不再表现出脆弱的一面，我就不会再受到伤害。掩藏脆弱，是试图通过隐去过往的经历隔绝痛苦。

所有试图掩藏脆弱的行为大多发生在童年时期，或者在无人帮助、无人抚慰痛苦的时候。除了掩饰伤害与脆弱，似乎也别无他法了，即使这可短暂地帮人们熬过心理煎熬，但负面后果也随之而来。所以，现在是时候走上一条崭新的路了，我们觉得，这是唯一能帮助我们的途径：与人分享脆弱，尽可能地拥抱脆弱。试着感受自己的脆弱，认真对待它，不畏惧展示它。与它同在，寻找盟友！

第 7 章

孤　独

意义与情感格局

乡村歌手兼民谣歌手汉克·威廉姆斯（Hank Williams）唱道："我太孤独了，孤独得想哭。"我们常常听到这种因孤独而痛苦，在孤独中挣扎的呼喊。我们将孤独感定义并理解为：一种压抑人们、使人们痛苦的感觉，它敦促人们进行改变。它也是一个信号，表明社会心理关系中出现了问题，缺少了些东西，并急需做出改变。

我们将孤独与孤单区分开。孤独是一种感觉，而孤单是一种状态，孤单可以带来截然不同的情绪。你可能因孤单而高兴，比如在圣诞节经历了数天的家庭活动和社交活动后，你终于可以独自静静地散步或读书。你很享受走亲访友的时刻，但现在也很好，孤单在此刻是一种享受。这种孤单也没有给你带来痛苦。

在相似或不同的情况下，你可能因独自生活或远离家人朋友而孤单一人——但你同时也感到孤独；你不知道该做什么，觉得无聊，感到不安，抱怨自己和这个世界。当人们独处时，可能会感到孤独，但当人们处在人群中时，仍可能会感到孤独。心理调查显示，在德国，超过 30% 的受访者至少会偶尔感到孤独。

可以推测，孤独的人实际更多，孤独感为他们的生活带来的影响也比他们所说的"偶尔孤独"更大。因为孤独并不震天动地，而是静若秋水，甚至悄无声息。比如，孤独隐藏在夫妻间的沉默中，他们不再谈起彼此的事情，只是讨论其他人的事、食物或孩子。人们并不喜欢谈论孤独，也没有访谈节目会以孤独为题。调查显示，最受孤独感折磨的并不是老年人，而是三四十岁的中年人。虽然他们可以在互联网上、假期中或其他任何地方寻求交友中介的帮助，但交友中介往往只能帮助他们解决孤单问题，既有可能缓解孤独感，也有可能助长孤独感。况且还有一部分人，即便是在家庭生活中，仍旧忍受着孤独，交友中介也无能为力。对他们来说，孤独感躲藏得太过隐蔽，以至于他们自己都常常找不到话语来形容这种隐藏在身上的感觉。人们对孤独做出的首要界定是"无法定义的情绪"，比如"我应该觉得挺好的呀，但我总有一种奇怪的感觉""我也不知道我到底怎么了"。这种孤独感往往藏在人们自己身上，但也会藏在别人身上。一位女士对此有些感悟，用她自己的话说，便是"我没办法向别人坦诚地承认，我不擅于独处。这太消极、太扫兴了，最重要的是，这让我觉得很羞愧。其他人会怎么看待我？他们要么怜悯我，要么鄙夷我。二者我都不愿意接受。有的时候，我甚至会自己骗自己，假装我能好好地独处，假装我能忍受孤独"。

迷茫与困顿

孤独是痛苦的情绪

我们的许多客户表示，他们因孤独而感到羞愧和内疚。人们觉得，在这个时代，每个人与其他人之间存在着千丝万缕的联系，在这种情况下，大家明明不该觉得孤独才对！除此以外，孤独也该是耄耋老人才会有的情绪，而不是中年人！他们知道或猜到了其他人会有这种反应，正因如此，他们常常先入为主地因孤独感而羞愧、内疚。

有一些人，他们高举所谓无可辩驳的名言，使内疚感更甚，比如"每个人都是自己的幸运铁匠，只有自己才能让自己找到快乐""只要你有意愿，笑对生活，并且采取行动，就能结束孤单生活和孤独感"。当然，我们并不反对这些俗语。我们并不是让大家不再为生活幸福而努力奋斗，继续在痛苦中挣扎，让消极的想法占据大脑。我们当然不是这种意思。但我们旗帜鲜明地反对这种所谓的"积极心理学"，它让很多人做出了（自我）伤害行为。人们首先应该欣赏并尊重自己形形色色的经历，和看待过往经历的方式，孤独感当然包含其中，只有这样，才能找到治愈孤独的方法，而这些方法都必须是为个人独特、具体的孤独感量身定制的才行。

孤独是一种"沉重"的情绪。赫尔曼·黑塞将它描述为"人类最恐惧的道路。路上藏有各种可怕的事情，各种蛇和蟾蜍"（黑塞，1963，第228页）。有人则将孤独描述为麻痹或"伪装的死亡"。《南德意志报》（*Suddeutsche Zeitung*）引用了一位65岁退休老者的话，"有时候我觉得，孤独扼住了我的咽喉"。

很多人想要告别孤独感，想要尽可能自主地与他人开开心心地交往，但我们也很清楚，对他们来说，这条改变之路上有多少艰难险阻。他们需要的是切实的支持和信心，而不是"积极心理学"赋予的羞愧与内疚，它们只会让孤独者越发沉默。因为恶性循环就是这样开始的：孤独者越发频繁地将孤独感咽下，他们不再与其他人倾诉孤独，也不再分享其他情绪，这让他们变得更加孤独、更加内疚……他们只有积极地看待孤独，才能找到摆脱孤独的方法。但这恰恰是他们无法做到的事情，而这使得一切都变得更加糟糕。

尽管许多人已经向孤独妥协了，但他们仍旧时常被孤独的后果折磨着。一个非常常见的后果是抑郁症。被孤独感淹没的人常常会问自己，生活究竟有什么意义。如果得不到答案，他们的活力与生气就会突然或悄悄地凝固，最终患上抑郁症。而对于其他人，尤其是年轻人来说，孤独感可能会促使他们攻击外部世界。美国犯罪研究员海伦·史密斯（Helen Smith）曾采访过 2 000 名有暴力倾向的青少年。她发现，这 2 000 名青少年有两个共同点：仇恨学校，憎恨孤独。我们可以确定，孤独与耻辱经历结成了一个可怕的同盟（往往还伴随着破坏性的内疚经历），这使得他们以暴力的方式吸引外界关注。

五种孤独

当我们回顾过往种种导致孤独感的经历时，孤独感也就有了不同的轮廓和形状。所谓孤独，即不断循环孤独感的一种状态。接下来，我们将向你展示五种不同的孤独。

交际孤独

你可以将其中四种孤独想象成四个同心圆。（参见第 145 页的插图）

交际孤独在最外圈。

许多人独自生活，他们与其他人接触得太少，甚至根本不与人来往，这让他们万分痛苦。其中的原因可能千差万别。比如，有些初来乍到的外国人对居住的环境非常陌生；有一些上了年纪的老者体弱多病，因此很少有机会与人来往；还有一些人因为分手、失业或其他打击而不愿与人交流，深陷痛苦沼泽，无法自拔。在他们身上，孤独与孤单相互纠缠，其中往往还交织着绝望与苦涩。他们独居的时间越长，就越发觉得孤独，越无力摆脱孤独与孤单。

渴望永存。南德意志报的一期报道讲述了一位少年的故事，他在14岁时一个人逃离了阿富汗，而他的孤独感尤其表现在，没有人能听

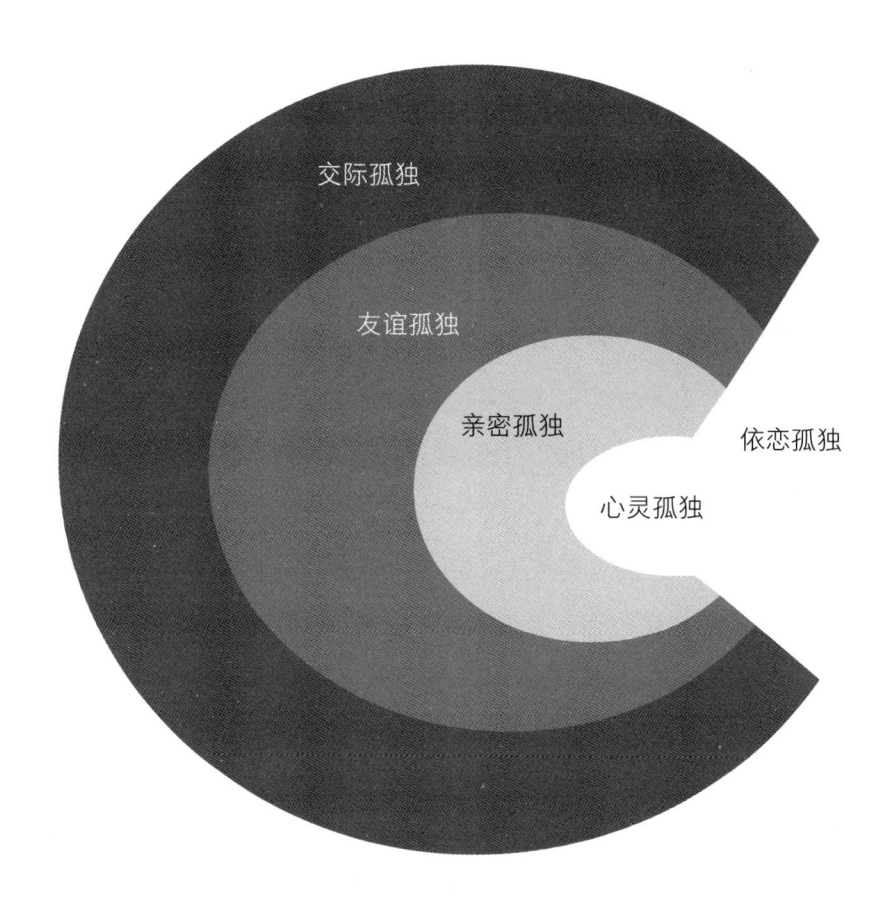

他讲述那些可怕的经历："我很想和别人聊天，也很想聊聊我所经历的事情。我如果很长时间不和其他人交谈，就会变得越来越胆怯，越来越不敢和别人讲话。我曾经是个热爱生活的人。但我太久没有体会过快乐的滋味了，已经快忘记什么是快乐了。"

在他身上，我们可以清楚地看到，当一个人处于或已经处于孤独中时，他表现出了何种程度的绝望与渴望。孤独持续的时间越长，渴望就变得越迫切，改变现状的信念也就流失得越多。这就导致一部分人找不到逃离交际孤独的出路。因为他们沉浸在绝望中太久太久了，所以他们即便可以成功与感兴趣的人交往，也不再对自己有信心，不再相信这个人会对自己感兴趣。又或者，他们内心堆积的渴望太多太多了，他们一股脑儿将所有狂热都倾泻在对方身上，吓得对方不知所措。

出于交际孤独，许多人努力寻找着与他人接触的机会。年轻人在网络上寻找着，年长一些的人则在诊所的等候室或他们总"顺路"去的那几家商店里寻找着。如果这些接触机会没能开花结果，如果这些有趣的尝试以及尝试的意愿越来越频繁地屈从于绝望，那常常是有其他因素在作祟，这已经超出了交际孤独的范围。

我们曾接待过一位几乎被孤独感击垮的女士，她在治疗中谈到，她很难靠近别人。在追溯她的痛苦源头和相关原因时，她意识到，她在学校所遭受的那些羞辱在很大程度上导致了她的痛苦。在她还小的时候，每天都怀着恐惧起床，她害怕即将面对的种种难堪，特别是那个折磨着她的男老师，她再也不想踏进校门一步了。这段耻辱经历当时让她内心充满了愤怒，但她不能表现出来。她只是低垂着眼帘，整个人僵住，无比渴望"原地消失"。那时对她来说，公共空间就意味着尴尬和羞耻。对其他人的羞怯、恐惧，以及对尴尬情况的畏惧，使得公共空间成了一个充满危险的空间。在他们所表现出来的交际孤独背后，隐藏着另一种孤独，即亲密孤独，我们之后会详细讨论这一种孤独。

友谊孤独

当人们频繁地交谈、碰面时，彼此间可能会产生友谊。要建立友谊，还需要具备对彼此的兴趣。朋友同时也是困境中可以依靠和信任的对象。友谊给人以安定感，并且丰富了人们的生活。在缺少友谊的时候，人们可能会因此而孤独。鉴于此，让我们谈一谈友谊孤独吧。

当弗雷德里克被问及是否有朋友时，他不太确定该如何回答。"有吧，我在网球俱乐部认识了一些人，我们认识挺久了，也经常见面。"

"你信任他们吗？你会跟他们提起比较私人的事情吗？"

"不会，绝对不会，他们可能会把我的私事弄得尽人皆知吧。"

弗雷德里克在学生时代有过一个"最好的朋友"，他们甚至一起考进了同一所大学。但那位好朋友挖了弗雷德里克的墙脚，偷偷和弗雷德里克的女朋友在一起了，弗雷德里克深深地感到被背叛和欺骗了。被背叛的感觉只能非常缓慢地恢复，且往往永远不会愈合。从那时起，弗雷德里克会在类似友谊的关系中保持谨慎克制，相比男性，他更信任女性。

许多忍受着友谊孤独苦楚的人想要尝试与他人建立友谊，但曾经被背叛的经历仍历历在目，让他们心生畏惧，止步不前。另一些人则在婚姻关系中深陷泥潭，纠缠不清，以至于他们不愿也无法把目光转向其他人。有些人对友谊避之不及，因为他们觉得在亲密关系中需要表现得"有趣""诙谐""聪明""可爱"或"酷"才行，而且行为举止也要"得当"——总之，他们认为自己必须要符合这些要求，别人才会觉得他们值得拥有友谊，但他们拒绝为此付出努力。还有一些人在职场中不得不频繁地与人打交道，以至于对人感到厌倦，面对其他人时，只想退回独属自己的空间。他们精疲力竭，无力经营友谊。因为除了信任与自信，稳定也是发展并维系友谊的前提条件。

友谊孤独会带来双重后果。一个后果是，人们往往开始将自己的个人生活排除在聊天范围之外，并且逐渐减少与他人交际，内心独白和自我对话渐渐增多。

赫尔曼·黑塞在他的小说《荒原狼》中描写道，主人公"与人无关且孤独的空气笼罩着他，他在这越来越稀薄的空气中慢慢窒息而死"（黑塞，1994，58页）。

另一个后果则是现有婚姻关系常常超负荷运转。大多数人需要与不同的人接触，以满足他们不同的需求，并进行不同方面的交流。如果朋友不够，那就伴侣来凑，伴侣必须"忍受一切"，而这常常会使伴侣负担过重。

当然，友谊不是人们幸福的唯一条件，但对大多数人来说，如果没有朋友，人生就会错过一些东西。这在人们身处困境中或感到不安时尤为明显。以青春期为例，青春期会使大部分年轻人手足无措，慌张不安。友谊则是帮助他们度过这一段时期的关键。友谊支持他们在所有人面前展现自己，也支持他们建立自我认同。孩子们，更确切地说是青少年，面临的挑战是，他们的身体、性征、社会关系等同时发生了改变，而他们不得不面对并应对这些改变。他们必须探寻生命的意义，找到自己在这大千世界中的位置。他们逐渐不再将自己框定在孩子的角色中，但也无法融入年轻女性或年轻男性的角色中。因此，他们需要在团体与友谊中寻找并获得心理和社会支持。对大多数年轻人来说，这是他们开启亲密关系的前提条件。

亲密孤独

如果男女朋友之间已经很亲近了，那么他们在亲密关系中的联系只会更加紧密。这种亲密关系通常与性行为有关，但它们也存在于没有性行为的情况下，反之亦然，彼此间有性行为却未必存在亲密关系。一般来说，相爱的人不仅想与对方分享他们的生活，而且在大多数情况下也想分享他们的私密之事——身体及心灵方面的想法、感受，或情感体会。若是此处有所欠缺，人们就会深受亲密孤独的困扰。绝望、失望，以及过去几段关系中未愈合的伤疤使人们深陷于亲密孤独中。我们总结了在亲密孤独方面的治疗经验，结果发现诸多案例都有一个共同点，即性别不安。性别不安在女性与男性身上的表现形式不同，其来源也往往不同。

一位年轻的女客户曾告诉我们，她遭受了父亲无数次的性侵犯，他甚至还经常说"你明明也想要这样/你明明很享受"。而她只觉得厌恶、反感、恶心。这种反感、厌恶、恐惧阻碍她进行新的亲密接触。人们不仅有大脑记忆，还有感官记忆和身体记忆。当她爱抚男朋友或被男朋友抚摸时，那段不堪回首的记忆又会在她身上叫嚣起来。痛苦与孤独一起涌向她。首先，性暴力的可怕经历必须得到解决——使它无法再妨碍正常生活的同时，也让她能够获得新的、异于从前的身体接触的体验。

还有一些事也困扰着她，同时也困扰着许多其他女性：作为一位年轻女孩，她不得不费尽心思避免被她的父亲（和其他男人）当作女人看待。因为"做女人"意味着危险、暴力和侵犯。而这就动摇了她的女性身份认同。她拒绝成为女人——但也渴望被看作女人，给人留下美丽、充满魅力的印象，给予别人同时也被给予温柔和激情。

对女性身份（男性身份也是如此）几乎从未感到自信、自然。对自己的美丽和吸引力几乎总是充满不安和怀疑。但这些都不是我们在这里要关注的问题，因为这些疑虑并不会导致亲密孤独。相反，这种孤独以一种更基本的身份不安（Identitätsverunsicherung）经历为基础，这种经历会让人有意无意地将亲密关系看作危险关系，正如前文所描述的那样，这种经历也会给女性带来被轻蔑的耻辱感。如果女性在成长中只拥有负面样板（母亲及身边其他女性——"我永远不想像我的母亲一样"），那么她们以后也不会有多少自信。如果再加上失望和被背叛的经历，她们的自信就会一降再降，以至于阻碍她们发展亲密关系："我有什么资格与任何人亲近呢！"

对男性来说，亲密孤独也常常与自我认同障碍有关。身份不安感可能隐藏在傲慢的大男子主义背后，也可能表现在克制与害羞中。除了性暴力与其他暴力经历外，羞耻经历尤其会导致男性陷入亲密孤独。如果年轻男孩因为他们的男性身份，或是因为他们的行为举止像男孩或"所有男人"一样，而被取笑、嘲弄，日后他们就会试图隐藏他的男孩身份或之后的男人气质。

比如说，如果 11 岁的小男孩常常反复听到别人说"男人都是蠢猪"，以及得知别人因为他的男性身份而觉得他有暴力倾向，他就很有可能会变得畏畏缩缩，自轻自贱，从而无法自信地在其他人面前展现男子气概。他们觉得挑逗或性行为应该在私密环境中进行，而不是在公开场合。如果在男孩的成长过程中，父亲缺席了，同样也会产生很大的影响。不仅男孩缺乏男性榜样，母亲的悲痛和受伤也会转接到男孩身上，甚至将男孩作为伴侣的替代者——显而易见，这些都会阻碍亲密接触和亲密关系，并导致亲密孤独。

不论男性、女性，所有性别不安、因亲近之人的折辱而受伤的人，都渴望着——渴望在亲密关系中与自己和解。

心灵孤独

有些人的孤独会触及内心更深处，比亲密孤独还深得多。比如，一位男士和他的妻子幸福地生活在一起，他也非常享受与妻子之间的亲密关系，但不论是面对妻子，还是朋友或熟人，他还是会对一些重要的东西避而不谈：比如他的心。因此，我们把他的孤独称为心灵孤独。心灵孤独指的是一个人灵魂最深处的孤独，尤其是他最隐秘的情感的孤独。

这种孤独感通常很早就在内心暗暗发芽，正如上文提到的这位男士。囿于社会习俗，他被迫陷入沉静而严厉的束缚中，因而无法表达自己的情感，也无法进行情感接触。他渴望母亲的爱却得不到回应，这使他深陷于心灵孤独。如果一个人内心的冲动没有得到任何回响，他会深感痛苦。这种痛苦太折磨人，太难以忍受，而保护自己免受折磨的唯一方式就是锁住内心冲动。这把锁一旦锁上，日后就很难再打开。即便能够与人正常接触、拥有亲密关系，但往往还是觉得"少了点儿什么"。

心灵孤独涉及人的内在灵魂，而人总是怀着由灵魂而发的冲动体验世界。比如性欲以及在安宁和满足中逐渐消退的性愉悦，拒绝时的愤怒，投身事业时的热忱，（对信赖的老友）发自内心的爱的告白和寻求帮助时的依赖。

为了让自己能够遵循内心深处的冲动，我们必须获得这些基本体验：原则上讲，我们按照自己真实的样子生活是完全没有问题的。在理想情况下，我们会有同行者，他们不必认同我们的每一个想法和行为，但是会向我们诉说他们发自内心的真实想法。

心灵孤独未必会妨碍亲密的家庭关系。而这恰恰让许多受其影响的人感到莫名其妙。心灵孤独开始得越早，扩散得越自然，它造成的影响就越是隐秘。

我们之所以将心灵孤独放在图表内侧，是因为它往往躲藏在其他孤独类型的核心中。羞于现身公共场合或沉于悲痛会引发交际孤独，并让人深陷其中。如果一个人被冻结在痛苦中，无法敞开心扉，无法与他人分享他的痛苦，无法向他人寻求帮助，那么这种心灵孤独就是交际孤独的核心。

而与此同时，其他的孤独类型也可能仅仅是一层外壳而已，它无意识地掩饰和隐藏着心灵孤独，而这层外壳往往是人们自己赋予自己的。当我们问起："你的心怎么说？"心灵孤独的人起初通常并不理解这个问题，同时他们也知道，他们内心逃避回答或根本无力回答这个问题。

心灵孤独总是与损失、伤害、背叛、失望或其他类似经历有关，为了保护自己免受过往经历带来的种种痛苦，我们的心将自己封闭了起来。正如我们所要强调的那样，这种封闭在开始时是有用的，是一种明智的反应。但是，封闭最终会从相当有益的状态变成痛苦的来源。它曾经帮助过人们，但现在阻碍了人们走向亲密、归属与爱。

依恋孤独

对一部分人来说，心灵孤独会导致依恋孤独，这使得他们在短暂的相遇之后无法建立长期的联系。

发展心理学家在幼儿身上观察到了不同类型的依恋行为，对母亲的依赖尤为明显。早期的依恋障碍可能（不是一定！）会干扰依恋能力，从而导致依恋孤独。依恋孤独的出发点和源头都在心灵孤独。大多数人还同时具有亲密孤独。他们也会与人幸福、激情地邂逅，但这种关系的保质期都很短。有些人生活在婚姻的空壳（有时甚至是地狱）中，但同时也遭受着孤独——心不在焉，飘忽不定撕裂了与伴侣所有的内在联系。对于依恋孤独的人来说，友好的相遇是常有的，但友好的关系是罕见的。在众多类型的孤独感中，只有交际孤独无法伤害他们，恰恰相反，能迅速接触许多人往往是他们最大的优势。

有些人的依恋孤独来源于，他们的无助经历已然融进了心里，扎根在心底。他们内心某处不仅被伤害，没有得到足够的滋养——甚至还被掏空（"我的心里少了点儿什么，我被撕裂了"），被空虚笼罩（"我觉得周围一片荒芜，寒冷而绝望"），它居于内心何处因人而异，但不变的一点是，它总能给人以安全感，让人勇敢地承担起责任。而人们如果不但不这样想，反而坚决不愿意为别人，尤其是为所爱的人承担责任，那么就很难或者根本无法建立起依恋关系。

建议与帮助

兴味盎然地阅读前面几章时，你可能会觉得，每一种孤独都比前一种更让你受到触动、激发感想，你可能也会不断想到不同"孤独类型"对应的真实经历——不仅是发生在你自己身上的故事，也包括你身边人的。你或许已经注意到了，在这些孤独类型中，哪一种孤独对你来说最重要，最需要帮助和支持。

当然，五种孤独类型从不彼此独立存在，而是相互交织缠绕着。因此，摆脱孤独的方法也同时与差异和关联息息相关。当然，你的个性与主观性也有着举足轻重的意义。下面，我们将向你介绍摆脱孤独的方法。

从接触开始，爱情始于一杯意式浓缩咖啡

交际孤独者需要交际。不论是友谊，还是爱情，都从第一次接触开始。于是你可能会说，"那就去做吧"，但对许多人来说，这说起来容易做起来难。

听天由命般地放弃挣扎，让人们觉得前途一片暗淡，"世上再没有好男人了""好女人都被娶走了""我从没遇见……""看得上我的人，我都看不上……"。出于失望和绝望，人们常常说些这样的话。为了克服孤独（尤其是交际孤独）而做出的种种努力都落空了。要想脱离交际孤独，不仅需要与人交际的机会，还需要与人交际的勇气。

有一些人，他们幻想着第一次见面就能体会到美好的爱情，在迈出第一步之前就规划好了第二步，甚至第三步——最后却一步也迈不出去。不论是妄想得到一切，还是对一切都漠不关心，最终都将两手

空空。有些人在第一次见面时，就开始考虑对方是否是自己的真命天子（女），并将这作为衡量初次见面的标准，这就将所有可能的关系都扼杀在了萌芽中。每一次迷惘都会让人陷得更深，理想与愿景上蒙的每一粒灰尘都证明了，这一切不过是幻想与假象，他们最终只会感到深深的失望。

如果你对某人感兴趣，那就顺着兴趣的指引走。即使是一闪而过的兴趣，也要认真对待。也请你认真对待自己，并相信自己和内心涌起的冲动。你很可能会发现，有时甚至会不住地惊叹，兴趣是一枚无与伦比的指南针。也即是说，只要你对某人产生了兴趣，兴趣就会为你指明方向。一句简单的问候可以扩展成一封邮件或一次约会，而一场相遇则可以发展出更多故事。有了兴趣，双方就可以开始相互探索，也可以在任何时候喊停或深入挖掘。没有开始，没有第一次接触，就不会有后面的故事。爱情始于一杯意式浓缩咖啡。

心连心——穿过不信任

当人们因暴力或被抛弃而蒙受损伤时，这些不堪的生活经历会削弱他们对其他人的信任。"人们因此而变得不信任他人，这是不可避免的，也是益于健康的"（弗里克-贝尔，2010，第137页）。如果你也属于常常无法信任别人的人，请不要轻易相信那一套关于不信任的说辞，诸如"怀疑是没有必要的""你不应该不信任别人"……这些都是胡说八道。曾被热锅和炉灶烫到过的人，会对所有锅子和炉灶保持警惕，这是一件好事。当人们受到过伤害时，不信任是有意义的，并且会一直有意义。它可以保护我们。曾被深深伤害的人们需要一切形式的保护，让他们免于新的痛苦。面对困境时，不信任是有必要的，因为它可以扭转困境。但是，重要的是，如果人们不想一直孤独下去，他们就要学会再次信任别人。不信任是没有出路的，幸而有一条离开不信任的路。这就需要你踏上发现之旅，找出让你能够相信某人或无法相信某人的证据。或许你能从语调或言辞中听到它，从对方的眼睛、肢体动作、手势或面部表情中看到它，又或许从他们的行为举止中认出它，至于你的嗅觉是否灵敏则并无大碍。每个人身上都有这样的线索。如果人们正确认识并且认真对待这些线索，就可以让不信任为渴望所用。

你会发现：如果你一方面认真对待自己的不信任，同时也检验周围的人是否值得信任，并且勇敢地与别人接触，那么全新的相遇之门将为你打开，你会收获崭新的体验。你会在惊讶甚至错愕中注意到这一点。因此，请你在能够"证明"这个人值得信任或不值得信任之前，不畏惧不信任，也不畏惧早早地中止交流和练习。

亲密关系源于一场场相遇，而依恋始于一次次联系。因此，我们呼吁大家，给自己留出一些时间，我们需要努力找到机会，发掘那些对我们来说真正重要的需求，同时也弄清楚，我们何时妥协，何时可以放手或必须放手。一次接触通常不足以让我们弄清楚这些，我们还需要时间，需要不断接触。

依恋孤独者最好实实在在、按部就班地练习与人交往。也就是说，如果遇到了既让他们感兴趣，也对他们感兴趣的人，那就与他们常常见面，多点儿耐心，不要想着毕其功于一役，多给双方一些接触的机会。而对于那些习惯孤单的人来说，无亲无友才是理所当然的事情，依恋则是一块未知的大陆，需要一点点慢慢探索。对他们来说，坚持不懈是最重要的关键词。因此，请继续加油吧！

坦然的目光

当人们望向对方的眼睛时，并不只是为了看到对方，也是为了一场灵魂的碰撞。请你回想一下，你是如何注视别人的？在此过程中你又有何表现？或许你会辨认出不同类型的眼神接触。也许你和某些人仅仅交换了非常短暂的眼神；也许你会用探寻、审视的目光注视着一些人；也许你会避开某些人的视线……如果你渴望着摆脱心灵孤独和亲密孤独，我们推荐你尝试"坦然的目光"。请你试着尽可能坦然地凝视别人的双眼。这并不需要持续很长时间，片刻就已经足够了。关键在于，你要看，而且是坦然地看。我们所说的坦然，即你不急于结束，也没有任何企图。换句话说，你看着对方时，没有任何意图，也不会关注你给对方造成的直接影响，你对对方有些兴趣，但没有明确的目的。你也可以将"坦然地看"想象成向别人张开手，这样也许会更容易成功。你可能会注意到，相比审视或刻意地注视别人，当你坦然地看着别人时，你的眼睛会更加放松。你有可能发现了，与其他类型的眼神接触相比，坦然的目光往往需要更大的安全距离，以及，微笑可以帮助你坦然地注视。

无论如何，请你试一试，试着找到坦然地注视别人的机会和方法。也请你不要先和你不信任的人尝试这个方法，而要选择非常信任的人。因为你会注意到，当你坦然地看别人时，你也将自己的心扉敞开了，你的眼睛和坦然地注视别人的方式给他人提供了回望你的机会，也向他人发出了邀请，请对方与你进行更深入的交流。虽然坦然地注视对方并不是什么亲密接触，但它确实表明：我已经准备好敞开心灵，走近别人了。坦然地注视别人已经是迈出了一大步，但远不止如此，它将开启更多故事。

珍宝小册

提升自我价值感是摆脱心灵孤独与其他孤独感的重要助力。虽然你不能一下子拥有更多自信和自我价值感,但你可以一步步实现这个目标。在实现目标的过程中,你需要其他人的反馈,至关重要的一点是,你需要记录下别人对你的赞赏和认可。我们曾建议一位女客户(也建议你这样做)为自己制作一本珍宝小册。首先,你要准备一本空白的小册子。如果这本小册子已经有了漂亮的封皮,就再好不过了,不然你也可以自己用布料或纸张设计封面。至此,你拥有了一本专属的珍宝小册,然后你就可以在这本小册子里,记录你获得的所有积极反馈或有利于提升自我价值感的经历。你也可以请信任的人在小册子里写点什么,比如反馈或对你的看法。

在此过程中你会发现,你受到的重视与认可远比你之前想象的要多,而且你会更频繁地发现生活的积极面。我们坚信,这样一本珍宝小册会使你的内心更强大,也能使你更勇敢地与人交往。

转　身

阿内丝·尼恩(Anaïs Nin)曾说:"紧守着含苞不放的痛苦,比花朵盛开所冒的险更大。"

要想逃离孤独感,就必须放手,必须告别。没有告别,就没有新的开始。

这看似容易,实际很难。有些人陷于孤独,沉于孤单,甚至溺于孤独感。对许多人来说,独处不仅包含痛苦的孤独,还意味着能够不受旁人左右,自主独立地安排自己的空闲时间。孤独感也是一种熟悉的感觉,它让我们觉得安心可靠,有时甚至会给予我们像家一样的安全感（这一点我深有体会）。

我们必须和这一切说再见。有人认为孤独的人只收获了好处，而没有任何损失，可这样的想法是错误的，纯粹是幻想。不承认这一点的人将很难开启改变。逃离孤独的起点是决定放手——放下苦闷，放弃孤独的保护套。

放手往往是一个痛苦的过程，尤其是当孤独感源于暴力、无助和其他种种伤害时。可能你会对此感到惊奇，因为大多数人都急于摆脱痛苦的经历。但痛苦经历也是人们一生中的重要组成部分，它塑造了人们，也因而成为人们的一部分。许多人常常拼命与过往伤害的遗留后果抗争，也有许多人常常埋怨命运不公。这些抗争与埋怨一次又一次地将种种伤害推到眼前，让人们不断执着于此，与之纠缠。如果仅仅呼吁"放手吧，一切都会好起来的"，不但于事无补，还会把人们留在无尽的孤独中。处理过去发生并持续产生影响的事情是有必要的，也是有益处的。但在某些时候，人们有必要拓宽视野。陷于过去的痛苦经历中且找不到改变之法的人，需要一些推动力，以改变他们内心的方向并让他们"微微转身"，帮助他们走出僵化状态。

如何才能实现？为了更清楚地解释"微微转身"的意思，我们打算举一个治疗中的实例：

曾有一位饱受痛苦折磨的女士向我们寻求帮助，治疗师让她思考："……当你想到孤独和过去遭受的伤害时，哪些情绪、身体感受、想法、内心图像和记忆会涌上心头？……请你将想到的东西都记录在新闻纸上。"

她将过往经历的一个重要部分浓缩在这短短一份报纸中。她把一座雕塑放在凳子上，自己则站在凳子前，每说一句话，就停顿一会儿："这样挺好，我把痛苦都写出来，现在它就在我眼前，我能清清楚楚地看见它。但它让我很难受，我真的很想摆脱它。可我也不想遗忘它。因为它是我的一部分。这段经历如何塑造了我，它对我来说很重要。这就是我无法对它视而不见的原因。"

治疗师建议她把身体向左或向右转一点，可以微微转几毫米，也可以转45度，要注意，在转动身体时，自己的感知与体验发生了何种变化。女客户按要求做了。"这的确是个好办法。这样一来，我可以将过去的悲伤经历放在视线边缘，自由地看到新事物。"从具体和象征意义上来讲，一个微微转身可以对人们的生活和经历产生巨大影响。

轻松起步，勇于冒险

孤独与寂寞使人烦恼，让人抱怨。所有那些无法向人倾诉，因而也无法与人分享的东西，让生活变得沉重而苦涩。再加上失望、绝望与辛酸，生活就更难熬了。

无忧无虑的交流与接触则与之相反，它们让生活变得轻松一些。看年轻人调情时，我们会注意到他们的眼神游戏——若即若离的眼神交流，看一眼再故意将视线移开；微笑的眼睛和嘴唇；语言和手势的把戏……即便孤独人群曾有过这些经历，他们多半也已经忘记如何调情了吧。他们疏于练习，常常垂头丧气（"这次肯定又不会成功"），或备感压力（"这次必须得让我成功一次吧"）。但沮丧和压力不仅会妨碍他们轻松地发挥正常水平，还会破坏每一次调情。每每字斟句酌，字字推敲，畏畏缩缩地害怕搭讪被拒绝，战战兢兢地害怕因笨拙被嘲笑（当然有可能会被嘲笑，但不会每次都被嘲笑）。

请你记得，"放下压力，轻装上阵"是无稽之谈，这非但不会有成效，反而会加重压力。相反，追寻过去轻松愉悦的痕迹才是真正有意义、有助于成功交际的问题。请你努力回忆，想一想：你喜欢在哪里找乐子？你喜欢如何放松？在你过去或现在的生活中，什么是有趣的？什么让你觉得比较容易？什么让你感到轻松愉快？"当你探究这些问题时，你至少会回忆起过去轻松、愉悦的事情，那些往往是你意料之外的事情。

因此，我们认为，寻找你喜欢做的事，是一个开始。如果你喜欢做某件事，那就试着和别人一起做吧！如果这件事既轻松又有趣，不如就从它开始。

有些人可能会问：我可以这样做吗？我能带着我的愿望和渴望、我的情绪和偏爱、我的缺点和优点去靠近别人吗？这会不会有些冒失？

大胆地去做吧！"勇气"（Mut）一词源于印欧语的"muot"，意为"灵魂"。而"情感"（Gemüt）一词则将"勇气"的含义展现得更加生动形象。勇敢意味着向别人展示自己的灵魂。勇气，是脱离五种孤独的关键。

因此，请你做一个勇敢的人。充实自己，也丰富他人。

第8章

尊　严

意义与情感格局

我们问了一些人,提到"尊严感",他们会想到什么。部分人对尊严感很陌生:"尊严?尊严不是一种感觉吧!我不知道。"另一些人则谈到了普遍尊严,抛开亲身经历谈到了其他人的尊严或是极为缥缈的尊严:"尊严啊——《基本法》(Grundgesetz)规定,人的尊严神圣不可侵犯""终有一天,世界上所有人都能有尊严地生活"。

新闻界和政界常常会谈到尊严——他们常常谈到尊严被侵犯,但作为个人情绪的尊严,对许多人来说是很陌生的概念。

悲伤和恐惧,愤怒和耻辱,这些是每个人都熟悉的感觉,提到这些感觉,人们可以很快就联想到自己或某段亲身经历,但尊严使自我参照更难了。

尊严的"正脸"很少显现。我们往往需要绕道而行,即回忆过往场景和经历,才能感受到这种情绪。"当我们问到'尊严'时,你会想到什么?你在什么时候觉得有尊严,你还能回忆起当时的场景吗?"尊严显然也与别人对待我们的方式以及对我们的评价有关。因此,我们也问你："在你的生活中，谁比较重视你？"

做一个有价值的人，并且被别人认可自己的价值，是获得尊严感的基本条件。可惜，很多人很难回忆起被别人赞赏、认可的经历。也有可能这种经历太少太少了，以至于没能留下任何记忆。也许，这就是很多人不曾真正认识尊严，或者充其量只是觉得尊严陌生的原因，许多人对尊严知之甚少。尊严以这样或那样的方式消失在人们面前。被夺走尊严的人大多正在为尊严而斗争着，常常坚决有力，往往用尽最后一丝力气，绝望但又充满渴望，极度渴望被重视，也极度渴望体会到尊严感。

尊严不是人类的基本禀赋，而是一种可能性。为了"学习"尊严并确立尊严感，我们需要得到别人的赞赏。人类需要空气来呼吸，需要食物来生活。同样，我们也需要别人看到我们，接受也接纳我们，并且喜欢我们的所有特质。人们需要接受和欣赏——所有人都需要。尊严感不能只从自己身上产生，它还需要别人的共鸣。尊严是可以感受到的，尊严是人们对待自己和他人的一种态度。人们可以欣赏、尊重自己，也可以欣赏、尊重别人。二者息息相关。

你有何种价值？你如何看待自己的价值？你在什么时候觉得别人尊重你？你如何察觉到别人对你的尊重？通过你的工资？通过你收到的生日礼物？通过伴侣送你鲜花的频率？通过你的衣着？……以上种种证据都能表明你对自身价值的主观看法，但仅仅这些和其他外在形式并不能帮你确信自己的价值。不过，这个例子中也有一些重要的东西需要关注——你有多少价值，不能仅仅从自己身上判断。你也需要别人的认可，体现在涨工资、收礼物和其他反馈上。而这种外部反馈对价值感的影响程度因人而异：有些人，无论多少束鲜花都不能让他们感觉到自己的价值；而有些人，则会因为别人的一个微笑而振奋。自我价值感并不能从外部衡量，因为它是一种感觉。你可能自我价值感较高，也可能自我价值感较低，你能感受到自己是否被尊重，也能感受到自己是否尊重自己。就像所有情绪一样，自我价值感也是个人的、主观的。

这种自我价值感就是尊严感。

为了更加清楚地说明自我价值与尊严之间的联系，下面我们来讨论一下"尊严"（Würde）这个词的含义。哲学家兼文学批评家乔治·斯坦纳（George Steiner）曾经说过，词语的原始意义中有智慧（斯坦纳，2002）。这句话被证实是正确的："尊严"源于中古高地德语中的"wirde"或"werde"，这两个词又源于古高地德语中的"wirda""wirdi"或"werdi"。以上这些词都意味着"价值""有价值"[克卢格（Kluge），1999，第898页]。尊严标志着自我价值感和人们对他人的尊重。因此，尊严不是一个人"有"或"没有"的品质。有了尊严，人能从始至终得到尊重，尊严的核心是相互尊重的社会关系。如果一个人不仅在做事上，而且首先在做人上，得到了很多赞赏，并且他也非常尊重别人，那他自然就能散发出尊严的光芒。正如前文所说的那样，重要的是从始至终的尊重。

迷茫与困顿

一方面是尊重自己，另一方面是尊重别人，当这两者之间过于不平衡时，我们就会陷入对尊严的迷茫与困顿中。有些人处于两者间的紧张区域，他们期待甚至要求得到别人的尊重，但却不愿意给予别人尊重。还有一些人，虽然往往表现得不那么明显，但他们更倾向于贬低自己，尊重别人。

我们观察发现，这种极度失衡，即对尊严的迷茫与困顿之所以会产生，是因为人们经历过太多与尊严、尊重对立的情况。我们将这些经历概括为如下四方面。

使人失去尊严的四种经历

有过相似经历的人可能没有"学"过尊严感的尺度和尊重的过程，因此他们很有可能处于尊重自己，贬低别人，或者贬低自己，尊重别人的两个极端之中。下面我们将分别介绍四种经历：

第一种是暴力，包括性暴力。暴力不尊重他人的界限，暴力使人从本质上失去尊严。

第二种是轻蔑与贬低。在某种家庭氛围中，人们不断听到别人说他们做错了事，这让他们从小到大都觉得自己不受欢迎、一文不值，遇事就认为"是我的错"。在这种情况下，怎可能培育出尊严感？被轻视、被贬低的人，同样被剥夺了尊严。

第三种是羞辱。被羞辱意味着被捉弄、被嘲笑，也意味着人们和他们不为人知的一面被公开展示给所有人看，他们的缺陷和弱点、真实的样子和别人臆想的样子都暴露无遗。这些羞辱性贬低通常与"太"有关——"你太胖／太瘦／太笨／太狡猾／太敏感……"这些话语都让人失去尊严。

第四种是人们的冲动与渴望得不到回应。如果声音不能被其他人听到，人们就会沉默（或狂喊）。如果行为得不到回应，人们就会停止动作（或更大张旗鼓）。如果望向别人时得不到回望，双眼就会失去神采。我是谁？我还能看吗？我还能说话吗？我还能有所动作吗？我是谁？不过无名小卒，微不足道。得不到回应的独角戏让人渐渐失去尊严。

建议与帮助

互相尊重

我们一再强调并不断重复的一点：尊严的核心是社会关系。尊严源于交际，尤其是互相尊重的交际。基于此，以下两则思考对你有重要意义：

第一则：我是否足够尊重他人？我是否会告诉他们，我为何尊重他们？

第二则：在我的友谊和其他关系与交际中，哪些有益于我的尊严？哪些会损害我的尊严？在总结分析结果时，应保持果断。如果你在一段关系中并没有获得足够的尊重，甚至被贬低，那就尽快结束这段关系吧。越快越好。

尊严的力量

失去尊严的受害者常常会感到无能为力。别人的力量永久地伤害了他们，羞辱、贬低了他们。如果他们无法改变自己的无力感、无助感以及任人摆布的无可奈何，无法从受害者变成施暴者，无法对别人做出剥夺尊严、残暴的行为，那么对他们来说，力量往往是坏的、消极的、邪恶的。他们只见识过力量糟糕的一面，因而不想拥有力量。

从他们的故事中，不难领会到这令人心生敬佩的一点——变成施暴者并不能挽救丢失的尊严。拒不"学习"如何运用力量的人，无法抵御世界上那些作恶多端、践踏自己和他人尊严的人。

我们必须捍卫尊严。为了守护尊严，你必须用自己的力量来对抗危害尊严的力量。如果你之前对力量有过消极体验，并因此禁止或限制自己运用力量，那么我们建议你寻找有效运用力量的新方法。"行为"或运用力量本身并没有错，错的是运用力量剥夺别人的尊严。你可以、应该，并且会禁止孩子触碰滚烫的炉灶。你可以亲切温柔而坚决有力地告诉孩子，孩子也会因此尊重你。你根本不需要用斥责、恐吓或羞辱孩子的语气说这件事。

在你尊重自己和他人的过程中，"方式"很重要。一位女士说得很对："当我运用力量捍卫自己的尊严时，我努力不伤害别人的尊严。"也就是说，尽我们所能地——不使用暴力，不贬低他人，不羞辱他人，也不无视他人——捍卫自己的尊严。

为了评估所处的关系和情况，我们需要一种基本态度，即"尊重本真"。所谓尊重本真，意味着，以尽可能开放的眼光，仔细感受我们能感知到的所有东西。不执拗于它该如何，而是关注它是如何，关注它原始本真的样子。包括所有恼怒、所有隐蔽的情绪、所有矛盾。我们只有明晰了它真实的样子，才能进行"尊重本真"的第二个方面：认真对待它。我们的视野常常是狭窄、扭曲的，我们只想看那些我们愿意看的。因此，"不如意"的事物就会淡出视线——但它终究会愤怒地回到我们的视线中。因此，我们建议你尽可能真诚地感受，并认真对待事物真实的样子。请你尊重本真。

尊重自己也是尊重本真的一部分。感受自己、认真对待自己，不论是优点还是缺点，不论是别人眼中的还是自己真实的"怪癖"，不论是受人喜爱还是令人厌恶的特质。这并不是说，你应该始终保持原样，抗拒每一次改变。实际情况是，为了维护积极活跃的人际关系，我们需要与人交流，而交流自然会带来改变。尊重自己，不仅是在人们感到舒适和擅长的方面尊重自己，即使是在不擅长的方面，也应该尊重自己。人们也应就此进行交流，或赞同，或争论。而后，尊严的另一要素——自我意志（Eigen-Sinn）——才能得以发展。

意义与自我意志

人们对"自我意志"并无好印象。大多数情况下，它无异于利己主义。真是令人惋惜！我们所理解的自我意志，是指人们自己的意志。我们认为，出于这种理解，自我意志对巩固自己和他人的尊严有着重要意义，甚至是必要意义。

自我意志常常被指责，人们认为它有损共通感。恕我直言，这种指责是无稽之谈。自我意志和集体意志一定互相矛盾吗？许多人夜以继日地奋战在抗洪一线，难道他们的行为只是"利他"吗？不，他们也为自己而战，为自己的利益和意志而战，也为祖国、同胞和所有生活在这片土地上的人而战。人们能够而且往往愿意为集体利益而奋斗，也愿意救人于水火并与人感同身受。在遭遇洪水这样的危急情况下，新闻媒体常常震惊于集体意志的伟大，震惊于人们在助人时的毫无保留。

当然，个人利益与助人之间可能会有冲突。有的时候，人们必须决定，到底是为了自己的快乐去看电影，还是向需要帮助的朋友施以援手。自我意志则从根本上帮助人们评估各个备选方案，并做出相应的决定。无数次的经验告诉我们，重新发掘自我意志的人，尤其热衷于为人民投身社会性或政治性活动。在此之前，他们通常会先经历一个弥补阶段，弥补在无自我意志时期错过的很多东西，有时甚至会过度弥补。几乎所有人都会发现，只要他们的渴望被满足了，哪怕只是部分被满足了，他们的自我意志中就会包含一些集体意志。无视或扼杀自我意志使人们变得狭隘且沉默。然后，他们开始冷眼旁观，不仅无力做益于自己的事情，而且还失去了帮助别人的能力。赫尔曼·黑塞在一封信中写道："每个能真正运用自己能力的人，都是英雄。"（黑塞，1974，第66页）

自我意识大多不受欢迎。教会信条与政治教条仍旧经常支配着人们，规定人们应该朝哪个方向生活，以及人们应该有何种"意志"。尼采坚定地与压抑人们自我意志的势力做斗争，19世纪时，他在孤独中离开人世，他的一生也在绝望与疯狂中结束。此前，他呼吁人们："你们要学会做自己……不要做别人，不要模仿陌生的声音，更不要将陌生的面孔当成自己的。"（尼采，1981）

自我意志（Eigensinn）与人们赋予其生活的意义相关，它的词根语素"意义"（Sinn）已经暗示了这一点。我们之前已经介绍过了，"意义"一词源于古德语中的"sin"，意为"动身""启程""注视"或"为某事而奋斗"（克卢格，1999，第764页）。开启生命之旅需要一个位置，一个方向，也就是一种意义。"意义有其价值"［维尔茨（Wirtz）、泽贝利（Zobeli），1995，第15页］。

无数人苦苦挣扎于生活的意义，努力寻找着生活的意义。我们建议这些人，也建议你，与其寻找生活的意义，不如自己赋予生活意义。一位年轻读者写信询问赫尔曼·黑塞生命的意义，黑塞回复他说："你们赋予生活多少意义，生活就会有多少意义。"（黑塞，1974，第56页）遵循这条原则并塑造有意义的生活是一条漫长道路，需要一步一个脚印，踏踏实实地走。每一步都是自我意志的象征。如果人们每天都检验自己所做的事情是否与内心真实的自我意志相符，那么生活就会逐渐变得有意义起来。

正直的尊严

尊严是一种感觉，你可能很少在独处时感受到它，主要是在与他人接触时才能有所体会，这种感觉也会在你庄严的仪态中变得清晰可见。这种庄严的仪态源于你内心油然而生的尊重与赞赏，又或者，当你在某人面前不是"自惭形秽"，而是"挺直腰板"时，你也会拥有庄严的仪态。或许你会想到"昂首阔步"和"身姿挺拔"，并且认为，如果自己或其他人具备这两种品质，就可以算得上正直的人。要知道，正直和正派的仪态并不总是伴随着挺拔的身姿。只要人们心存尊严，且不被剥夺尊严，哪怕他们身体残疾、卧病不起、年老体衰或奄奄一息，也能散发出尊严的光芒。

庄严的仪态不是俯视他人的傲慢自大，也绝不是做作地装腔作势。庄严的仪态与你散发的正直、真诚有关："这就是我，这就是我表现自己的方式，就在这个时刻，在这种情况下，在这种气氛中，在这场相遇里……"这关乎一种平等，因此，眼神几乎总是特别重要的。如果望向别人的视线得不到回应，人们的尊严大多会被伤害。如果将站姿与真诚待人相结合，与人平等相待，内心的尊严感与庄严仪态就能彼此融合。

因为尊严感也常常表现在庄严的仪态上，因此，寻求身体的庄严仪态可以反过来开启通往内心尊严感的大门。所以，对许多人（或许也包括你）来说，保持身体笔挺或至少在心里想象身姿挺拔，有助于成为正直、真诚的人。你不妨试一试，这绝对值得一试。

第 9 章

责任感

意义与情感格局

我们总是不畏惧提起责任感，大家应该都对此有所体会。人们觉得自己有责任确保孩子有干净的衣服穿，在学校课间时有零食吃；有责任在兄弟生病时照顾他的家人；有责任和邻居一起锯掉屋前摇摇欲坠的树枝，以免它掉落时砸伤人……

对大多数人来说，责任感是他们情感生活的一部分，它润物细无声地影响着人们，以至于许多人甚至不会细想，他们是否应该对某事产生责任感，是否应该采取相应的措施负责，人们往往理所当然地接受了责任感，也一并接受了随之而来的一切。

责任感不仅指对他人的责任，也指对自己的责任。作为人类，我们要对自己的生活和健康负责。比如，如果你长期腹部疼痛，就应该去看医生了。如果你在冰冻的湖面前看到了冰块断裂的安全警告牌，无论你多么想踏上冰面，都请你留在岸边。诚然，就像对他人的责任感会丧失一样，人们也会丧失对自己的责任感。关于这一部分的详细说明，将在"迷茫与困顿"中展开。

首先，我们需要理解责任感的意义。责任感的意义源于以下两个方面。首先是儿童只有在父母或其他成年人的照顾、看护下，才能安然成长。乍一听这像句废话，儿童理所当然需要成年人的照顾，但这恰恰是人类的特殊性之一。和许多动物不同，人类婴儿无法长期独立生存、生活。他们需要良好的营养、细心的看护、支持和陪伴，这个过程要持续很多年，一直到他们拥有起码的生存能力为止。父母或孩子的其他监护人不辞辛劳地付出，并由此生出了社会责任感，这种责任感会延伸到下一代身上，扩散到小家庭外，甚至传播得越来越广。随着人们开始群居，他们逐渐意识并体会到，集体生活可以更好地保护他们不受敌人伤害，更好地照顾弱势群体，更好地应对极端天气与自然灾害，以及更好地确保他们的食物供给（他们可以共同储存并使用物品等）。在当时的环境下，这种社会感（Gemeinschaftsgefühl）是生存所必需的，它也反映在人类的情感生活中：人类拥有了责任感，责任感成了人类情感的重要组成部分，同时还是集体生活的情感支柱。人们觉得自己不再只对他们的孩子有责任，而是对他们生活着的集体也有责任。

如今，社会规模越来越大，社会制度与个体的情感生活也变得越发陌生疏远，以至于人们对社会的责任感往往变得非常脆弱。人们需要给地方和国家交税，税收用来盖学校、修下水道，但这些钱具体来源于哪些人，我们并不知道，人们的姓名被隐去了，因此许多纳税人不再将纳税与责任感联系起来。据我们观察，社会规模越小，人们越亲近，共同承担的任务越具体，人们的社会感就能带来越具体的积极影响。巨额逃税的人仍旧可以出现在邻居家的烤肉聚会上，但他相应地得为街角学校的扩建捐出一大笔钱。

如果我们更细致地研究责任感，就会发现责任感常常以重负和压力的混合形式出现，人们常常将责任感视为，为了成为家庭或其他集体的一分子所"必须付出的代价"。从这个角度，我们想谈一谈人们正背负着或必须背负的"责任负担"。害怕失败，也害怕因失败而无法履行对亲爱之人的责任，或在特定情况下没有尽到责任的内疚，有时会使人心情沉重，并且缩小、限制了自己的体验空间与行事空间。但在个人经验中，这种相当消极的影响与对孩子或伴侣负责的积极意愿相当协调，也与人们在职场生活中承担责任的自豪感相当一致。

或许在关怀照顾中，人们最能同时体会到责任感的轻与重。在任何情况下，关怀都处于情感范畴内。那些对他人怀有责任感的人，往往会关心他人。如果大多数人将责任当作一种"细心的"情感印刻在脑海中，那么忧虑就会被当作"胸口的压力"进而得到解决，关怀也会"由心"而发。所谓温柔关切，是指显示出自己的责任感，关心照顾他人。同情心源于关怀之心，我们将在同情的章节中向你说明，同情心构成了一种基本黏合剂，正是这种黏合剂将人类社会凝聚在了一起。

迷茫与困顿

太多责任

许多人因担负着太多的责任而痛苦，其中大部分是对别人的责任，而对于自己和自身的幸福，却往往尽了太少的责任。至少诸位中的年长者会在成长过程中不断听道："你必须对这个负责，对那个负责，不论是对家庭、父母、兄弟姐妹，还是对学校教育、国家、社会等等，你统统都得负责。"顺从和责任感是一对兄弟，作为德国（但不仅仅是在德国）普鲁士人的美德，它们世世代代流传下来，被完完整整、原原本本地灌输给了许多人。"领导者"手握对集体的责任感，而小人物的责任感则被扭曲为甘愿自我牺牲。这一点尤其体现在纳粹主义的暴行中，但即便是在战后、联邦共和国早期以及民主德国时期，其中的大部分内容仍旧存在，并仍然影响着人们的教育与发展。这种对家庭、对公司、对社会的过多责任，总是伴随着对个人决断过少的责任（我想如何生活？我想从事什么职业？我想和谁一起生活？），但要知道，我们自己才是最重要的。

但即便是在小范围内，即便不是在社会领域，而是在家庭生活或私人空间内，许多人也承担了太多责任，而他们也意识到了这一点，"太多了"，有的时候，他们甚至心里也不再有杆秤，无法判断什么是适当的、什么是他们可负担的。责任感促使他们为别人承担越来越多的责任，而忽略了对自己的责任。贾妮就是这样。她觉得自己得对两个孩子的健康幸福负责，得对老年痴呆的父亲和患有心脏病的母亲负责。她经常看望父母，照顾他们的生活起居。同时，贾妮还在做兼职工作，兼职时她也觉得有责任与同事交际来往。有一段时间，贾妮的老板因婚姻问题在工作时魂不守舍，犯了很多错，是贾妮支持着她，为她解决了一切亟待解决的麻烦。之后，贾妮的姐姐生病了，她请贾妮帮忙照顾她的孩子一段时间，这让贾妮累垮了，崩溃了。贾妮对除自己外的所有人都背负了太多责任，同时却对自己的健康和幸福承担了太少责任。二者之间无法平衡，最终导致崩溃。

贾妮很早就学会了为母亲分担责任。从她记事起，母亲就一直生着病，母亲一直"威胁"贾妮说，如果她非常生气或太过操劳，心脏病就会发作。和其他许多孩子一样，贾妮在学会说话之前，就已经有了这种意识。当发现父母状况不太好时，孩子们会出于爱而努力保护他们，并由此生出一种责任感，这种责任感之后会不断巩固并延伸到生活的各个领域。所谓"亲职化"，即孩子过早地成为父母的父母，承担了父母应担负的责任，或至少过早表现得像个成年人，并且过早地承担了太多责任。这绝对是一种有用的能力，尤其表现在，他们能够很好地管理自己的生活，并且调节和应对许多事情。但这样做也存在超负荷的潜在风险。无拘无束、自由玩乐、自我关怀往往与他们无关。我们常发现，如果父母均患有慢性疾病，或父母一方患有精神疾病，以及父母中至少有一方有酗酒或其他给家庭带来负担的成瘾问题时，孩子往往会有极度强烈的责任感。

太多责任：下一代

人们时常觉得有压力，觉得要对"一切"负责，但不知道这些感觉究竟从何而来。雷杰普就是这样一位年轻人。他年少有为，20多岁就完成了学徒期，在一家工厂里身居要职。但他内心承受着巨大的压力。他告诉我们，他觉得自己对所有事、每个人都有责任。无论是对同事、对邻居、对父母和其他家庭成员，还是对每一件小事……"我什么都放不下，什么都记在心上，我没办法放任不管。如果有些事情不能尽如人意，我就会非常烦躁"。剧烈头痛折磨着他，最终，他患上了偏头痛。在治疗过程中，他试图找到这种高度责任感的来源，起初一无所获。直到他终于在内心深处与父母的创伤性经历相遇。那是在波斯尼亚战争期间，雷杰普的父母被迫经历了许多可怕的事情，虽然父母努力将他们的创伤性经历与雷杰普隔离开，以保护他。但雷杰普还是感觉到了，一如所有的孩子。我们称之为创伤传输（Traumaweitergabe）给下一代。研究表明（弗里克-贝尔夫妇，2010），父母越是向孩子隐瞒他们的可怖经历，孩子们就越是痛苦，越有可能忍受与父母相似的心理折磨。父母为熬过生理与心理双重痛苦而产生的精神负担，也转移到了雷杰普身上。因为孩子们关注着父母，如果父母深陷困境，即便他们不在孩子面前提起，即便他们想要瞒住孩子，孩子们仍会注意到，也会感受到父母的痛苦与恐惧。而后，孩子们就会觉得，自己应该承担起对父母的责任。

于是他们试图为父母做好所有事情，让父母的情况有所好转，让痛苦与忧愁远离父母。但对孩子来说，这是一个"不可能完成的任务"，他们做不到。他们无法成功完成任务，责任感仍然留存在他们身上，但他们却无法履行好责任，无法将责任感落实到成功的行动中。由遭受创伤的父母养大的孩子面临着一个巨大的问题：他们常常能感受到这种责任感，也能感受到创伤性经历的其他影响，但始终"不知道为什么"。父母的沉默将创伤传输给下一代，而传输媒介就是责任感。这种责任感是孤立的、被剥夺了真正意义的责任感，它在孩子们身上以不可估量的态势扭曲地生长着。

上文所述并不意味着，儿童应该被父母的所有糟糕经历重压，甚至淹没。这无关过往经历或曾经的创伤性事件，而关乎透明坦诚的态度。父母可以直接告诉孩子，也可以通过行动展示给孩子看："是的，我的情况很糟糕。但这并不是你的错，不是你造成的，你也无力改变！"

当父母离婚时，孩子们也会表现出其责任感。有时，孩子们会松一口气，渴望着父母之间的冷战或肢体暴力结束。但当父母离异时，孩子们更多时候多多少少会有些失落，而且他们往往不能理解父母的分离。当父母尽力不让双方之间的冲突波及孩子，尽力让双方之间的矛盾远离孩子时，这种情况会变得尤为明显。而后，离异像"凭空而来"般出现。当孩子们不明白，也不理解父母为什么分开时，他们往往会觉得自己有责任，更糟糕的是，他们会有负罪感。孩子们认为，是因为他们或他们的行为，父母才会分开。比如，爸爸从家里搬出去了，孩子们想要补救——但这个任务注定会失败。在这种情况下，公开透明的态度同样会有所帮助："是我们大人搞砸了，不是你的错！"成年人必须承担起责任，这样才能减轻孩子们的负担。

太 少

我们知道，你可能也知道，许多人不对他人负责，既不对社会负责，也不对自己的孩子负责。这些人可能公开拒绝责任，或者"只"做必须做的事，他们的责任感过于稀少，或一点儿不剩。他们给别人带来痛苦，背叛别人，抛弃别人。据我们观察，这些人的成长氛围往往是空虚、空洞的，也就是说，别人对他们的责任感太少，别人为他们承担的责任也太少。不论是儿童还是成人，榜样都在人们的学习过程中发挥着巨大的作用。但他们如果不曾拥有责任感方面的榜样，有时就很难培养出责任感。人们需要同伴，也需要对手，这样才能培育为自己的决定负责的意志与力量。一些在福利院长大，同时对一切都漠不关心、不闻不问的人情况则比较特殊——无论别人做什么，他自稳如泰山，不会发生任何改变，就像一块布丁，始终保持原样。这样的人无法感受到陪伴，或冲突与摩擦，因而无法信任自己的责任感，无法听从责任感行事。或者，人们虽然有具责任感的榜样，却是个坏榜样，而这坏榜样又恰恰是他们的父母，比如父亲对工作尽职尽责，但父亲该尽的责任他却承担得很少，他只承担儿子生活学习的费用，仅此而已。儿子觉得和父亲关系淡漠，渴望与父亲亲近，却从得不到回应。他并没有学到父亲负责任的一面，而是继承了父亲的亲密恐惧和冷漠。他开始酗酒，对未来感到迷茫，不知道自己该走向何方……

藏在暗处的不负责任

有时，极度不负责任的人会以高度负责的面具伪装自己。于他们而言，责任感已经出于某些原因丧失了其意义。

一位在律师事务所工作的女士总是不停地大声抱怨，喋喋不休地说她对别人的关心照顾有多少："我很难把自己与别人分得一清二楚。我又总是心太软，所以才尽心尽力照顾到所有事情，但总是太少关心自己，但我就是这么个人，我也没办法改变……"而这位女士完全相信了自己所说的，相信自己真的为别人牺牲了自己，并且"始终为大家服务"。但她的一位女同事却表示，事实并非如此。这位女士常常说要帮助别人，但并没有付出实际行动。她放着自己的工作不做，表面上为同事们承担了一些工作，但其实并未采取任何行动。她接下了许多工作，却并没有做成任何事。她只有虚假的责任感。橱窗里陈列的内容远比商店实际拥有的商品更多。也许你见过这样的人，他们表现得像特蕾莎修女（Mutter Teresa）一样无私奉献，但惺惺作态背后隐藏着极度的自我主义，他们似乎为世界牺牲了自己，但他们的所作所为最终还是为了自己。他们终有一天不再会被人们认真对待，因为他们已经让太多人感到失望了，他们变得越来越孤独，因为他们本能地玩弄着这种把戏，而其他人早已看穿了他们的把戏，并拒绝、疏离他们——无论他们最初看起来有多么吸引人。于是他们再次陷入幼年时的困境，即无人理睬，哪怕是渴望认可与温暖的正常欲望也得不到任何回应；他们没有归属感，也缺乏安全感，因此他们挣扎着要在这个世界上拥有一席之地——可惜是通过无用的手段。最终，他们丢失了责任感——无论是对自己还是对他人的责任感。

建议与帮助

人们如何怀着责任感好好生活？从我们的经验来看，以下三点尤为重要：

找寻具体意义

当我们陪着人们一起探寻责任感，发掘他们对哪些事情能够并且愿意承担责任，对哪些事情不能也不愿时，我们总会一再回到生命意义的问题上来。我为什么在这里？我的生活/生命对谁有意义？我想要什么？什么是有意义的，什么又是无意义的？我应该走向何方？我应该以何为导向？这类问题都是根本性问题，它们值得深刻思考，对它们的回答也值得细细考量。

如果你想对某件事负责，那么这肯定是件对你有意义的事情。如今，许多人在思考自己生命的意义时，常常会想到"伟大"一词，这体现在特蕾莎修女或纳尔逊·曼德拉"拯救"世界，或至少改善世界的丰功伟绩上。人们也常常将功成名就视为生命之中的"伟大"。但意义也可以是"渺小"的：照顾孩子或孙子；照顾受伤的动物；做好自己的本职工作；停下匆匆脚步，倾听内心的声音；爱自己的伴侣。

渺小的意义常常被忽视，但它却有着让人幸福的力量。因为它给予你定位，赋予你方向，为你指点迷津，让你明白自己愿意为何事承担起责任。下面我们就要谈到第二点。

接受或拒绝

你如果想要承担责任，就也应该清楚，自己不想且不能对哪些事情承担责任。就像大家熟知的待办清单一样（To-do-List），写下你计划完成的所有事情。然而，将这些清单上的内容付诸行动需要耗费大量时间和精力。起初，你可能会低估其困难程度。而反向待办清单（Not-to-do-Liste，即包含所有你不想做或不想再做的事情的清单），则可以帮助你腾出时间和精力，将它们留给对你真正重要的事情。如果你在制作待办清单时，不同时做或甚至不提前做一份反向待办清单，那么待办清单就会成为废纸一张。你对自己的责任感的态度也是如此。当他人意图将他们的责任强加给你时，你应该拒绝他们，这样你才能为那些对你来说富有意义的事情承担责任。我觉得我有责任保证，我的家人在冬天可以居住在一个温暖的公寓里，如果暖气维修工维修暖气时不妥当、不仔细，从而导致公寓无法正常供暖，那么我就有权投诉他。如果他解释说，因为他有同事辞职了，所以他遇到了一些棘手难题，我也得明白，这并不是我的责任，他必须承担起责任。如果他们公司的雇员太少，忙不过来，那他就不应该再接受维修任务。我理解他所处的困境，并不意味着我接受他给我和我的家人造成的困扰。我对我的家人负责，我要保证他们不会受冻、生病，如果暖气维修工没有按照规定妥善履行他的职责，那么我有权进行投诉。如果我不拒绝维修工的不负责任，反而为他的精神生活负责；如果我放任维修工的忧虑蒙蔽我的双眼，从而撤销或减轻对他的投诉，那么我就淡化，甚至放弃了我对自己和家人的责任感。

因此，越是旗帜鲜明地拒绝他人强加给你的责任，你就越清楚，你对什么有责任，以及你可以如何履行责任。

对自己和他人的责任感

在对责任感的描述中，我们可以清楚地看到，太少责任往往伴随着太多责任，而太多责任往往也伴随着太少责任。为他人承担过多责任，往往基于对自己过少的责任感，以及对自己履行过少的责任——反之亦然。你的责任感应该只与两方面有关，那便是你自己和你想与之共同承担责任的人，这是重要且必要的。这两方面不是非此即彼的，而是两者兼而有之。你对自己的责任感是一方面，你对他人的责任感是另一方面，二者紧密相连。至于你更看重哪一方面，则视具体情况而定。当你的孩子生病时，你会把对孩子的责任放在首位，而会让对自己的责任暂时退居次要地位。在这种情况下，对孩子的责任感可以居于优先地位，这是完全没有问题的，但它不能长期保持优先状态。在其他一些时候，你需要将注意力更多地转向另一方面，即对自己的责任感。有时对自己的责任感多一些，有时对他人的责任感多一些，你始终在二者之间来回摆动。关键在于，你要在责任感的两方面之间保持移动，让自己以这种方式建立平衡与稳定，但并不是要求你时时刻刻都保持平衡，这是不可能做到的，所以说，这种平衡状态是长远的。

第10章

悲　伤

意义与情感格局

悲伤与失去的过程密切相关。尽管有些不舍，但我们还是会在权衡利弊之后，选择在悲伤中放手。不论是必须失去我们所热爱的，还是必须放下让我们痛苦的东西，二者都蕴含着悲伤。但生活就是一个不断失去的过程。我们不仅会获得——其他人[①]/与他人的亲密关系、能力、成熟、成功、健康、赞赏、爱、关心、生活乐趣……——我们也在失去。我们与幼儿园时的朋友断了联系，与同窗也不再来往，我们高高兴兴地告别一些老师，而告别其他老师时，心中萦绕着悲痛与忧伤，满是不舍。再后来，我们还会继续失去朋友，可能是死亡将我们分开，可能是天各一方让我们失去联系，或许仅仅是因为道不同不相为谋。我们不仅会失去一些人，而且会失去技能、知识与能力。童年时的无忧无虑消失不见，也渐渐忘了要怎么吹长笛。那些我们曾经认为理所当然的身体或精神能力被年龄与疾病消磨殆尽。有些人丧失

---

① 比如生育后代，便是在生理学意义上"获得了其他人"。——编者注

了生活乐趣、信心，以及开怀大笑和尽情享受的能力，这种损失在其他人看来是难以想象的。失去与告别可能慢慢降临，也可能突然到来。它们来时可能相当随意，若有若无，也可能在相当长的时间内左右人们的生活。有些告别是人们渴望已久的，人们将它看作一种解脱（比如从一份讨厌的工作中解脱），而有些则可能动摇人生的根基。不同人对失去的性质或情况有不同的评价与感受，但有一件事是肯定的：失去，是每个人都要面临的挑战。

在失去的过程中，悲伤是最常有的情绪。此外，我们心中也有可能会涌起其他情绪：恐惧、解脱、喜悦，甚至会觉得重获自由了。这些情绪可能与悲伤同来，也可能胜过悲伤。

有些人可能是自愿放手的，也可能是被迫放手的，且悲伤随之而来，比如与身边的人天各一方或阴阳两隔、失业或搬迁。对一部分人来说，悲伤发生在失去前。他们注意到了内心的悲伤，但往往不明所以。当他们进一步探究其原因时，会清楚地意识到，他们即将要放弃某些东西（或某个人）。比如说，在他们意识到之前，可能内心已经开始渐渐放开某位伙伴或某份工作。在这种情况下，内心的放手走在实际行动之前。与因失去而产生的悲伤相比，这种悲伤更加难以捉摸，它常常隐藏在无聊、忧郁或其他情绪背后。

悲伤与失去紧密相关。失去是生活的一部分，悲伤是因失去而起的情绪，因此悲伤也是生活的一部分。我们认为，悲伤自有其意义在，它甚至是一种奇妙美好的情绪，能帮助我们熬过失去带来的痛苦，继续向前看，重燃起对生活的希望。悲伤本身不是最大的痛苦，试图躲避悲伤或害怕悲伤永不停止才是最大的痛苦。当人们陷入悲伤时，他们需要别人的帮助。人们悲伤时所面临的最大问题并不是悲伤本身，而是独自忍受悲伤时的孤独。悲伤时的支持鼓励可以让痛苦有所缓解，正如同"每落下一滴泪，就会少一些痛苦"。

当悲伤再次"侵袭"他们时，悲伤者不自禁地控诉道："够了吧！明明已经过去很久了！"

许多悲伤者也会从其他人口中听到这样的话。可能是想努力脱离悲伤情绪，或避免让其他人的悲伤勾起自己的悲伤，人们常说"但现在都过去了"。可能是出于善意的动机，想要帮助悲伤者走出悲伤。当然，当人们失去了某些东西时，这样的话确实可以帮助他们，并鼓励他们重新关注生活的光明面，把他们的注意力转移到其他事情上。人们可以从他人的帮助中获得力量，不至于沉沦在悲伤中，进而能够抵御悲伤。然而，悲伤并不会因此而减少或消失。

悲伤是没有衡量标准的。在我们看来，情绪语法的基本准则之一是，情感无法衡量。因此，悲伤也无法衡量。时间有衡量尺度吗？多久算"很久以前"？谁能决定悲伤什么时候"足够"？弄清悲伤何时"足够"不过是痴人说梦。像悲伤这样的情绪，是不能用可比较或客观的标准来衡量的。悲伤，就像所有情绪一样，是一种个人的主观体验，悲伤过程与人们各自的状况有关，包括人们如何"执行"放手，如何对待失去。在此过程中，其他人的参与是重要的，甚至是必要的。但一味让人们停止悲伤没有任何帮助，正如我们所看到的那样，将同情心付诸行动才是最重要的。说起没有衡量标准或衡量尺度，或者我们应该说，人们衡量悲伤的标准只能由自己裁定，当人们意识到这一点时，急于改变当前处境和心境的压力就会消失不见。于是人们就可以放轻松，不再反抗悲伤，而是全身心投入悲伤。这一看似矛盾的方法可以更迅速地减少过往的悲伤，并释放出比防御与禁止更积极的力量。

不仅悲伤的衡量标准经常受到他人（甚至悲伤者本人）的标准化评判，悲伤的原因可能也会如此。特别是有孩子的成年人，他们常常会对孩子们悲伤的原因做出不同的评价。母亲发现女儿和另一个女孩友谊破裂了，她觉得情况"不妙"，女儿应该会很伤心。然而，让她大吃一惊的是，女儿其实轻松愉悦极了，因为她和那个女孩最近总是有矛盾、冲突，现在终于可以摆脱争吵了。与之相反的是，女儿曾把一条围巾落在了火车上，后来也没有再找到，女儿为此难过到无以复加，她的悲伤情绪持续了很长一段时间。当时无论多好看的新围巾都安慰不了她。

正如悲伤的程度没有衡量标准，悲伤的原因也是如此。在第二次世界大战结束前的最后几个月，匈牙利作家马洛伊·山多尔回到了布达佩斯，这座伤痕累累的城市令他触目惊心。苏联军队夺回了被纳粹占领的布达佩斯，有数万人因此而丧生。在废墟中艰难移动时，他遇到了一位在战前认识的药剂师。她给马洛伊看了一张照片。"她说，'你看，我总是忍不住看他的眼睛。深夜梦醒时，我又会拿出照片，凝望着他的眼睛，就像他在另一个世界望着我那样……照片里的他这样看着我，就像他还陪在我身边一样……'话没说完，泪已落下。"她并不是为伴侣或其他亲人而悲伤——她有悲伤的权利，即使旁人可能会觉得她悲伤的原因"怪异"——因为，"这位女药剂师在克里斯蒂娜街区[1]哀悼的是她的狗"（马洛伊，2001，第112页）。

---

[1] 克里斯蒂娜街区（Krisztinaváros）是位于布达佩斯市中心的一个街区，以玛丽亚·克里斯蒂娜女大公的名字命名。

迷茫与困顿

"没什么好难过的。"

人们之所以对悲伤感到迷茫，原因之一在于，悲伤会隐藏。且常常以这样的说法隐藏：没什么好难过的。人们常常在年幼时听到这句话："你有什么好难过的？"有时甚至还会挨揍，或被恐吓："……那我马上就让你有理由悲伤。"但是，在漫长的一生中，悲伤的藏身之处不是，或者说并非始终是，无可指摘的。悲伤的表现形式多种多样，例如头痛，头痛会再演变为忧虑不安。它也表现为极度疲惫或慢性神经质。

没有悲伤的权利或没有悲伤的能力的人，往往没有榜样，无法向他们学习悲伤。如果在原生家庭中，孩子的悲伤被视作软弱，被唾弃蔑视，或以滔滔不绝的伪格式塔（Pseudogestalt）形式出现，那么他们就没有可以学习悲伤的榜样，无法表达或与人分享因失去而起的痛苦。

无论是对悲伤者自己来说，还是对旁人来说，悲伤都无须任何的理由。是否有充分的理由悲伤？这个问题太多余了。因为悲伤是一种情绪，是对放下、失去、痛苦的表达，作为这种表达，悲伤有权存在。一个人之所以悲伤，是因为他感到悲伤了——再不需要更多理由了，仅此一条就足够。

尽管如此，还是值得追踪悲伤的内在痕迹，并探寻其原因。我们希望，下面的内容能向你清楚地说明这一点。

昔日悲痛于当下

影响人们悲伤方式的不止座右铭（"男孩绝不哭泣！"），还有其他让我们负重前行的顽石。悲伤几乎都有一段历史，而这段历史又会影响当下的悲伤。人们都有情绪记忆，情绪记忆可以影响甚至唤醒过去的强烈情绪。但如果人们不清楚这种情绪与记忆之间的联系，那情绪爆发就会显得令人震惊且莫名其妙。

感官印象可以唤起对过去事件的记忆，并诱发悲伤情绪出现。一位女士怀抱着她朋友的孩子，感受着趴在她肩膀上、贴近她脸庞的可爱小脸蛋，嗅着孩子小小脑袋上的奶香味，为这个小婴儿的存在而深深欢喜——然后突然陷入悲伤。也许她还记得把自己的孩子拥在怀中的感觉，而那段时光和经历已经一去不复返，无可挽回。她之所以难过，也许是因为她想起孩子生病时的艰辛；也许是因为想起，就在她的孩子出生时，她的父亲在同一时间去世；或者说，她抱着朋友的孩子时的感官印象，让她想起，她自己从未被如此温柔地抱过。或许以上种种共同引起了她的悲伤，又或者与它们都无关，她是因为其他完全不同的事情悲伤……

唤起悲伤情绪的场合有许多：雪中漫步时会想起童年，那时，在雪地里玩耍是唯一快乐的事情；牛奶咖啡唤起了与昔日恋人一起去咖啡馆的回忆；烟斗的气味，唤起了对已故父亲的回忆，以及沉沉的哀思。有的时候，人们并不清楚情绪与记忆之间的联系，并因此感到迷茫，忍不住叹一声"啊哈！"，正如一位女士向我们倾诉的那样："我住在汉堡，我很喜欢沿着阿尔斯特湖边散步。之前我常和丈夫一起到那里散步。现在，每当我沿着湖泊或者河流行走时，我会觉得很难过。然后我就想,'啊哈!',丈夫就立刻在我心里活了过来,我觉得我们好像又一起在阿尔斯特湖边散步。悲伤而美好。"

当下的痛苦,有时甚至会在本身并不使人痛苦的情况下(正如上文的例子),唤醒曾经的痛苦。在对过往损伤以及当下感到悲伤时,往往会连带起过往的所有损伤。

如果你对此与我们看法相同,现在你有一个机会:如果有些事情在过去没有得到充分哀悼,那你现在就可以重新注意到它们,并在与先前不同的情况下"弥补"悲伤。但首要的一点是,明晰情绪与记忆之间的联系是很好的,这样你和其他人就可以理解并表达你悲伤的程度与强度,就像上文例子中的那位女士一样。

被托付的悲伤

一位女士说,她常常感到悲伤,但不知道为何悲伤。"看电影的时候,我总是容易哭,但不止如此,在其他时候,我也常常会感到悲伤。散步、做饭时,悲伤无处不在。"她从记事起,就一直陷于忧郁之中。在寻找悲伤原因的过程中,她意识到,她的父母因人生理想未能实现而悲伤,而父母的悲伤深深影响着她的成长氛围。父母都渴望拥有一个完整的家庭,他们为实现这一目标"竭尽所能",爱护女儿,关心女儿——然而,无论出于什么原因,他们很快意识到,自己已经失败了。但其中的悲伤——显然没有或几乎没有被父母注意到,而是隐藏在父母为了实现理想而付出的努力之下——像一层面纱,罩在他们家庭生活和这位女客户的心灵上。这是父母给予/托付给她的悲伤。

请不要误解我们:关于被托付的悲伤这一概念,我们绝不是要讨论谁是过错方,或谁该付多少责任。我们唯一希望刻不容缓地告诉你的是，如果你不对悲伤放手，那么悲伤就会在其他人身上生根，尤其会以最痛苦的方式扎根在下一代身上。

许多人背负着被托付的悲伤，受它拖累、折磨。在纳粹时期和战争期间，在对死亡的恐惧与死亡中，在流亡与被驱逐时，经受饥饿与夜间轰炸时，数百万人损失惨重，不论是精神层面还是物质层面，他们本该用几年甚至几十年的时间来哀悼。但他们没有。欧洲在战后年代面临着困境，人们必须首先努力摆脱困境才行——生存比哀悼更重要。因此，人们压抑着悲伤情绪。当困境终于过去，人们有机会悼念失去时，他们仍旧压抑着悲伤情绪，许多人把痛苦、绝望、内疚，以及失去爱人、故土、幸福与健全的悲伤藏在心里，拒绝哀悼它们。并将自己的悲伤情绪托付给下一代，但他们的下一代并不清楚这种悲伤和与之相关的基本情绪，他们往往只能在父母一代的迷雾中迷失、迷茫，他们根本不知道究竟失去了什么，因而也无法放下，无法完成哀悼。他们常绝望地与自己抗争，用他们自己的方式，"无缘无故"地这样存在着、生活着。走出这条歧路，试着理解自己，在迄今为止"未曾经历过的生活"的悲伤中寻求支持，就有机会获得自主、幸福的生活。

当悲伤永不停止

处于强烈的悲伤中时，几乎每个人都会在某个时候经历这样一个阶段，在此阶段中，痛苦的感觉让人们觉得，悲伤好像"永不会"停止一样。没有被直接牵扯在内的人都知道，这是短暂性谵妄，它会随着悲伤的进程逐渐消失，或更好的说法是，它会转变为悲伤与失去的其他特质。但对有些人来说，这个阶段会持续很长一段时间。他们无法摆脱痛苦，或至少无法以一己之力摆脱痛苦。这种无穷无尽的感觉大多涉及对已故之人的哀痛，有时也涉及对失败的爱情，或受损的躯体能力（如因疾病或事故等）的伤感。

孤独最使悲伤与哀悼恒久。如果人们始终独自承受离别之苦，那这种情绪就无法找到出口，将始终在内心盘旋。人们只有与人分享悲伤，才能对悲伤放手。而要分享悲伤，就必须与人倾诉悲伤。对不被听到、不被回应的恐惧，常常会阻碍人们迈出这一步。只有当悲伤得到倾诉，不被浸入沉默，才能得到回应。与人倾诉，却不向人吐露真情，这样的情绪是不够的；无情绪的倾诉只是无休止地重复相同的话语，从内外效果而言，它与沉默并无太大区别。

一位男士总结了延续悲伤的另一种行为，妻子去世一年后，他说："露西离开后，我不再是我自己了。我的一部分随着露西一起消逝了。不久前，我看到了一场美丽的日出，因为无法跟露西分享它，所以我觉得这场日出美丽却空虚。对悲伤的人来说，只有当找到能与他产生共鸣的人，当在悲伤与同情间来回摆动，当得到回应，'有其回音'时，孤独和永无止境的悲伤才能得以解除。让我万分痛苦的时刻有很多，那场日出只是其中一个而已。有时候我会把自己伪装起来，让自己忙碌起来，假装一切都不是那么糟糕。但这层伪装太薄了。每当我独处、思考，或听到别人谈论我时，我就会感到迷茫，无法看清自己。"

当人们在生活中与他人产生亲密关系时，对自我以及自我认同的看法会发生变化。"我们"取代了"我"，并建立了身份认同。如果因分手或死亡而失去了伴侣，"我们"的身份认同就会从根基上被动摇。人们所体验到的身份是脆弱、摇摇欲坠的，缺乏自信或仅有微小的自信。受其影响的人付出了巨大努力，才暂时拥有了能够独自生活的感觉，但身份的部分缺失总是连带着痛苦与悲伤，一再追上他们。

我们所能为你提供的帮助，就是帮你找到"坚不可摧的内心"，即绝对属于自己的东西，支撑你建立自我与自我认同。我们要面对的是放手的问题，因为没有什么会永远和从前一样，没有什么是永恒的。我们所要做的，更像是一次重建，一个成长的过程，在此过程中，我们可以且必须激活保留下来的能力、资源和特质，并发掘新的。

这样的成长过程并不是几周就能完成的，它可能需要很长的时间。分享痛苦与寻求帮助是此过程的重要组成部分。

建议与帮助

人人皆知，每天有成千上万对夫妻、情侣分手；人人皆知，每天有成千上万人离开这个世界，留下鳏、寡、孤、独；人人皆知，年龄与疾病也会从我们身边夺走人或物；人人皆知，失去的东西可以被替代——但经历过的人知道，在失去的那一刻，什么都无可取代。每一次失去都是独一无二的经历。心脏会痛，痛到仿佛它是世界上唯一在痛的心脏。"为什么是我！为什么偏偏发生在我身上！"到后来，更广阔的视野、视角的改变或与其他（不幸之）人的比较，可能会帮助悲伤者正确看待痛苦，并把注意力放在生活的其他方面。但首先，独一无二的经历要求享受它应有的权利。孤独，被笼罩在悲伤情绪的阴影下。独自承受离别之苦的感觉让许多人确信，悲伤无法与人分享。停留在这条路上的人们将走向孤独。因此，人们必须迅速离开这条路。接触、交流、分享有助于对抗孤独。

因此，许多事情可以帮助你走出悲伤，但重要的是，你要有勇气表达和分享悲伤。这就是我们能给予你的全部的、核心的、终极的建议。

即使你似乎没有理由悲伤，即使你甚至无法完全理清悲伤的原因，这条建议也同样适用于你。思考以下问题：我失去了什么？我错过了什么？我现在放下了什么？现在有什么变化？你可以与你熟悉且信赖的人一起探索问题的答案。但你还是必须得自己鼓起勇气，问自己这些问题，认真地对待问题的答案、悲伤和你自己，也要有勇气接受并欣赏它们。

每个悲伤的人都需要与其他人分享他们的悲伤。即便这起初似乎无法想象，但的确是这样。悲伤或悲伤的原因有时过于庞大，有时又太微不足道。有同情心的人也能与分离者和悲伤者感同身受。也许，甚至很可能不是所有亲人、朋友都能与悲伤者感同身受，也许有些人会因恐惧或无知而在痛苦前退缩。但我们可以肯定地说：作为心理治疗师，我们帮助过的每一位客户都找到了除我们之外能与之分享悲伤的人——不是朋友或亲人，就是在悲伤互助小组、教牧关怀（seelsorgerische Betreuung）和自助团体中的伙伴。我们想要鼓励所有悲伤的人：讲述你的痛苦、失去与病痛，不论你因何而悲伤，都与人分享，寻找那些愿意倾听你，并认真对待你的痛苦的人。可能你羞于说出你的痛苦，也许你害怕不被认真对待、遭到嘲笑，也许你曾经有过糟糕的经历。但不要让这些成为不可逾越的阻碍，请你勇于向他人敞开自己。但并不是不加选择地任意与人分享痛苦，而是根据你的直觉、认识或经历进行考量——自己与哪个人或哪些人分享痛苦时，可以获得共鸣与怜悯。

勇敢一点！

许多悲伤者认为，他们的悲伤是难于忍受的事情，因此他们想让其他人，特别是他们珍爱的人，远离这些痛苦。诚然，悲伤与痛苦很难于忍受，但每个人都不得不经历。此外，每个人都有权利，让他人分担悲伤与痛苦，因此，请你勇敢一点！难于忍受的事情（Zumutung）一词中，包含着"勇气"（Mut）。从我们的经验来看，许多在这方面鼓起勇气的人，都为此而庆幸、欣喜。并且，如果你发现，你的痛苦对某人来说过于沉重，那你就走向下一位吧。你身边愿意倾听你、分担你的痛苦的人，远比你想象的多。

富于同情心地倾听，并将同情心付诸行动

倾听，只是表达同情心的一种形式，据我们观察，倾听也是最基本、最重要的一种形式。打动悲伤者的事，会传递给外界，因而还需要一位接收者。至关重要的是，这位接收者要摆正态度，富于同情心地倾听对方。而悲伤者则应注意自己是否收到了信号："是的，我在倾听你。是的，我在试着理解你。是的，我在分担你的痛苦，独一无二的痛苦。"身为悲伤者，你在很长一段时间内不需要旁人的建议，但始终需要共鸣，你大概率也会认同这一点。而当你陪伴悲伤者时，请告诉他们你在倾听时的感受：你能理解什么、不能理解什么；什么让你产生了共鸣；什么触动了你。但请不要轻易给出建议和安慰（如"会好起来的！"）。当悲伤者能够接受且愿意接受时，你可以讲述一些自己的经历，比如失去与离别曾经如何折磨着你，而你又是如何应对的。因此，不给出建议并不意味着被动接受痛苦，而应该与悲伤者分享我们的经历与方法，积极主动地将同情心付诸行动。

三处不同

悲伤中充满了挑战,悲伤者因而往往需要获得不同的帮助。下面,我们将为你介绍最重要的三处不同。在此过程中,我们致力于陪伴你度过悲伤,并希望以此给予你支持、建议与帮助。

第一处值得注意的不同是:一个和另一个。这听起来平平无奇,但可能会大有益处。

有时,人们深陷于悲伤与失去,变得僵硬麻木、紧张疲惫,以至于他们觉得自己像一条"两端被同样大小的力量拉扯着的绳子"。无法支撑,不得动弹,哪一端都占不了上风,哪一端都无法放松。所谓转移到悲伤的情感格局中,即人们有时只能感受到紧绷,因为不同的情绪同时拉扯着绳子两端。依据我们的经验,一方面,人们往往被爱与渴望等情感所吸引;另一方面,人们也会被失望、埋怨、仇恨与迷失等情绪所引诱。人们不想体会其中的一方面,因此也刹住了另一方面。于是人们没有机会悲伤,也没有机会放手。

为了更好地区分情绪的积极面与消极面,或各个情绪部分,我建议你先专注于情绪的一面。靠近这一面……然后再专注于另一面。"我会始终伴你左右。"如果一个和另一个可以共存,那么坚如磐石的非此即彼就能成为两者兼而有之。区分"一个和另一个"让悲伤者有机会从矛盾情绪的禁锢中解脱出来,重新投入情感的河流。

许多处于分离的初期阶段的人,发现自己正处于一种若即若离的状态中,内心充满了极度不同且极度矛盾的情绪。"一方面",他们远离彼此,但"另一方面",他们仍有联系。一位女士曾说,她想"再次见到前任"。她说,她"还没有彻底"分手,她想"继续"。对此她有着明确的想法。但不明确的是,"继续"对她而言意味着什么。她与自己斗争，苦苦挣扎，只因她被困在自己的设想中。谈到问题："什么是'继续'？"，她先滔滔不绝地解释了还有哪些想和前任谈一谈的，她说，自己只是想弄清楚之前发生的事情和现在的情况，她也想得到对方的理解——她突然停住了，大笑着说："我真是磨磨蹭蹭，优柔寡断，对吧？"

对她来说，区分以下问题能有所帮助。一方面：我想知道什么？我想问什么？我想弄清楚什么？另一方面：我想摆脱什么？我还需要再说一遍或最后说一遍的是什么？这是进入分离阶段与悲伤阶段前必不可少的一个步骤。

第二处不同则在于，什么是人们有能力影响的，什么是人们无力改变的。许多人总是与他们无法改变的东西做斗争。而这种无谓的斗争会消耗巨大的精力，而后人们就变得精疲力竭，即便在他们能够改变的事情上，他们也没有力气做出任何改变了。在哀悼所失的旅程中，我们会驶过许多处路牌，每一处都会挑起内心的斗争：咆哮着的不公平（"为什么偏偏发生在我身上？""我做错了什么落得如此境地？"）、愤怒与绝望（"他/她怎么能这样对我/离开我/抛弃我？""为什么上天不眷顾我？"）、内疚与自我毫无价值感（"我做错了什么？""我一无是处。"），甚或更多相似情绪。悲伤的人只有承认并感觉到，有些事情是他们无力改变的，才有可能从痛苦中走出来。只有这样，他们才能哀悼并放下那些无法改变的事情——进而汲取新的勇气与力量，用于自己有能力做到的事情：重新掌控生活，有所影响，有所改变，使"新生活"成为可能。悲伤者往往需要通过外界的帮助，才能区分、面对有能力影响之处与无力改变之处的挑战。接受挑战，不在无尽的悲伤之海中沉沦，也不陷于未曾经历的过往，自有其意义。

第二处不同直接将我们引向第三处，即什么是必须放下的，什么是可以坚持的。比如人死不能复生。但你可以守护回忆、珍藏对他的记忆，并保留共同的经历和心中关于他的一切。放下总是意味着，要区别对待消失的东西与存留的东西。就此而言，每一次告别都是一段记忆的开始。当有人离开时，至少对他的记忆仍在。

即使在伴侣间，如果一方执意要分开，另一方成功挽留的情况也是少之又少。许多被抛弃的人坚持着这场徒劳无功的战役，往往战斗到筋疲力尽才肯停止。在这种情况下，区分他们有能力改变之处与无力改变之处，也会有所帮助。此时，人们可以放下一些人或事，同时也可以留住一些人或事。这个人消失了，就像婚姻、爱情，或许还有安全感一样，消失了。但在此过程中，也有一些值得守护的共同经历，比如美好的时刻、一起度过的艰难时期、相互扶持的岁月，如果双方分开时受的伤不那么重，或许在某些时候，两人也有可能像朋友般相聚。

我们想把这个区分的过程称作微调（Feinabstimmung）阶段，其前提是，在悲伤与失去的过程中，认真对待，接受并欣赏情感生活的复杂性和矛盾性。

"把照片挂到别处"

在一次采访中，劳伦·白考尔（Lauren Bacall）详尽诉说了丈夫亨弗莱·鲍嘉（Humphrey Bogart）去世给她带来的悲痛持续了多久。"大卫·尼文（David Niven）有一句话最能描述我的心情"（白考尔，2002，第 21 页），尼文的妻子从楼梯上摔了下来，不幸去世。劳伦引用了尼文的那句话："你永远迈不过这道坎，忘不了这些事。发生过的事情就像一张照片，在同一个地方挂了10年，到了某天你能做到把照片挂到别处了。你仍然拥有这张照片，但你也能接受它不挂在原来的地方了"。（同前）

这句话中肯地描述了，在漫长的悲伤中向某个人、某段创伤性事件、或好或坏的经历告别，并且珍视他或她，意味着什么（相比失去糟糕的事情，失去美好的经历和幸福的时刻有时更难释怀）。"把照片挂到别处"是一个需要时间的过程。且其前提是，不仅拥有一张值得欣赏的照片，还有愿意欣赏它的人。

有些人不会将已故之人的照片挂在墙上，而会清理出一块折磨人的空白。有益的做法应该是，允许照片出现在墙上，比如去世的爸爸的照片。小女孩失去爸爸的时候，才三个月大。女孩的妈妈、叔叔、阿姨和家里的其他大人都觉得女孩还太小了，还不能感受到失去爸爸的痛苦。因此，对小女孩来说，没有爸爸变成了一件理所当然的事情。当她想体会来自男性的爱时，她才感受到了父亲的——男性的空缺。于是她开始自己描绘父亲的样子：女孩问起爸爸的过去；问起爸爸与母亲的关系；问起爸爸生前如何生活、为什么去世；问起爸爸对女儿的出生有何反应；问起是否有人记得，爸爸怎么看着自己、抱着自己。女孩还问起很多很多与爸爸相关的事情。女孩因此"脱离了冰冷"，并能够"痛苦而甜蜜地"悼念——不仅悼念爸爸，也悼念自己身份认同中的空白，以及未曾经历过的有爸爸的生活……

第 11 章

同　情

意义与情感格局

同情的意义在于，防止人们将痛苦施加于他人。倘若人们没有同情心，就会变得野蛮残酷，斗得"你死我活"，互相伤害。同情心是人类社会的情绪黏合剂。没有同情心，就没有文明。

所谓同情心，即一种情绪冲动，它促使人们关心、安慰、帮助他人，并让他人感受到温暖。同情心以共情能力为前提，即人们有意识或下意识地设身处地为他人着想的能力。神经生物学研究表明，绝大多数人都有共情能力。研究者通过脑成像技术发现，当观察者看到别人受苦时，观察者和受苦者的相同或相似的大脑区域会变得同样活跃。这主要是镜像神经元在发挥作用，镜像神经元让情绪得以传递。我们将这种同时发生的情绪传递过程称作同步共振（Synchronresonanz），它也被称为"情感共振"（affektive Resonanz）（辛格，2004）。同情心，即爱、关怀、温暖、团结与乐于助人的冲动，源于这种共情能力。

共情能力，即同感（Mitfühlen）与怜悯（Mitleiden），并没有说明个人愿意同感与怜悯到何种程度，也不意味着在人际交往中将同感与怜悯当作亲密，对于两种至关重要的相关基本情绪的评价，它也不曾发表任何看法："我不要任何人的怜悯"——这种我们常听到的话，就是人们对同感与怜悯的看法。但为什么这么多人抗拒别人对自己表现出怜悯或同情呢？

对许多人来说，被人怜悯就意味着，被人"居高临下"地对待或允许别人随意讨论自己。怜悯别人的人是"高高在上"的，他们更好、更强、更成功，但被怜悯的人则"低三下四"，他们软弱、脆弱、敏感，有缺陷且"低人一等""任人摆布"。这种想法只会使人自轻自贱，而不会敬佩自己所遭受的那些苦难。

被迫忍受这种"趾高气昂"的怜悯态度的人，大可不必再忍受了，因为这种怜悯并非源于同理心或设身处地为别人着想和同感他人的痛苦，而是源于自我中心主义的特殊形式：通过怜悯对方，甚至可能帮助对方，而抬高自己！

我们不能让对他人痛苦的怜悯——同情，以这种方式被污蔑。在"我不要任何人的怜悯"这句话里，我们至少应该加上"……高高在上的"，"我不要任何人高高在上的怜悯"才对。怜悯属于同情心——但同情心不仅仅意味着怜悯。同情心也意味着，同样感受到快乐和其他积极情绪，意味着能够对他人的幸福快乐感同身受，并由衷为他们高兴。

我们不想生活在一个缺乏同情心的世界。糟糕的是，冷酷无情往往能决定事情的走向，甚至在亲密关系中也是如此；且同情心并不总能带来安慰、关怀和帮助，同情心也会引发绝望和无助，因为人们有时觉得自己无力改变糟糕的事情。这并不会减弱同情心本身的意义，但它的确降低了对有同情心的人的标准，即他们能承受到何种程度，他们能承受什么、应对什么。

迷茫与困顿

我们遇到的与同情心相关的主要问题，在于同情心的缺失。可能表现为人们只对别人感到同情，而对自己却没有同情，或者人们仅仅拥有表面上的同情心，仅仅装作拥有同情心，甚至最后完全丧失同情能力。我们将从后者开始讲起。

毫无情感与动物野性

我相信你一定有过同样的经历：在某些情况下，你不能或几乎不能感觉到任何东西。也许是出于害怕、负担过重、筋疲力尽，或因其他原因而"迷迷糊糊"。

不能感觉到任何东西意味着，爱或恐惧、快乐或悲伤被其他情绪取代了，你只能感觉到麻木或空虚。我们将这种感觉称为毫无情感（Gefühllosigkeit）。它通常会在人们不堪重负的时候，出现在他们的情感生活中，而后，一种"停止开关"被无意识地激活了，情绪被减少了，因而人们（几乎）不再能感觉到任何东西了。如果这种毫无情感的情绪的产生能起到保护作用，那似乎是可理解的、有意义的，当人们面对过于强烈或难以承受的情绪时，它保护人们不受其侵扰，它也是筋疲力尽和不堪重负的一种普遍表现。毫无情感的意义在于，保护人们不被一些难以忍受的情绪伤害。遗憾的是，这种情绪往往会一直延续下去，甚至在很长一段时间内控制住人们，影响人们的生活。

当毫无情感的情绪在人们身上蔓延时，同情心常常也会因此受到损害。但在我们称为动物野性（Rohheit）的情绪上，我们还观察到一种特质：同情心已然湮灭！人们不仅缺乏同情心，也缺乏同理心，缺乏感受他人痛苦、设身处地为别人着想的能力。

同理心与同情心在不同的人身上可能会有不同程度的体现，因此我们认为，没有人天生不具备共情能力和同情心（虽然部分科学家正在研究，在多大程度上存在着不具备同情心的倾向）。我们认为，有一些人，他们内心的同情心之所以被动物野性所取代，是因为暴力、情感空虚、缺乏慰藉、迷失、被遗弃。总而言之，是因为缺乏同情心！且不是在个别情况下缺乏同情心，而是长期的、在很长一段持续的时间内。一些有暴力倾向的人，我们称之为动物般野蛮的人，既不同情自己，也不同情别人。例外偶尔也存在，动物野性中残留着些许曾经的同情心。暴徒可能只对自己母亲的痛苦感同身受，连环强奸犯会关怀备至地照顾他的金丝雀，不让任何事情烦扰到它。动物野性不仅决定了人们自己的生活，也决定了人们与他人的共同生活。

正如我们常常强调的那样，如果情绪能够自发调节人际关系，那么当动物野性取代了情绪时，还有什么能够调剂人际关系呢？只剩下力量感与受到刺激时的兴奋水平。"兽化"的人只知道上与下，施暴者与牺牲品。此处的牺牲品不仅是一句咒骂，它甚至将人变成了"物"。当与人情感交流时的幸福感不复存在，剩下的就只有"刺激"带来的兴奋。殴打他人是一种刺激，会带来兴奋，同时会抬高自己在社会环境中的力量地位。这就解释了，为什么许多施暴者甚至会将自己的暴行拍摄下来，对此洋洋得意并且将视频传播开来。

我们认为，兽化的人可能度过了艰难的童年时期，但他们的的确确是施暴者,并且给他人带来了巨大的痛苦,这一事实不会改变。我们必须保护人类社会不受他们影响!尽管如此,尝试一切方法,在他们冷酷的盔甲上打开一条裂缝,靠近他们、陪伴他们,让他们能够重新感受到情绪,并再次感受到同情心,还是有必要且的确很有意义的。可我们还是得强调,这在通常情况下并不会成功,尽管我们充满善意、尽心尽力地进行心理治疗工作,但始终无法取得积极成果。因为他们必须先对自己产生同情心,对记忆中那个遭受了无数磨难的小朋友产生同情心,才能够再次感受到同情心。许多人还没有准备好面对这一切。但是,哪怕这种努力成功的可能性只有十分之一,甚至只有百分之一,它也是值得的,是势在必行的。

被扮演的同情心

有些人将自己的同情心付诸行动,产生了良好的效果,令人钦佩,但除了这部分人以外,还有一些人不过是假装自己富于同情心且关怀他人罢了。他们所思所想都只围绕着自己,却总说一些冠冕堂皇的话:我真的为别人做了很多。这是一种虚假的同情心,一种为了抬高自己而扮演的同情心。

我们认为,这些人在人生的重要阶段只体验到了虚假的同情,以及,他们在童年时期缺少富于感情且富于同情心的榜样。其后果往往非常严重:对喜欢或珍视这种"虚假的同情"的人来说,当他们不得不体会到,他们的关系过去或当下建立在何种不牢靠的基础上时,他们往往会产生一种"上当受骗"的感觉,这会持续很长一段时间,有时甚至会让他们坠入无底深渊。

真实的同情心与虚假的同情心的区别不是根据言语来判断,而是从实际行动来看的。如果你一再听到温情脉脉的话语，却从未看到随之而来的实际行动，那请你不要再相信这些话，无论它们看起来多么"可行"，也无论他们被重复了多少遍。（我们知道，这个过程有时会很困难、很痛苦，尤其是在亲密关系中。）请你关注自己的感觉与疑惑，跟随你的猜疑，并检验那些话语的真实性。也请你相信自己的共鸣，认真对待你的身体反应。许多客户曾向我们反馈，随着时间的推移，他们越发觉得这个"卑鄙的游戏"让人恶心。

对自己缺乏同情心

一位40多岁的女士在一次谈话中抱怨道，她的同情心太"泛滥"了，她说："如果有人过得不好，我会马上注意到，然后一直惦记着。我必须得做点什么。我总听别人说，我的同情心太多了，而且我自己也注意到了，我总用那些与我无关的事情给自己增加负担，但不知道为什么，我没办法控制住自己。"

人们常说起"太多"，那我们要问，什么是"太少"。这位女士很快就发现，当身体发出疲惫的信号时，她甚至完全没有注意到。

即便是精疲力竭时，她也很少停下休息，而是对疲惫置之不理。她对自己的病痛轻描淡写，绝口不提，她毫不在意自己的困境，只对别人的烦恼伤心。她因对自己缺乏同情心而受苦。

这意味着什么？难道说她因对自己缺乏同情心而受苦还不够吗？根据我们的经验，当一个人（几乎）丧失了自我意识时，就有必要将同情心从"离心"定位（贝尔，2012）转向自己了。这意味着，我们可以运用人类独有的能力，从外部和侧面观察自己，想象我们"不再是自己"，而是其他人，并以其他人的角度观察自己。例子中的这位女士，她总是处于一种离心的态度，而这种离心定位帮助她获得了对自己、对自身需求和界限的感受。这帮助她脱离"太多"同情心所带来的迷茫。

人们如果始终处于这种离心的态度中，对自己的痛苦与伤害毫无同情心，或者仅有一点儿同情心，就必须严肃对待这种迷茫，至少从长远来看，这对我们没有任何好处。为了熬过一些紧急情况，我们能够在短期内忽视自己的需求，但如果持续这样做，我们就会生病，且不再能感受到自己的界限。

对自己缺乏同情心往往也反映在不认真对待过往经历中的问题，尤其是童年问题上。一位客户向我们讲述了他"正常的"、非常"幸福"的童年。他的父母之间的关系非常紧张，彼此大打出手，家庭暴力起码持续了好几年，他有两次不得不离家出走，而且他多年以来承受着父母残暴的殴打。此前，他觉得这一切都"稀疏平常"。直到他对那个和自己有着相同经历的小男孩产生同情心时，他才开始为童年时失去的东西、他从未获得的东西而悲伤。在这个过程中，他有时觉得自己是个"胆小鬼""爱哭包"。但渐渐地，悲伤的过程让他能够同情自己，那个小时候受伤的男孩，以及他对自己产生同情心的过程，也让他对自己肃然起敬。只有先对童年时的自己生出同情心，才能治愈不幸的经历留下的创伤，尽管有挥之不去的伤疤，但仍旧能过上更丰富、更充实的生活。

建议与帮助

我们想给你四点建议，它们或许能帮助你好好运用同情心。

训练同理心

你可以练习站在别人的立场上考虑问题：如果我是另一个人，我会是什么样子？我会怎么想？我会怎么做？我会有何感觉？尤其当面对那些我们不了解，但想要了解的人，或者是那些我们无力解决他们的难处，但想要支持他们克服困难的人，我们会竭力争取对他们的同理心。当我们认同他人时，我们就可以慢慢接近重要问题的答案：如果我是他，我会需要什么？这是从同理心到同情心的桥梁，这座桥也从设身处地为对方着想，通向用实际行动帮助对方。不过，我们是否能够且愿意给予对方所需，仍然始终由我们每个人自主决定。

同情自己

人们只有同情自己，并同情自己现在或过去所遭受的痛苦，才不会对自己生命中的某些重要方面置之不理。为此，人们首先要认真感受并认真对待自己的痛苦和忧愁。在面对童年的痛苦经历时，不妨看看自己小时候的照片（或者是小时候画的一幅画，也许它还保存在某个地方），想想自己那时的感受。然后再问自己这个重要的问题："我有哪些未竟的心愿？"如今，你已经长大成人了，或许你可以做一些小时候本来要做的事情，或许你可以做一些小时候不被允许做的事情，或许你可以享受一些小时候享受不到的东西。

著名的优秀儿童文学作家阿斯特丽德·林格伦（Astrid Lindgren）年迈时，曾在 1995 年与菲利奇塔斯·冯·舍恩博尔恩（Felizitas von Schonborn）有过一场谈话，她说，从《长袜子皮皮》(*Pippi Langstrumpf*)到《小飞人卡尔松》(*Karlsson vom Dach*)的儿童角色，不仅是为读者创造的,也是为她自己所造:"当我后来真正开始写作的时候,我非常清楚,如果我是孩子,我会喜欢读什么样的书。我为自己写书,为从前的小阿斯特丽德,也为我已故的孩子。"(阿斯特丽德,2002,第20页)

接受他人的同情

即便在我们完全不希望或完全没有要求对方这样做的时候,也应允许他人提供帮助、接受他人的同情,也接受他人将同情心付诸行动,这其实非常简单,但对许多人来说却是个大难题。允许自己被拥抱,允许自己被支持,允许人们对自己说:"是的,这很糟糕,我可以为你做什么?"——所有这些都给部分人带来了困难。如果你有同样的感觉,请你问一问自己,你是否因为过去常常被背叛或被辜负而无法再信任别人。也许上述一切对你来说都太过陌生,因为你对关怀知之甚少或一无所知。在此,你需要做一些小小的尝试,即接受安慰、温暖和关怀。我们曾接待过一位与你有着类似感受的客户,或许她的故事会对你有帮助。那是在一次小组练习中,我们邀请她依靠在另一位组员身上,而她做不到。她害怕失去支撑,所以放弃尝试。因此,我们建议她站在她信赖的搭档旁边,用肩膀稍稍与对方进行一些身体接触:"现在请你稍微依靠对方一些,把依靠程度控制在你仍然可以凭自己站立,独立且可靠,同时也能感受到搭档对你的支持……"她成功做到了,这是她接受同情和支持的开端。关爱自己,一方面独自挺立,另一方面接受同情和支持,二者不是非此即彼,而是兼而有之。

与同情心同行

当你面对需要帮助的人，和你不想置之不顾的人时，你积极主动帮助对方，而不只是居高临下地怜悯对方。这就是我们所说的，与同情心同行。

它有三个重要的组成部分：

第一，倾听时接受对方，不要说"但是"，不要说"但还没有那么糟糕"，也不要说"但会好起来的"……所有这些"但是"或许之后可以有出场的机会，但首先，最重要的是，你应该优先以接受的态度倾听对方，从而营造一种可以倾诉情感并产生共鸣的氛围。

第二，倾听时理解对方。不要只是被动地倾听，而要记下让你感到惊讶、陌生、熟悉、印象深刻的内容——要敢于推断其中的联系与模式，或者至少敢于猜测——并且询问对方你想要了解的东西。这一点对于受苦难折磨的人来说，有着重要意义。因为他们常常绞尽脑汁地寻找联系与模式，他们希望在寻找的过程中获得共鸣，但他们往往不敢表达出这个愿望。如果你在倾听时理解他们、向他们提问题，他们会更加高兴。

第三，在切实帮助对方的基础上，给予对方回应。你的回应不应仅仅包括复述你听到的内容，还应该包括一些关于你自己的内容，比如你的经历、伤害、悲伤等。作为一名听众，你不是非得保持中立，在我们看来，你也不应该是中立的，而应该是富于同情心的、会被感动的。如果你能在不侵占对方空间的前提下加入对方，那么分享你与对方相同的感受，同时也分享那些不同的感受，就会很有帮助。如果你讲述的经历与对方的经历完全不同，有可能会产生摩擦与分歧。如果你在倾听对方时，以这种方式讲述你的故事和想法，你所说的内容就不会被误会为扼杀对方情感的建议，或是不怀好意、高高在上的言论。从而，双方会平等地交流下去，使得彼此更充实、丰富。

第 12 章

忠诚、背叛和亲密感

意义与情感格局

忠贞（忠诚）和背叛困扰着很多人，并且在关于它们的语境下，人们可能会经历与之相关的各种情绪的剧烈起伏，就像坐过山车一样。但忠贞和背叛是情绪吗？两者都具有双重性质：既可以表示一种行为，也可以表达强烈的情绪。一个人可能会被背叛，也可能会感受到被背叛后的情绪；忠诚一方面是一种行为，另一方面也能让我们感觉到我们是否对自己或他人忠诚，是否保持着忠诚。要想从这些错综复杂、令人困惑的情境中理清一条思路，我们还需要第三种情绪：亲密感。接下来，我们将先从这里开始。

"我觉得自己和某人关系亲密。"这句话很多人都会说，也往往是有感而发。在大多数情况下，人们都会觉得自己与伴侣、子女、父母，以及经常，而且往往有时更甚，与男/女朋友之间有亲密感。这种亲密感可能包含爱情，但即使爱情消失了，这种亲密感依然可以保持鲜活。归属感是亲密感的一部分"格局"："我觉得我们属于彼此，我属于你，你属于我。"但是，归属感可以超越具体的、亲近的人，作用于更广泛的范围。一个人可以对多特蒙德的球迷或詹姆斯·布朗特（James Blunt）的歌迷有一种归属感，也可以对一个宗教团体或一个政治团体有一种归属感。亲密感通常与周围的直接环境中的人有关。这种情绪表达着人与人之间的依恋，并会促进与加强这种联系。

在发展心理学领域，有许多研究人员几十年来一直在研究人与人之间的亲密关系是如何产生的，以及人们需要如何避免"情感联系障碍"。情感联系是人与生俱来的能力。为了使这种情感联系变得强大和安全，人们需要持续不断地被看到、被听到，以及被拥抱、被信任。如此，这种持续的关系便可发展为人与人之间的情感联系，从而产生与他人的亲密联系和与他人建立亲密关系的基本能力。在夫妻关系中，大多数人都能感到与对方的亲密关系。但有时只是表面上看起来如此。

在这样的表象关系中，亲密感，甚至可能是忠诚，只作为一种外部属性存在，而不是一种真实存在的纽带与联结。他们共同生活在一起，只是出于物质利益或对不得不独自生活的恐惧，以及其他一些因素。可是爱情已不复存在，甚至连亲密的感觉也都消逝了。你也一定知道一些夫妇，他们之间已经没有了爱情，也与彼此分开了，但仍然保持着联系，仍存在着亲密的感觉。他们虽然不再生活在一起，但仍然关心着彼此——虽然有时隐藏在内心、不明显，甚至是"偷偷地"。他们交流想法，他们互相信任，或者以其他方式表示他们之间的亲密联系。无论如何，他们之间会感到彼此相连。

但也有一些夫妇——我们担心这种情况可能更常见——对他们来说，分手之后，一切亲密感都烟消云散。这种情况往往是背叛的经历造成的。那些感到被背叛的人再也无法做到亲密无间。如我所说，背叛是一种行为,一种行动或事实(我背叛了某人,或者我被背叛了)以及一种情绪。背叛者涌现出的情绪有羞耻和愧疚两种。然而,最常见的还是被背叛的感觉。这种情绪在大多数人身上都是非常强烈的,是一种明显而独特的感受。不止失望,还有愤怒,有时会有报复的情绪,但大多还是无助、绝望和迷茫。他们经常用这样的话来描述这种经历:"就好像脚下的立足之地坍塌了"。特别是当人们感到被他们所爱之人、非常亲近和信任的人背叛时,这种痛苦和失落的感觉更是难以释怀。这些人也失去了很多重要的东西,在经历了背叛,以及随之产生的无防备、被出卖和生存不安全感等状态之后,他们的人生经验中,留下了难以用信任和自信重新填补的空缺。

我们观察到,被背叛的情绪有一种特殊的持续性,也许是我们所知道的所有情绪中,负面影响和持续性最长久、也最强烈的一种。我们可以基于这种经验进行某种评估,尤其是在我们要对受过伤害和委屈的人进行治疗时——在处理当前所经历的背叛之前,往往必须先要考虑应对他们早年被"背叛和出卖"的经历。此外,被背叛的情绪会潜伏在经验之下,而外界总会有一些诱因、场合试图重新唤醒这种情绪。比如一个人曾在一家公司工作,一直备受赞扬,直到突然有一天被解雇,这对他来说就是一种背叛,以后每当接触到这家公司的产品时,他就会想起这种背叛。那些被伴侣背叛并因为子女而仍然(不得不)保持联系的离异夫妇,大多会吃一堑长一智,此时再与背叛的一方接触,会令他们重新体会到被背叛的感觉。

再来看忠诚。即使是想要将它作为行为和情绪的双重特征,来一分为二地合理看待,也是一件困难的事情。忠诚是什么意思?是不忠诚的反义词,那么对大多数人来说,也就是背叛的反义词吗?忠诚有三个方向：

- 忠于另一个人或另一些人；忠诚的行为（不背叛或抛弃他们）；
- 忠于自己并保持对自己的忠诚（不背叛自己的价值观和需求）；
- 做一个忠实的人（为人可靠），将其作为一个人的基本品格。

"行为忠诚"或"忠贞"最常出现在婚姻或恋爱关系中。根据这一理解，忠诚是指伴侣"不出轨"，或不抛弃其伴侣。"我很忠诚"——说这句话的人通常带有一种亲密感，他（她）想表达——这样表述更准确，但人们一般不这样讲——"我感到自己处在忠诚的约束或亲密关系中"。对一些人来说，这种亲密的感觉在伴侣关系中会成为一种忠诚的感觉，他们也称之为忠诚感，而另一些人对此则无法理解。

我们经常听到人们说，保持忠诚感和忠诚行为的关键是在不同的行为之间进行权衡。例如，是否要接受一段正常关系之外的情色关系的诱惑。有些人往往是不忠的，不知道何谓忠诚感。阿克塞尔·F.，已婚，有两个孩子，"婚姻幸福"，如他所说，"不放过每一个调情的机会"。他经常与其他女人发生性关系，忠诚感对他来说是陌生的，他对妻子和家庭的亲密感也很淡薄。

其他的权衡包括：是选择新鲜事物带来的一时快感和刺激，还是保持长久的爱情关系？例如，玛丽·G.在一个研讨会上遇到了一个对她感兴趣的男人，她也对他很感兴趣。他们互相调情了几句。但并没有进一步"发生"什么。对玛丽·G.来说，她被人追求，这就足够了。她当然想过和这个男人共度良宵，但她的忠诚感和由此做出的不背叛自己、不背叛丈夫、不背叛与丈夫的关系的决定还是更为强大。

提到权衡的另一个方面，也许你是了解的，就是你会对一个同居爱人反复地、极度地生气。这里或那里让你感到不满意，于是你一次又一次地面对那些让你不快的行为。结果你会产生离开眼前这人，另觅其他伴侣的想法。我们经常能感受到，面对这类问题时，认真考虑这些想法比完全不承认和简单地否定它们要好。

如果你把它们埋在你对自己的忠诚的要求之下，就会诱发令亲密感也随之消失的风险，那样往往不如激发它的潜力，让它有机会表现出比具体诱惑更强大的力量，要知道，爱的力量能够超越愤怒。

这里表明，忠诚感对人们来说有其自身的价值。它能带给人们稳定和安全感，这就是它的意义。它可以作为一种积极的情绪被感知，因此远非只是"对失去的恐惧"或"对孤独的恐惧"。此外，这种深植于亲密感之中的情绪是人际情感交流的一种表达，而不仅仅会伴随着社会角色带来压力。

我们无法窥见忠诚的体验在人们共同生活中的意义的全貌。两个人如何沟通他们对忠诚的感受，属于他们关系中最私密，也是最珍重的一部分。那些对他们的所爱、所忠之人保持忠诚的人，在理想的情况下也能对他们自己保持忠诚。但是在爱情关系中，忠于自己和忠于对方，往往是一种对心灵的严峻考验，而这有时似乎无法两全。

忠于自己或不背叛自己是什么意思呢？忠于自己意味着忠于自己的价值观、信仰、内心的感受和需求、自己的爱、一切对自己来说重要的东西。为此，你应该了解所有这些基本态度，并尽力去维护和捍卫它们。忠于自己和保持对自己的忠诚，这种情绪应该使你感到骄傲和振奋。作为一种坦率真诚的感受，它能令你感到自在。

你有没有听别人说过你是一个忠诚的人？或者说，你会不会喜欢人们这样说你？成为一个可靠的人，让人信赖，是一件很令人欣慰的事。不要忘了自己的本心，忠于自己和自己的需要。我们不时能体会到，人们对这种品格甚至几乎有点羞于启齿，因为它与"没有情趣"以及"幼稚"意义上的"天真坦率"有关。我们希望你没有过这样的经历，或者至少没有因此感到过苦恼。不要让这些评价对你的自我意象产生负面影响。作为一种属性，它在我们的价值尺度上有很高的价值，并且在人们的共同生活中显然是有意义的。你，用很长一段时间探索内心，成为一个忠诚的人，这原本就有意义。

迷茫与困顿

由于亲密、忠诚和背叛的情感格局是一条崎岖难行的道路，其中有无数的弯路、捷径和令人惊讶的曲折回环，有非常多容易弄错混淆的情形，我们只特别强调几个方面。

情感联系缺失

如果人们在其幼年或以后的经历中遭受过暴力、遗弃、羞辱和贬低，他们与他人建立情感联系的能力就会受到干扰或破坏。作为情感联系重要组成部分的信任便会被不信任所取代。那些经常被亲近的人背叛和轻视的人，会避免与他人建立情感联系。这是一种自我保护，一种有意义的反应。但是，如果这种反应持续下去，扎根固定下来，演变为人际关系和其他人与人之间联系的行为模式，那么这些人就会失去情感联系。然后，那种由关系带来的亲密感觉可能就再也不会出现，或者"只是有时一闪而过"，就像有位女士告诉我们的那样。

有些人尽其所能地适应它，有些人则深受其害。情感联系缺失，或者无法与他人建立情感联系，也无法享受情感联系，会诱发一种与世隔绝的情绪感受。对一些人来说，这至少暂时能带来一种"自由和冒险的味道"，而另一些人则不堪其苦，他们会用攻击性的情绪或迷失的情绪，以及孤独、悲伤、恐惧等其他的情绪来代替这种亲密的情感。

承　诺

尤其是就被背叛的情绪而言，许多人的体验是"混乱"和"错综复杂"。这一情绪往往难以捉摸，但却可以被强烈地感受到。这可能是缘于这一事实：每一次背叛之前都有一个承诺。"我保证对你忠诚""我保证我的母亲在不能自理时不用进养老院""我保证继续待在这个团队里"……这样的承诺往往是明说出来的。那些隐含的承诺就更难了。如果大人在孩子幼年时期打破这些承诺，令他们感到被抛弃和背叛，就会产生尤其重大的影响。乌拉·F.总是会觉得遭到了背叛。"现在我已经快60岁了，但我仍然感到很失落，就好像这世界欠我什么。我不认识我的父亲，我也不想认识他。他在我出生前就离开了，去了国外。他抛弃了我的母亲和我。我以为我很久之前就已经放下了，但心里的刺却一直还在，并且仍在作痛。"

我们坚信，当孩子们出生并来到这个世界上时，他们有权利让他们的父母履行其承诺，即他们将尽最大努力照顾这个孩子。孩子们无法独自成长，原则上，无论是否言明，他们都需要父母的承诺。如果这时父母中的一方（通常是父亲）离开了，孩子们就会觉得遭到了背叛，不管这种行为是明说的还是隐含的，是有意识的还是无意识的，都是对信任的破坏。这种被背叛的感觉会伴随他们的一生，成为一个永远无法治愈，或者只能艰难愈合的伤口。

有时，"背叛"会基于一个并未宣之于口的承诺。举个例子：一家足球俱乐部的忠实球迷面临着这样一个考验，一名球员即将转会到另一家俱乐部，而且是一家竞争对手的俱乐部。"这名球员效力于这个俱乐部已经六年了，怎么能突然转到别的地方去呢？！叛徒！"球迷们对他的"不忠诚"和"背叛"感到愤怒，甚至可能深感伤心，因为对这个俱乐部的从属是他们身份的重要组成部分。他们也许知道，转会事实上是他的权利，但在情感上，他们觉得自己是正确的，因为已经产生了如此多的情感联结，应运而生的承诺之感，也印证了他的背叛。我们（太）容易忽视他们可能对这个人所做的事情，事实上，他从现在开始必须应对"叛徒"的身份——他被认定"出卖"了自己和粉丝。由于他也很可能感到被粉丝背叛，感到受伤，所以他会不再认可他们先前与他的情感联系，于是他们之间或许会产生一种背叛的气氛，一种不信任、攻击性和憎恶的气氛。

自 责

当感到被背叛和被欺骗时，人们常常抱怨说，自己被欺骗了，特别难以忍受，这是可以理解的。背叛和欺骗紧密相连。被背叛往往意味着被欺骗，但也意味着自己看错了人，上了当。由此产生了两种指责。一种是"那个骗子，那个流氓！"，另一种是"我真是个傻瓜，竟毫无察觉！"。于是，自责与责备交织在一起。谎言和自欺欺人，欺骗和自我欺骗都是往伤口上撒的盐——它们加深了被背叛的感觉。自我欺骗和自欺欺人往往比对背叛者的指责更加棘手。失望的必要过程往往包括人们的这些认识——没有忠于自我,没有信任和相信自己的感知、冲动、思想,没有认真对待它们和自己。如果人们一直纠结于过去,自责于"我早该知道!",不能原谅自己,那么这就是一条错误的道路。因为它没有指向未来——一个可以重建对自己认知的自信、对自身价值观和"自己是谁"忠诚的未来。

意识形态

当生活在意识形态,即封闭的思想和价值观体系中时,我们会遇到与忠诚和背叛有关的最严重的困惑和混乱。"必须忠诚""永远不能背叛他人""必须永远遵守承诺"——总是要按这样的准则行事,总是想要或必须遵守这些诫命,永不违背。这并不符合人性,也无法实现。至少,它们妨碍了个体的活力和生动的交流。

如果人们因为"必须永远保持忠诚"而保持忠诚,那么他们是在遵循一种意识形态,而不是自己的价值观和感受。在通常情况下,他们后来甚至根本不再知道自己的信念是什么,他们再也感觉不到自己是否爱自己的伴侣——意识形态上的"必须忠诚"太过强大,以至于个人的冲动渐渐萎缩并被掩盖。这样的后果往往是,这些人过着更安全的生活,但却背叛了自己,因为对于自己的冲动,他们既没有察觉,也没有认真对待。他们背叛了自己,因为他们没有尊重自己。

尽管我们主张要认真对待忠诚感,但还是觉得有必要强调,这绝不是一种人们用意识形态埋葬自身情感和人生观,继而获取的忠诚。

例如,我们尊重比阿特丽斯·M.的选择和决定,她爱上了一位同事。起初她也是抗拒的,因为她已经结婚并且很爱她的女儿,不想放弃她的家庭,但她对同事的爱更加强烈。于是,她含泪向丈夫倾诉了这件事，因为她喜欢他、珍视他。不过，放弃真爱就等于背叛了自己，会让自己的人生失去了活力。她意识到，这样做可能会影响家庭的气氛，伤害到她的家庭。她非常自责，但是新的爱情更加强大。为了不背叛自己，她不得不打破她对丈夫的婚姻誓言。尽管她也希望避免与女儿分开，但她仍然可以做一个爱女儿的母亲。还因为她一直保持与分居丈夫的联系，并没有断绝父女之间的亲情关系。

背叛的触发

当Z女士对某件事情感到不快时，她的内心排山倒海，反应强烈；而周围人对此却几乎无法察觉。她不了解小的不快，她无法通过自发的、直接的经验，区分小的不愉快和严重的伤害。她的反应总是孤注一掷，非常极端，情绪上的巨大努力耗费了她大量的精力，因而她常常疲惫不堪。

这种行为模式会出现在某些因性暴力或其他暴力而遭受严重伤害和心理创伤的人身上。对他们来说，在日常生活中经常遇到的"小"的不快，似乎是会引发新的创伤的潜在威胁，因此他们对这些不快反应相当激烈。但Z女士却想不起有任何此类创伤性事件（这并不等于没有）。根据她自己给出的最重要的线索，此处"过度"愤怒的根源可能是被背叛的感觉。当被问及遇到不快的事情的第一感受时，她回答说："我觉得被背叛了。而且我认为他们都是故意的，他们偷偷摸摸想对付我和我的家人，于是我开始奋起反击。我知道这已经超出了限度，但相比于以前，我还是情愿这样，因为从前我只是和自己较劲，吞下这些不快与愤懑，然后让它们在我体内肆虐。"在我们的支持下，她追溯自己被背叛的经历，找到的并不是"大"的背叛，而是几个"小"的背叛事件。然而，这些被背叛的经历总是与被抛弃、被遗忘和感到失落的痛苦联系在一起。没有人安慰她，和她交流这种被背叛的感觉。因此，空虚失落的体验和遭到背叛的经历混合在一起，形成了一种关于威胁的基本情绪，这种情绪在每一次，或者几乎每一次小的不快中都会再次爆发。这个方法对她帮助很大，她不再吞下这些"小"的愤怒情绪，而是把它们表达出来，不过，对被背叛的基本情绪的决定性帮助并不在于去分析那些与背叛有关的经历，而是要应对空虚失落的体验。通过形成亲近和安全的新体验，通过可靠的、在一定程度上忠诚的、坚实和亲密的关系性经历，为她打造一片安全的土壤，至少可以对抗那空虚失落与背叛情绪酿成的流沙。

建议与帮助

忠于自己

我们强调，对他人忠诚的同时应该也保持对自己的忠诚。但这是什么意思呢？如果你要忠于自己，对自己坦诚，你可能要努力反复问自己："我的价值观是什么？""我最深的信念是什么？""对我来说真正重要的是什么？""我想要怎样有意义和有目的的生活？"弄清楚忠于自己意味着什么，这并不是什么智力题，而是要凭感觉。在任何特定的情形下，你都能感受到它。这种感觉并不总是清晰和明确的，而是会在相互冲突的感情中摇摆。忠于自己并保持对自己的忠诚，意味着如实地尊重这些感情。要做到这一点，你需要留心关注，稍作停顿。或许你是那种喜欢独自探索这些问题的人。我们的建议是寻求交流，最好是与你信任的人进行交流，最后但同样重要的是，要去衡量哪些情感理应及能够影响你的行为。

建立联系

联系来自建立关系。情感联系亦是如此。

如若情感联系缺失，则需要别人的帮助。通常在专业治疗的帮助下，通过一段建立联系的治疗性关系，可以理清情感联系缺失的根源，继而打开对情感联系的渴求。没有什么一蹴而就的惊人"突破"，我们都要一小步一小步地前进。为了发展"联系感"，必须要培养与他人沟通、保持联系的能力，而这又是通过无数小的关系积累起来的。从这些关系的持续中，从对其持久性和可靠性的体验中，可以增强与安全和可靠相关的联系感。

尊重自己

如前所述，当人们遭到背叛，饱尝背叛感的痛苦时，往往会生出自我埋怨和自我责备，甚至还会自我贬低："我是那样不堪的人吗，所以这样的事情才发生在我身上？是我哪里做错了，才让他（她）选择这样对我？"

这是一个亲近的人给我们的建议，而我们现在建议读者认真听取这一建议，它会很有帮助："对自己表示尊重。对你这个人表示尊重，就像你对其他人的存在表示尊重一样。以'我对自己表示尊重，通过……（例如，在未来更多、更早地信任我的感知）'作为句子的开头，把你所想到的写下来。还有'我尊重自己……（例如，我曾经显然太过轻信，××是一个……的人）'"。不过，她的建议还可以更进一步，即如何在做非常具体、常规的决定时对自己表示尊重："每当你不确定时,每当别人要你做出或你想要做出决定时,请在那一刻问自己'我该如何尊重自己?'。"

这对日常生活来说,是一条非常好的指南,有助于学习如何尊重自己,以及在因遭遇背叛或其他事情而自失时,学会重拾自尊。

公开与悲伤

如果为了忠于自己,你不得不背弃承诺,对另一个人"不忠",那么一旦知道了自己的决定,就请尽可能选择公开的方式。假设你真的在意,不想背叛对方,请尽量避免撒谎和欺骗,因为这会增加他们的被背叛感,也会加深你的内疚。尽可能公开透明,彼此坦诚,使双方感到心安吧。如果你怀疑或担心伴侣有可能会离开你,不要只是猜疑,将自己陷于不确定之中,而应开口去问。请把感受和关切带入交流中,但愿你的伴侣能明白,双方关系风格的一致性,在一定程度上构成了人与人之间充满活力的交流。如果你们对彼此有了清晰的认识,导致了分手,固然会引发愤怒和失望,令人痛苦。然而,这并没有留下深深的"背叛"烙印,所以终有一天,你会在情感生活中找到一方空间,让你尽情悲伤,学会释然。谎言和欺骗则会阻止和妨碍悲伤和释怀,就像自责一样——人们欺骗自我,也会陷于其中。公开和坦白使人能够更宽容地对待自己,原谅自己曾过于信赖他人。

所有这些不仅适用于恋爱关系,也适用于工作关系,及归属感和信任感起作用的一切关系。

袒护与团结

感到被背叛的人会迫切渴求袒护,需要其他人支持自己,陪在自己身边。袒护并非无可指摘，但它体现了一种基本的团结。就那些失去对另一个人或一个群体的归属感的人而言，他们的亲密感遭受了伤害和背叛，需要他人的倾听和陪伴，即需要他人给予归属感。所以，不要把一切都归咎于自己，不妨去抱怨和倾诉吧，放松一下，摆脱这种被背叛的难堪，认清自己的感觉、价值观和观点，从其他人那里寻求支持、袒护与安慰吧！

好好享受生活

一位女士曾对我们说："在丈夫抛弃我之后，我曾一蹶不振过很长时间。我变得越来越痛苦，满脑子想的都是'怎么会发生这样的事'。我觉得自己很没用，不知为何十分渴望报复。但我不知道要如何去做，我不知道要怎样报复。直到后来，我对自己说，最好的报复是让自己过得更好。这很有用。我想让他知道，我并不需要依赖他，我自己也可以过得很好，我开始享受生活。"好好享受生活，让自己过得好，这是治疗背叛的良药，能够驱散痛苦的怨怼与失望。

第13章

快乐与幸福

意义与情感格局

毋庸置疑，快乐是一种情绪。至于幸福，我们可能还要更仔细地看一下。所以，不妨先来看快乐——人可以感到快乐。快乐会突如其来，无须刻意为之。快乐悄然而至，当你想起某个幸福的场景，看到一张"令人愉悦"的照片，读一本好书，或听到动人的音乐时，就会感到快乐。虽然可以独自享受这种安静的快乐，但证据表明，快乐主要是一种社会情绪，有其社会层面的根源。快乐至少需要环境，通常由其他分享过这一快乐时刻的人构成，这一环境甚至可以是安静的，它包括写书、作曲或演奏音乐的人，或照片上的人。在其他场合，快乐的社会性质更加明显。大多数人都喜欢与别人在一起，他们会因为某件事情或某种氛围而感到快乐。孩子们的快乐最直接，毫不掩饰，无拘无束，而我们成年人也会与他们一样感到快乐，因他们而快乐。孩子们的笑声具有感染力，就像他们眼中的光芒一样。

幸福有双重含义。可以是幸运，也可以是幸福。例如，当你中彩票或得到晋升时，你是幸运的。许多人会因此而感到幸福，但不是所有的人。幸运的反面是不幸。幸运和不幸是发生在某个人身上的事件。幸福的情绪，便是幸福感。幸福的反面不是不幸，而是痛苦。

许多人由此认为，快乐的日子不可能长久。正如人们常说，"福祸相依，休戚相关"，幸福和悲伤，快乐和痛苦，从来紧密相连。快乐可能变为悲伤或愤怒，幸福也可能变成痛苦，反之亦然。人们在情绪的世界中，于相邻的心境之间穿梭辗转，才让生活有了延续的价值。如果失去了这种能力，回不去那快乐和幸福的地方——哪怕只是暂时的——人们就会感到痛苦，并苦寻回去的方法。

幸福感是在"当下"感知的，但它们并非只能是惊鸿一瞥。幸福和快乐的情绪也许会在某些情况下尤其高涨，瞬间溢满了人们的心田，但幸福也可以作为一种基本情绪在一段较长时间内或无限期地存在，蕴蓄为生活中的幸福，或更好——成为生活的基调。对于这种基本的幸福感，人们会如是表述："我是一个幸福的人。"并补充道："即使必须经历并且还将一直面对一切的痛苦忧伤。"

那么，这些快乐和幸福的情绪的意义是什么呢？这些情绪的意义就是它们的存在，它们让人感觉良好。不多不少，恰如其分。它们也因此而令人向往，因此而让我们乐在其中。快乐和幸福的意义的一个方面往往也在于与他人分享这些情绪。快乐和幸福作为一种社会情绪，将人与人联系在一起。与孩子们一起欢笑，回应婴儿明亮的眼睛，建立联系，最终形成情感的纽带。当彼此的快乐和对彼此的爱结合在一起，当这对情绪将人与人联系在一起，人们就会对世界的美好充满期待，也会感受到世间的无限善意，并由衷地感到幸福。这也说明，快乐的情境也包括友善。友善也是一种社会情绪，同时还是对他人的一种社会态度。它不仅可以从人们的话语中，也可以从他们整个的态度，他们的面部表情，他们眼中的光芒，他们的声音里被看到和感知到。我们所说的友善并不单指那些遵守尊重和交往规则的形式上的礼貌（这些也并无坏处！），当然也不是指在销售培训或管理课程中训练出的职业微笑。友善是一种对世界和对自己的态度：对世界、对别人来说是朋友，也把别人当成朋友，并与自己成为朋友。友善能够滋生快乐，是快乐心情生长的土壤。

迷茫与困顿

有时人们会再也感受不到快乐，感受不到幸福，至于快乐是如何消逝，通过什么方式失去的，我们在关于其他情绪的大部分章节中已经提及过（或将要提及），在此不再赘述。这里我们比较关注的是幸福和快乐本身的一些迷茫与困顿，首先要提到的是幸灾乐祸。

幸灾乐祸

幸灾乐祸是指一个人以他人的痛苦、伤口为乐。一个三岁的孩子在自家的花园里荡秋千，他的父母在用摄像机拍他。孩子非常兴奋，一下子失去了平衡，从秋千上往后倒栽到地上，哭了起来。到这里为止，不管好坏，都是常会发生的事。让我们感到气愤的是，家长把这段录像放到了电视上，在类似《哎呀，出丑秀？》（*Oops, die Pannenshow?*）那样的一个娱乐节目中播放，随之而来的应该是现场观众的笑声。孩子就这样成了幸灾乐祸的对象。

怎么会有人以别人的痛苦为乐，看到别人受伤而感到高兴呢？

西格蒙德·弗洛伊德（Sigmund Freud）推测，其背后原因可能是人们为自己逃过一劫而感到庆幸。我们怀疑，那些通过幸灾乐祸来"换取"片刻幸福和快乐的人，自己也曾因丢脸和痛苦的经历而感到受伤。尽管如此，将别人的不幸公之于众，让别人当众丢脸，把自己的快乐建立在别人的痛苦之上，总是可耻的。这就是为什么"幸灾乐祸"是一条歧路，在我们看来，它与快乐无关，而与羞耻有很大关系。我们观察到，那些需要幸灾乐祸的人已经失去了快乐的能力。幸灾乐祸是情感贫乏与萎缩的一种表现。

虚假的快乐，虚假的幸福

与自己的小圈子或与许多人一起聚会庆祝，可以是一段美妙的体验，其间，个人的欢乐会变成群体的欢乐，幸福和欢快也会传染给其他人。但是，如果节日的气氛只是一场精心策划的演出，欢乐就会成为一种表演，空洞而苍白。比如在一场狂欢节活动的转播中，当镜头对准人们时，所有参与者都欢呼雀跃，而当聚光灯和镜头转向其他人时，这种情绪便一下烟消云散，如果你有过这样的经历，一定会觉得这很可怕。在体育赛事、音乐会或其他活动中，共同欢乐和兴奋可以增强和加深快乐和幸福的心情。但是，如果有什么特别安排的组织者与在场的人一起练习如何欢呼，这就变成了一种表面的快乐，一种演出来的快乐。这样虚假的快乐常常会通过酒来实现：饮酒作乐，饮酒代替了快乐。而最重要的是，生活中的快乐和幸福还缺少了一些必需的东西：选择的自由，即感受真实的情绪，并且能够自由选择其中想要表达的情感。如果我被迫要与人一起快乐，要"纵情"，表现得要像在派对和"玩耍"等更私人的场合中那样，那么这种快乐就是强加的，与其说是快乐，不如说是强迫，与快乐的情绪毫不相干。快乐需要自由，需要真实，需要由自己决定。

必须幸福的幸福

这里涉及了我们在私人和社会领域会遇到的一种强大的趋势：必须幸福的幸福。"如果你无法做到幸福，那不妨吃点药！"我们和身边的人经常听到这样的话。或者"别那么伤心……很简单，快乐就好了！""笑一个！"仿佛幸福真的总是那么"简单"！这样的话语，甚至责备，会产生一种压力，一种幸福的恐怖，有时让人难以忍受。尽管被别人的快乐和幸福所感染是有帮助的，但对于一个人自己的幸福来说，有权利选择是否快乐，选择什么让自己快乐或不快乐才最重要。

生活并不都是派对和幸福洋溢的时光，如果它被策划成这样，通常只有借助酒精和药物才能实现，而且是以牺牲一个人情感的可靠性和自己做决定的权利为代价的。"这种滋味并不好受"，一些有过这样经历的人向我们如此描述。这种"必须幸福的幸福"——压力和强迫下的幸福——并不算真正的幸福。

"不幸福？——咎由自取"

尽管人们常说，每个人都是自己"幸福的设计师"，但这样的说法只是在有限的范围内正确。在有些时候，你也许能做好准备（例如为升职做好规划安排），并在这一程度上成为自己"幸福的设计师"，但你并不能规划赢得彩票，这毕竟是一种偶然事件，即使它能使你快乐幸福（也不一定！）。你可能会历经磨难（这无疑也很重要）寻找爱情伴侣，但要找到真命天子（女），一个真正"合适"、让你感到幸福的人，你还是需要一点运气。

如何幸福，什么才是感到幸福呢？有一股很有影响力的心理学潮流，认为每个人都要对自己是否幸福负唯一或主要的责任，幸福只关乎人们如何看待它。例如，畅销书《口袋治疗师》(*Der kleine Taschentherapeut*)，在"我们让自己不快乐"的标题下这样写道：

"把自己的不满归咎于外部原因的普遍倾向是最严重的心理学错误之一。这在一些话语中体现得很明显，比如：'他的言论让我无比恼火！''她说的话让我很受伤！'或'他训斥了我，因此我觉得沮丧至极！'。

"恼火或受伤的真正原因不是别人对我们说了什么。确切来说，是我们自己因别人对我们说的话而生气……

"例如，一个年轻人非常痛苦，因为他的女朋友坚持与其他男人约会。他说：'她的所作所为真的让我感到不安。''不，'我们回答说，'不安是你自己造成的。'"[拉扎勒斯（Lazarus），2012，第62页]

在我们看来，这种说法不但错误，而且非常危险和有害。当然，人们看待事件的方式会影响到对事件的评价——我们会以自己独特的方式去感受。但是，把一切负面的东西单纯归结于自己看待事物的方式，就是让人扼杀自己的情绪。如果这个年轻人对他女朋友与别的男人约会感到愤怒，他为什么要否认他的愤怒呢？为什么他不应该追究，不能和他的女友争论一番呢？或者说，如果有人因被贬低而感到受伤，当然应该允许他感受到这种伤害并进行反击。声称一个人只要改变自己的内心态度，就能摆脱不幸福，是奴隶主灌输给奴隶的哲学，告诉他们，他们的不幸是"自身的罪过"。（我们一定也听说过，这种思想的对比在支持者和拥护者中引起了极大愤慨。）传播这种观点是有害的，它教人们不要重视他们的感受，不要认真对待它们。同时，这也是很危险的。因为我们知道有人曾试图用这种态度来对待自己的不幸福。他们失败了。而现在，除了不快乐的情绪，他们还要为自己的失败和没有在这"60秒"的时间调整好自我而感到愧疚。

幸福和快乐，无论多么值得追求，从来不是纯粹的孤岛般的存在，无法与我们丰富的情绪世界中的痛苦、悲伤和愤怒等其他相邻的情绪完全剥离。或者，换一种说法：快乐和幸福的情绪只有当内心世界健全，各种情绪都能自由生长时，才会蓬勃绽放。

建议与帮助

幸福和快乐的情绪无法强求。亲爱的读者，你不能强迫自己幸福或快乐。不要让自己被洗脑。但是你可以——我们也很强调这一点——通过对幸福敞开心扉，为幸福和快乐做好准备。如你所知，这些是我们的基本观点。在帮助他人和你向幸福和快乐敞开自己的心扉一事上，我们虽不能给出什么一锤定音的重大建议，但还是有一些小提示、小窍门。我们称之为幸福卵石，希望你能从中捡拾一二。

享 受

幸福和快乐往往产生于享受，事实上，享受大多是幸福的前兆。享受一顿丰盛的晚餐，为完成一项工作而欢欣鼓舞，看到有人向你走来，看到你就高兴，你也为此感到欢喜，享受一场酣畅淋漓的性爱——所有这些都使人快乐，叫人幸福。因此，好好享受吧！如果不享受，可真让人无法忍受。

善待自己

会享受的人，懂得善待自己。善待自己的人，懂得喜爱自己，认真对待自己。12世纪中期，克莱尔沃的圣伯纳德（Bernard von Clairvaux）应一位教皇的要求写了一本生活指南。他写道："因此，记住，善待自己。我不是说要一直这样做；我也不是说要常常这样做；我说的是，有的时候要这样做。"善待自己——真是美好的一句话。

我喜欢什么？

想要体验快乐和幸福，就要让自己"旗帜鲜明"，明确区分什么是让自己高兴的，什么是让自己烦恼或害怕的。这意味着，也需要反复检视：我喜欢什么？什么衣服和什么音乐，什么工作，什么报纸、书籍和电影，以及最重要的——什么人？也许你的"我喜欢"榜单在很长时间内都是固定的，也许这个榜单很快就会发生变化。每隔一段时间审视一下，尤其是你"真正喜欢的人的名单"，对现在和将来都很有用。只有这样，你才能拒绝那些对你来说不愉快和陌生的东西，拒绝你认为难以忍受的东西，拒绝那些对你不利的人，换成给你带来快乐的东西，以及让你感到满意的人。

转瞬即逝和捕捉幸福

对大多数人来说，快乐和幸福与我们拥抱快乐和幸福的时刻有很大关系。很多时候，这就是一些看似微不足道的时刻——花园里一棵树开了花，伴侣打了一个安慰的手势，孩子们玩耍起来。而几乎同样常见的是，人们对这样的体验视而不见，不理不睬，从而也让快乐和幸福被白白错过。用心去感受什么是快乐，什么是幸福，才能遇见快乐和幸福。

在诗歌中，幸福总是转瞬即逝的。例如，海因里希·海涅写道：

> 幸福是一个轻薄的姑娘，
> 不爱老待在一个地方，
> 她抚摸你额上的头发，
> 慌忙地吻你，就逃得不知去向。

正因为快乐和幸福可能会在那些微小而易逝的时刻短暂出现，所以我们需要去捕捉，用心去感受它们的到来。

疯狂中的幸福

你上次做"异想天开"的事是在什么时候？不想再循规蹈矩，决心放肆一回是在什么时候？将原本井井有条的生活打乱，变得疯狂是在什么时候？尤其是当快乐和幸福已经消逝或再难体会时，沉迷于一些疯狂的事情，无论是什么，都不失为一个好办法。

在当下

许多人会把幸福和快乐放在遥远的未来。"等我退休了，我要好好享受生活……""等孩子们离了家……"但是，幸福和快乐就存在于此时此地，存在于当下。它们无法推迟到未来，也不会停留。因此，我们要学会在当下享受，该快乐就快乐，该幸福就幸福。而让人感到遗憾的是，每一次拼命地想要抓住幸福和快乐的努力——因其太过"刻意""随性"——却反而会将其打碎。桑多·马芮（Sándor Márai）写道："当心，要伸出双手去抓住快乐，但要轻轻地。快乐是易碎的。"（马芮，2001，第312页）

因此，在幸福与快乐的当下，尽你所能去关注它们的存在，尽你所能去享受、去守护你的幸福与快乐——但也不要因为怕失去它们，把它们给吓走。请尽你所能。

感恩与感谢

对生活中所拥有的以及从他人那里得到的一切心存感恩，这是许多人获得幸福的关键。因此，请思考一下，在你的生活中，你想要感谢什么，想要感谢谁。虽然可能你会不时想起一些并不值得你感激的经历或人，但你还是要坚持去寻找和发现其他的人和事，即使他们可能有点隐蔽。这样做也是给自己一个快乐和幸福的机会。当你表达感激之情，并传达给他人时——"感谢有你""你为我或我们两个所做的这些或那些事，我非常感激""感谢你的同情、你的爱、你的关怀……"——你和他人的感情和关系便加深了，从长远来看，这也能增加你的幸福感。

我们在这里谈论的感恩与"黏性"感恩（例如，"对于我们作为父母为你所做的一切，你必须永远心怀感恩……"）或挟恩图报（"我有恩于你，作为回报，你要做这个或那个……"）无关。让我们所说的这种感恩充满内心。或者，如果感到受伤或缺憾，至少要充满更多的快乐和更多的幸福。"感谢你是我的朋友""感谢让我遇到了你""感谢你的倾听""感谢让我能和你一起生活"——这样的观察和陈述会让感受到的人感动，也会触动所感谢的人。这是串联起人与人的幸福引线，让各自的世界都更加友善、和谐与幸福。在工作中，一个亲切的微笑问候，会是一份超越任何回报的礼物。被孩子所爱，同样也是一份礼物，如同享受生活。在此，我们再次引用经历过诸多坎坷、种种不幸的匈牙利作家桑多·马芮的话：

"然而，即使是今天，即使是这样，生活也总是永远地给予我们如此丰厚的馈赠！悄悄地，用双手呈现给我们——清晨与午后，黄昏与繁星，树木的闷热气息，河水的绿色波浪，眼中的倒影，寂寞与喧嚣！所有这一切，多么充实，多么丰富，每一天，每时每刻，都是如此丰富！这是一份礼物，一份美妙的礼物。我愿俯首感谢这一切。"（同前，第26，第27页）

第14章

好奇心、兴趣、激情、无聊

意义与情感格局

兴趣是一种情绪，对大多数人来说，只有当它缺乏时才会有所察觉。失去兴趣的人会觉得他们不再愿意或无法投入到这个世界或其中的某个方面。也就是说，兴趣是一种促使人们关注世界的情绪，并为这种关注提供了方向。

德语单词"Interesse"（兴趣）来自拉丁语，其中"esse"的意思是"是，存在"，"inter"表示"之间"。所以，兴趣一词所表示的就是发生在人与人之间的事情，一种"之间的存在"，一种关系的质量，关系的情绪。这种情绪的重要性常常被低估，之后我们会再来讨论这个问题。但首先，请记住：兴趣是关于一个人与周围环境之间的关系，尤其是与其他人的关系的。并没有什么所谓的兴趣"本身"；兴趣总是有目的的，即指向其他人和其他事物的。"我对你感兴趣""我对古代文学感兴趣""你引起了我的兴趣"……兴趣不是单独存在的，而是相互联系的。

而在这个过程中，共鸣产生并发挥了作用。兴趣可以得到回应，从而得到加强。兴趣是一种共鸣现象：就好像朝着森林呼唤，也常常会得到回响。

如果我们看一下兴趣的情感格局，会发现好奇心、无聊与激情也属于其中。

我们所说的好奇心是指一种特别强烈的兴趣，大多与一种期待的态度有关。如果你对一个人、一段音乐或一本书感到好奇，那么你很可能会带着快乐的期待踏上发现之旅，去探索你好奇的对象、让你好奇的人，试图接近他（她），去仔细了解，或通过阅读关于他（她）的文章，与他（她）一起看电影或看关于他（她）的电影……也许你现在想要反对这种对好奇心完全积极的评价，毕竟，我们几乎都已经学会了不要"那么好奇"。这仿佛很贪婪，听起来像是"要得太多"——但对我们的感觉来说，它只是证明了人类对某些东西感兴趣的强烈程度，特别是那些对我们来说"崭新"和未知的事物。在我们看来，当好奇心被赋予贬义，就会与无法遏止地对他人隐私的侵犯相混淆，即与偷窥癖相混淆。我们当然反对这种侵犯行为，但我们并不反对好奇心。没有好奇心，人类要如何向前发展？

激情也是如此。同兴趣一样，激情也包含了一种趋向性，通常是对于某个人或某种活动的。但激情首先强调的是，这种趋向牢牢地占据并充满了一个人的全部注意力。当我的激情燃烧时，无论是在爱情、工作中，还是为了某种价值观，我为之燃烧的这件事物便充满了我的生活，这通常会持续一定的时间，此外，强烈的激情甚至会令我感到痛苦。这种痛苦与其说在于与激情对象的关系，倒不如说因其他一切都退居其次，不足为虑，我无法再衡量我的能量和力量的限度。那么美好的激情态度就会变成"太过激情"。

再回到兴趣的情感格局：兴趣包含在好奇心和激情中，以不同的强烈程度存在于它们之中。与之相对，它在无聊之中是被隐藏或暂停了。例如，一位年轻女士正在等待长期留居国外的男友回来。在他回来之前的两三个星期里，她对之前所有觉得重要的东西都失去了兴趣。她抱怨说很无聊。同时，她的亲友可以为她提供所需的一切——但这位年轻女士对什么都不感兴趣。她忐忑不安，兴趣强烈地集中在男友的归来上，没空去考虑其他事情。无聊占据了隐藏的兴趣的位置。

然而，无聊也可以是一种有意义的休息，让人短暂摆脱那些拘束或渴望，不用一直对众多新事物感兴趣，甚至是必须要感兴趣。很多人的"无聊休息"也是有限的，甚至很多人的空闲时间也是经过计划的，里面塞满了行动。虽然人们能够按自己的兴趣生活很有必要，也值得感激，但必要和可能的暂停，同样也是兴趣格局的一部分。

迷茫与困顿

安雅·弗尔斯特（Anja Förster）和彼得·克罗伊兹（Peter Kreuz）在他们的书《停止工作！去做真正重要的事》（*Hort auf zu arbeiten! Eine Anstiftung, das zu tun, was wirklich zahlt*）中介绍了两位美国研究人员乔治·兰德（George Land）和贝丝·贾曼（Beth Jarman）所进行的一项创造力测试。他们采用了美国航天局开发的一项测试，以寻找那些特别具有创新性的专业人员。测试旨在找到尽可能多的创造性解决方案，即跟随好奇心的兴趣和惊奇。大多数保持或培养了兴趣的人都是有创造力的，因为他们会对新事物、解决方案、游戏性的实验感兴趣。1 600 名 5 岁儿童参加了测试，其中 98% 的儿童被评为具"高度创造性"。儿童有好奇心，有创造力，会跟随他们的惊奇，并能从中激发出探索世界的激情。但遗憾的是，这一品质会退步。5 年后，研究人员对同样的孩子进行了同样的测试。结果只有 30% 的 10 岁儿童仍具"高度创造性"，而到了 15 岁时，这一比例只有 12%。最后，这两位科学家测试了 28 万名 25 岁以上的成年人。结果是惊人的：只有 2% 的人测试结果为具"高度创造性"！（第 44 页）

如果一个人在很长时间内、很大程度上失去了兴趣，这便会在一定程度上导致抑郁。陷入抑郁的人无法再关注他人。他们流向世界的动脉变得凝滞狭窄。对世界提不起兴趣，也没有接纳世界或进入世界的动力。这种情绪低落或明显的抑郁可能有非常不同的原因。有时这些是无法被人察觉的，有时伴有抑郁的产生，例如，面临无法克服的失败时，状况或许会因人们无法达到要求而悄悄恶化。在几乎所有的情况下，抑郁的出现都与兴趣的迷茫与困顿有关。让我们来看看其中的一些情况（对此必须强调，这些经历并不一定会导致抑郁，最多就是可能）。

第一种迷茫可能始于人们兴趣的反复落空。一名男生对一名女生感兴趣，但她属于另一个小团体，并没有回应他的兴趣。另一个孩子对马感兴趣。然而，他的家庭没有能力让他学习骑马。一位青少年梦想着去日本学习日语。他对那里的文化很感兴趣，贪婪地汲取一切能让他了解日本文化的信息（漫画、动漫等），但他出身于小镇上一个贫穷的家庭，追求自己的兴趣非常困难。所有这些都会产生严重而持久的影响。

许多人从这样的经历中吸取教训，不再把自己的兴趣转向其他人。比如，有人反复向父母询问工作上的经历、成功和忧虑，却始终得不到回答时，他们就再也不问了；有人感觉到父母不大对劲，关心他们的情绪状态和心理状态，进而追问原因却得不到回答，他们最终也不会再问了。如果伸出手却换来一场空，人们就不会再伸手；如果投去关心的目光却无人理会，人们就不会再看。并非所有人都是如此，但很多人会这样，这也就是为什么兴趣落空的经历往往会使兴趣乃至人的活力减少，最后彻底幻灭。人们开始是失望，然后是不甘心，最后就不再感兴趣了。对大多数人来说，幻灭的是对具体主题的兴趣，继而是对具体的人的关心，但有时这种幻灭可能会像传染病一样在内心蔓延，感染所有的兴趣，最终会导致抑郁情绪和不快。

如果说到目前为止是一个人对他人的兴趣问题，那么另一重要的迷茫之处，则是他人对某个人没有兴趣或不关心。请设想一下，一个孩子来到一个新的学校班级，但他并没有得到关注；一个家庭来到德国寻求庇护，同样没有得到关注；一个北德人搬到了巴伐利亚，还是没有得到关注。身处陌生的地方，可能会被周围人特别严格地审视，也可能收获相反的经历——他人漠不关心。许多人在个人关系中也有过类似的经历。他们对此一定不陌生：其他人对我不感兴趣，我的周围空白一片——没有人对我感兴趣，我很无趣。结果往往是，他们自己也丧失了兴趣。

遇到那些因不再对其他人或事物感兴趣而特别痛苦的客户时，我们总是会问他们一些别人对他们感兴趣的经历。显然，无论对于成年人还是孩子，他们都遵循这样的原则——"如果别人对我不感兴趣，我就不可能对别人感兴趣"或"……我对别人也不感兴趣"。很明显，在通常情况下，别人对自己不感兴趣的经历和自己对别人丧失兴趣的事实是并存的。如此，这些经历便深深植入他们的心灵，由此产生的对自己和世界不感兴趣的后果也将持续下去。

对迷茫与困顿的进一步思考使我们看到了兴趣方向的重要性，也就是说，人们向他人表示自己对哪方面感兴趣。一个男人说："我的父母只对我在学校以及日后的教育中取得好成绩感兴趣，其他一切对他们来说都无关紧要。而今天，我的妻子好像只关心我能否升职，以及我能给家里挣多少钱……"还有一位女士说："我的两个最好的朋友只在我过得好的时候对我感兴趣。当我感到伤心，过得不好，想谈谈我的苦恼时，她们就开始开小差，转到其他话题上。生活只能繁花似锦，否则一无是处。"还有人说："在我们这里生活，最重要的规则之一是，你不能过得太顺心。至少你要表现得像抱怨什么。否则，你就会立刻被排除在外。紧接着就出现贬低的言论'我们不感兴趣'。"不止这几个例子中的内容，人们对他人兴趣的体验大多都非常局限。别人对我们整体性的人生并没那么感兴趣，往往只是关注于某些方面。这种状况在一段时间内可能没什么问题，但从长远来看，会对人们造成影响——长此以往，人们会觉得空虚无意义，也失去了很多有趣、有意义的交流的机会。

兴趣和它的反面——缺乏兴趣，有什么样的意义呢？我们在学校里，尤其能看到其对儿童的影响。你可能亲身体验或观察到，当孩子们对一门学科，特别是对一位老师感兴趣时，他们会学得更好、更轻松。反之亦然：如果老师不关心孩子，孩子就会失去学习的乐趣，往往也会失去学习的能力。一个11岁女孩的英语成绩在换了老师之后明显下降。她对此没有什么解释，只是说对英语"没兴趣"了。当被问及原因时，她能想到的是："新老师甚至不知道我的名字，总是把我和别人搞混。"老师的不关心会导致学生失去兴趣。

而且漠不关心往往离鄙视也不远了。我们知道，既有对孩子们和课堂极其投入、非常努力的老师，也有无精打采、兴致缺缺、愤世嫉俗和鄙视自己工作的人。这种鄙视往往基于自我贬低和自我厌恶。他们曾有过其他人生梦想，但因没有实现而鄙视自己，或者自己经历了太多的鄙视，想要"同化"学生，散布鄙视，播下冷漠的种子。

兴趣杀手也会通过对其他人的贬低作祟。听到"你永远也找不到一份像样的工作"或"看你那走路的样子，没有男人会想要你"这样的话，人们对他人感兴趣的冲动也会消弭。一个人如果无力发掘自身的有趣之处，又怎么能相信别人会认可自己有趣？一个人如果不能体会到自己的价值，就很难相信自己有资格对别人表现出兴趣，也不会觉得自己有关心他人的资本（我有什么资格对你感兴趣？），更别提好奇心或激情了。

建议与帮助

游 戏

儿童通过游戏发现世界，他们对游戏中的一切感兴趣，一切对他们来说都是游戏。这一点也不"幼稚"，相反，这是儿童通过兴趣来了解、掌握世界的一种严肃方式。因此，我们的建议是游戏！运用你的能力，唤起自己孩童的一面，让它再次活跃起来。此时，也许你会想起自己过去喜欢玩的游戏，也许你会发现在自己内心深处闪过了玩游戏的渴望，但你并没有当真。请跟随渴望吧！游戏的类型并不重要，从纸牌、电脑游戏到体育游戏，再到好玩的创意活动，它们都是有价值的，能够激发兴趣，有助于你以游戏的方式投身于世界。唯一需要注意的是：不要太好胜，对自己太严格，想把每件事都做得很好，进而把游戏变成一场胜负竞赛。（因为遗憾的是，这种游戏的反面，也常常与童年经历相关）。

沉 浸

实践自己兴趣的一种特殊形式，便是深深沉浸在自己感兴趣的活动或对象中。沉浸在某件事情中，忘了周围的一切，忘了时间。它可以是一款电脑游戏，也可以是一场足球赛。人们也可以沉浸在一些感性上令人愉悦的活动中，如缝纫或编织。循着自己的感官印象，倾听鸟叫的声音，或者闻着森林里混合的各种气息，人们便可借此进入一种愉悦的沉浸状态。这种感兴趣的品质是值得赞赏的。它不是出世的"道路"，而是一种深层兴趣的表达，可以同时赋予人满足和放松。高强度投入某项活动可能会成瘾（例如在电脑游戏方面，这种情况屡见不鲜）。但我们界定"成瘾"的标准是无法停止，而不是人们沉浸在某一事物中的强度。因此，就让自己和孩子尽情地沉浸吧。

惊 奇

你上一次感到惊奇是什么时候？对许多成年人来说，那已是很久、很久以前了。也许浮现在脑海里的是假日的回忆、大自然中的邂逅、童年的记忆……对大多数人来说，惊奇早已消逝，或者至少在日常生活的各种逆境和艰苦努力之后，它便失去了意义。这无不令人感到惋惜，因为惊奇是充实生活的一个重要又必要的部分。思考意味着将关注点投向世界,也是对兴趣的一种强烈体验。当我感到惊奇时,我对来自外部的、触动并充盈内心的事物是持开放坦诚的态度的。通常我们认为,惊奇与意外的经历有关,比如一次意外的拜访或一次突然的告白。但我们也可以对熟悉的、重复的事物感到惊奇。海边度假时的日出是熟悉的,但每当我们有意识地去关注,并提起对它的兴趣时,仍会为之惊叹不已。

著名社会学家马克斯·韦伯(Max Weber)曾提到关于惊奇的绝唱(祛魅),"所有一切,人们可以通过计算掌握",于是"从原则上说,再也没有什么神秘莫测、无法计算的力量在起作用"(1917)。他谈到了"祛魅的世界"。在这样一个祛魅的世界里,人们只关注于理解自然现象,再也没有给我们所理解的神祇留下惊叹的空间了。水从云中落下,花朵开放,彩虹架在天空中,所有这些都是可以从科学的角度解释、计算与理解的。但是,当我们用心关注这些事物时,当我们感受与体验夏天雨水的温暖,为一朵花苞的绽放感到欣喜,为彩虹的美丽而惊叹时,惊奇作为一种品质的体验,作为一种心灵的震撼,就有了自身的位置。对我们来说,重要的是不要把惊奇局限到科学方面。对于那些出于对彩虹的惊奇而对光学/物理学感兴趣的人来说,这是一种美妙的冲动。但惊奇不仅仅是科学理解。惊奇使我们的心向世界敞开。我们为那些令我们感到神奇的事物惊叹。在这个过程中,我们看到了世界更多彩的面貌,很多也许与科学的理解背道而驰。想想来自新生命诞生,新婚夫妇温柔触碰,山巅震撼壮景的美妙体验……惊奇就是生活,因此,向惊奇敞开心扉吧!

无 聊

在如今的时代，在今天的社会，大多数人在生活的道路上都有明确的目标。他们不会漫无目的地虚度生命，而是朝着某些目标前进，往往满心紧张、步履匆匆。在一个地方停留和徘徊很久，被视为"无聊的新含义"。由于职业或其他原因，很多人的兴趣在这里和那里发生了转变（或被迫转变），兴趣需要暂停。而这些暂停使我们有可能切换到另一种生活模式，徘徊消遣，闲庭信步，这也给无聊赋予了一层褒义。所以，不妨无聊一番。偶尔，享受无聊。在无聊的休息中发现对自己的兴趣。

墙上的裂缝

我们已经说明了在抑郁时，兴趣和其他情绪是如何被抑制或消失的。许多人描述说，这就好像在他们身体里或周围有一堵无法穿过的"墙"。当那些想帮助他们走出抑郁的人，向他们提供生活的喜悦、悲伤、渴望或其他情绪，并将之定为值得再次感受的"目标"时，他们往往会退缩。跳出压抑的黑暗和自我封闭的沮丧感，再次感受这些情绪，对许多人来说遥不可及，无法实现。对此，根据我们的经验，对兴趣进行提问是一个可行的途径。"你对什么感兴趣？"或者"如果可以，你会对什么感兴趣？""你曾经对什么感兴趣，或对谁感兴趣？""我对你很感兴趣，你觉得怎么样？"此类问题，尽管有时会令人痛苦，但可能是很有帮助的。最初他们往往会拒绝，但在寻找和持续追问的帮助下，大多数人确实能找到他们可以追求的兴趣萌芽。这就相当于在墙上凿开了一个将会逐渐扩大的裂缝。或者换一种说法，一点点兴趣的火苗也可以是燎原的星星之火。

寻找有趣的人

在生活中，你肯定要和很多人打交道——亲戚朋友、工作伙伴、街坊邻里，更别说，你可能还要出席俱乐部或其他场合。我们的建议是：花点时间，想想这些人中哪些是你感兴趣的。你想对谁多一些了解？想对谁有更进一步的认识？你对这些人的哪些方面感兴趣？无论你的个人风格是什么样的，都要表现出你的兴趣，比如，也许可以大胆地说："你让我很感兴趣，我想和你聊一聊。"

要想这样做，你可能会需要勇气，必须克服自己的害羞，但你会意识到，有目的、主动地关注他人，而不单是等待对方注意到你，这一点有多么重要。毕竟，有可能对方与你一样，也对你很感兴趣，一直在等待你的信号，或者他（她）会惊讶地发现自己对你有兴趣。即使没有得到回应，也请你为自己的勇气感到高兴，并继续努力。

顺其自然

一位年轻女士谈到了她的兴趣陷入困境："我希望其他人关心我，但同时我又厌倦了为此做任何事。"她问我们，她是否需要继续努力争取别人的注意（"但我太累了！"），或者她是否应该耐心等待，看是否会有人对她产生兴趣（"但也许那样的人永远不会出现！"）。

我们的建议是：看情况，顺其自然。或者说，不用太拼，但也不要灰心。敞开心扉，就在这里，对环境、对他人感兴趣，这样他们就能"被你发现"。然后同时，顺其自然。

差异万岁

"他们用一层习惯的保护层把自己包起来，对彼此只有有限的认识"，这是 D. 韦勒斯霍夫（D. Wellershoff）在他的小说《爱的愿望》（*Der Liebeswunsch*）（第 343 页）中对一对夫妇的描述。习惯很重要，对家庭的安全氛围有很大作用，但习惯也会导致兴趣的丧失。我们遇到过很多夫妇，他们早已不知道两人到底为什么要在一起，并为此痛苦。在这里，有一个问题一直很有帮助："伴侣的什么方面会让你感兴趣？什么方面会让你感到好奇，或者说惊奇？"如果伴侣参与对话，如果他们（仍然）对他们的关系感兴趣，那么这份关系的质量就有可能改变。单调的习惯不能、也没机会立即变成激情的碰撞。中间的步骤就是兴趣、好奇心、惊奇，它不太关注两个人彼此的联系，而是会注意差异，注意特殊性，注意每个人另类的一面。对此，我们想再次引用韦勒斯霍夫的小说，"噪音是千篇一律的单调"（第 207 页）。

伴侣之间的差异可以激发兴趣，保持关系的活力。与其他亲密的人的关系也是如此，比如父母与子女之间，男女朋友之间。不要只看那些你所熟悉与了解的，也要去看看那些陌生的、不同的、让你感到好奇的事物！

兴趣与倾听

要如何对他人表现出兴趣？让我们举两个例子。

第一个例子：施特凡·G. 很高兴地遇到了一位老朋友。这位朋友问施特凡·G. 过得怎么样，于是他开始谈论他的家庭和工作。他提到一些工作的问题，这位朋友马上插话，给施特凡·G. 提出建议："我总是这样做……""你应该……"施特凡·G.的话越来越少。他听着，但逐渐陷入了沉默，谈话最后只剩下一些客套的空话，然后便草草结束了。

第二个例子：莎莉·S.也遇到了一个朋友。她们对彼此都表示很感兴趣，并询问对方的近况。她们已经有两个月没有见面了，有很多话要讲。莎莉还讲述了一些问题和困难，例如她的婚姻。她一直在讲，朋友也一直在听。偶尔朋友也会问一些问题，以便更好地理解。莎莉最后说："是的，你帮了我，让我把很多事情理清楚了。"朋友感到很惊讶，毕竟她"只是"在倾听。

这两个例子表明，对另一个人的兴趣和关心的首要表现是倾听。通过询问、具体说明、表达好奇和参与等方式，倾听可以是一件完全积极的事。如果人们能够倾诉（无论内容是积极的，还是消极的），并找到一位感兴趣的听众，那么这就是一种治愈。许多事情会在倾诉中变得清晰，至少会令人产生一种基本的情绪，即有人对我感兴趣，有人在听我说话，有人在试图理解我。然而，哪怕在大多数情况下并未被征询，人们也往往以为他们必须立即向对方提供一堆建议。可以确信的是，这种不请自来的建议并不是他们对他人感兴趣的表现，相反还会迅速浇灭一切兴趣。所以请记住，倾听和询问可以表现你的兴趣。不要让它退化成一种姿态。兴趣要真诚，发自肺腑。而从长远来看，兴趣是相互的：它存在于参与者之间，会将人们联系在一个共同的空间、一种共同的氛围、一段相互往来的过程中。

第15章

爱

意义与情感格局

描述爱是诗人们千百年来一直致力于去完成的一项任务。爱的格局极其广阔,我们每一个人都有过爱的幸福与苦恼的经历,一定也曾在其中迷失过方向。对于了解爱的人来说,爱是永远无法准确描述的一件事物。对于不了解它的人来说,描述对他们理解爱也没有什么帮助。千言万语的描述都无法取代爱的体验。我们深信:爱并不需要别人的帮助。人们自己能够去爱。因为当孩子们来到这个世界上时,他们就已学会了爱。爱是每个人天生的能力。他们无条件去爱,敞开胸怀去拥抱人际关系中所遇到的一切。但这种美好的能力可能会受到与他人相处的经历以及生活条件的影响,甚至有时,人可能会失去爱的能力。在这种情况下,就需要成年人去帮忙清除那些爱的道路上的绊脚碎石。而这需要理解和语言。

为了缩小爱的漫无边际的范围,我们将在下文中把爱限制在人与人之间,特别是伴侣之间的爱。父母与子女的爱、对动物的爱、对物品的爱、对自然的爱、对音乐的爱……以及对自己的爱,我们则要

（很遗憾地）放在一边。

同时，你会认识到，我们小时候爱与被爱的经历也会影响到长大后的伴侣之爱。我们在这段时间内可能形成了一些模式，它们可能给伴侣关系和恋爱关系中的爱带来麻烦，又或者开辟出更为自然、轻松的途径。例如，我们都希望自己的爱能得到对方张开双臂和敞开心扉的回报。但这种理想化的构思、一厢情愿的爱的想象，往往会被童年的爱的现实经历所掩盖或遮蔽。例如，荷兰作家郝特（t'Haart）写道："一个人最爱的也许是他一直害怕和仰视的人，尽管他们对待自己很粗鲁，可能只有偶尔，或许一年才一回，才会给一个意外又亲切的眼神。"（郝特，2000，第 98 页）这样的经历可能会塑造和限制一个人成年后对爱和被爱的开放态度。

爱的意义是什么？爱——爱与被爱——是人类的基本需求，也是一种礼物。而礼物——给予和被给予的——在友善、亲切与生动的人际交往中是有意义的。爱不需要解释，它从本质上往往不能接受任何解释，它是不言自明的。爱就是爱。爱的意义就是爱。

迷茫与困顿

爱可以令人困惑，也可以带人走出困惑，人们可能会像在迷宫中一样迷失其中，艰难地寻找出路，或者根本就找不到出路。爱是疯狂的，同时也是理所当然的。我们只能向你介绍其中一些爱的迷茫与困顿，我们选择那些经常会遇到的，以及我们猜想对你来说可能熟悉的主题，并邀你一起来尝试理解它们。

"爱的空虚"事件

人们有可能反复经历失败的爱，这可能会是漠不关心和忽视、不惜代价的管教、耻辱、背叛、（性）暴力或其他羞辱的经历所带来的后果。而最严重、往往又相当不起眼的却是空虚的体验。

如果人们小时候经历过徒劳的爱或没有被爱，那么他们爱的能力就可能（不是一定！）受到损害或破坏。丹尼尔·鲁克塞尔（Daniel Rouxel）对此有明确的体悟。在德国占领法国期间，他和其他20万人一样，出生在由一个法国妇女和一个德国士兵组成的家庭。而他受到了集体的鄙视。他说："我当时还是个孩子，却已有了死的想法。"（见《莱茵邮报》2009年8月8日的报道）结果，"比不被爱的感觉更糟糕的是没有了爱的能力"。那些没有被爱的人，他们的感情没有着落，正如鲁克塞尔所说，他们的感情被拒绝了，他们往往认为自己不值得爱和被爱。爱需要经验，哪怕只是个人的经验，哪怕只是作为例外的经历。

心灵的绊脚石

人们会在爱、相信爱或拥抱爱的尝试中遇到困难，其根源往往在于他们的内心被各种绊脚石所覆盖。

- 一块绊脚石是羞耻。羞耻感会保护亲密关系，但爱会拓展亲密关系的界限。虽然并非每个人、每段恋情都是如此，但爱几乎总是意味着人们失去了某种控制——自己会围绕着心爱的伴侣，对事物做出取舍。其具体形式也影响重大——确实也有受控制的爱，但它使爱受到了束缚，同时，据我们观察，它也会使爱迅速降温。因此，羞耻这种情绪，会让我们关注自己的亲密关系和个人经历、特点在他人眼中的模样。所以坠入爱河和拥抱爱情的过程往往伴随着羞耻。一方面，羞耻感保护爱情不至于过度越界，从而保护恋情中的人不至于完全放弃自我，在对方身上失去自我；但另一方面，羞耻也可能会完全压倒了爱的存在。如果人们有羞耻的经历（也就是说，他们的亲密关系被公之于众，遭到暴露和谴责），这种情况就更加明显了。羞耻感会导致人们逃避爱，拒绝让爱"走进"或"走出"，不信任爱，不活在爱中。

- 另一块绊脚石是由害怕铸成的。害怕使人狭隘，而爱使人宽广。害怕关闭，而爱能开启。爱可以成就一段关系并使之持久，也可能相反。那些害怕自己所爱的人并非"真爱"，因而不敢去爱的人，永远也不会发现爱。如果你害怕所爱的人可能会发现"我真实的模样"，从而认为先前的自我形象毫无价值，或只是一个"假象"，那么你将很难去爱。如果人们总是非常害怕，在爱的面前就会退缩不前。爱从来都是一场冒险。

- 还有一块绊脚石是灰心或改变。一个在爱中失望过的人，会带着怀疑，至少是谨慎和不同的态度对待下一次爱。他可能会以怀疑的态度看待自己爱的情绪，甚至会去抑制它。太多失望和太少鼓励像蒙在灵魂和生命之上的一层灰烬，令爱无法再被感知，更无法成长。然后，用"世上没有好男人了""反正好女人都被抢走了"这样的话来掩饰"我已经放弃了"。

即使人们沐浴爱河，灰心也会像毒液一样慢慢渗入关系之中。但是，爱情远不止这些，正如伟大的导演维姆·文德斯（Wim Wenders）告诉我们的那样："爱最激动人心的地方在于，它是变化的，它可以成长——哪怕你曾认为它已经很完美了。这为你带来了很多可以期待的东西。爱是一场不断的挑战，让人们敞开胸怀，彼此信任，每日犹胜从前。"（文德斯，2002）

对"我值得爱吗？"这个问题的否定回答——"我是谁，有资格爱吗？""我是谁，有资格被爱吗？"——构成了心灵的绊脚石的本质；对这个问题的肯定回答的怀疑，对明确的"是"的怀疑，制约和瓦解了一些人的爱的能力。通常，人们需要在朋友或治疗师的帮助下，清除掉心灵上的绊脚石，才会敢于去爱，能够去爱。

屈服？

爱需要保护和安全，至少从长远来看是这样。爱是一种关乎伴侣关系的情绪。在角色分配上，伴侣关系不容许长期的上下不平等。按照我们的理解，爱是不能容忍征服和屈服的姿态的。当伴侣需要支持时，爱是不能容忍逃避的。不能为了维持或显示自己的优越感而抛弃伴侣。缺乏保护、不安全、被抛弃、被拒绝的经历往往会扼杀爱，使之变成令人绝望的枷锁。以我们的经验来说，这样的爱情关系往往相当令人痛苦，要解脱也非常困难。

失恋和心的刺痛

失败或破碎的爱会留下伤口。这些伤口可能会疼痛，甚至，纵然已经结痂，还是会因为新的爱而再次裂开。它们很痛，就像心中的一根刺,当"有可能"出现改变时,当新的爱情可能来临时,状况会尤其令人难忍。我们观察到,这往往不是因为这个人与之前的伴侣没有"结束",不能原谅对方。比别人造成的创伤更持久的,是那些怀疑和指责,可以说问题已经改变了方向,成了针对自己本身,表达为自我怀疑和自我指责:"为什么我没有早点注意到这个?""我怎么会让这种事发生在我身上?""我凭什么能留住××?""我是哪里不好,没能留住她(他)/谁也留不住?""我永远原谅不了我自己。"这样的问题、这种自责和自卑日积月累,会成为留在心底的一根刺。它们蒙蔽了我们,让我们看不见新的爱,妨碍甚至阻止了我们重新爱上他人或信任爱。因此,虽然紧接着会进入"建议与帮助"环节,但在那之前,我们还是要让你知道,什么力量能消除心痛,甚至把刺拔出来——是原谅自己。不要陷入自责中,请寻找原谅自己的方法。要做到这一点,你需要寻求鼓励和支持,可以与其他人谈论这个问题。请记住:爱是值得的。

思想观念

我们所说的思想观念是指那些带有"永远必须"和"永远不要"色彩的句子。这样的句子束缚了爱,可以扼杀爱,至少会阻挡我们看到爱。比如:

"**生活永远只会给我们可以解决的任务。**"这样的观念会误导人,甚至还会令人陷入痛苦。它想表达什么意思呢?谁或什么称得上是"生活"?它"给"了我们什么样的任务,是只要我们愿意,就都可以解决的吗?还是所有的挑战,所有的负担,所有可怕的事和个人灾难，我们都要去应付？而"可解决的"到底是什么意思？单相思是"可解决的"吗？爱上一个无视和伤害他人的人，是"我们可以解决的任务"吗？我们的回答是：不。不是所有的负担，不是我们在爱中遇到的所有逆境都是"任务"，它们当然也不是"我们可以解决的任务"。让我们换个说法！当我们用类似的词语给这句话一个转折，它就变成了："失败有时会带来解脱。"然后一切就都说得通了——因为当人们在漫长的艰辛旅程结束时，虽然会痛苦地承认自己在爱中为自己设定的任务失败了，但承认自己"失败"，往往就是解脱性的悲伤"工作"的开始。因为人——恋爱的人——当然会失败。而且他们不"需要"在失败的基础上再加上未能"解决任务"的负罪感。我们认为：失败的可能性是生活和爱的一部分。

"人唯有用心才能看清。真正重要的东西，是眼睛看不见的。" 圣埃克苏佩里（Saint-Exupéry）的《小王子》（*Kleinen Prinzen*）中的这些句子，对于那些眼里只看到不好的事物或眼底一片空茫的人来说，可能是一种安慰。当然，心灵的凝视很重要且有价值，特别是在爱中。一个人可以通过用心看得很清楚，这样讲没有问题，但"唯有"是错误的，它意味着人们在爱中表达出来的所有形式（可见的、可听的、可感的），和所有需要都不重要。这种想法很危险。因为爱需要一种表达方式来实现沟通，一如它的失衡需要一种表达方式来宣泄。所以，于爱而言，应该具备一些可见的东西。我们希望被所爱的人充满爱意地注视和抚摸。我们希望听到"我爱你"。爱之中"真正重要的东西"也应该是可见的。

"真正的爱不会耗尽。你付出的越多，留下的就越多。"这也是《小王子》中人们最喜欢引用和奉为圭臬的一句座右铭，抑或慨叹。妇女收容所里有很多人都相信这一点。我们认为：爱的付出可以不求回报，可一味地付出，予取予求就会导致屈服。

"不能自爱就不能爱人。"赫尔曼·黑塞的这句话表达了他的人生经历。他一生都在为爱自己而奋斗，这份爱在他童年时因为被殴打等侮辱欺凌而受到了伤害。对某些人来说，这句话可能是适用的。当人们受到羞辱时，爱的能力会受到影响，甚至遭到损坏。但我们知道也有很多人不爱自己，甚至从不重视自己，而将此转化为对他人的爱。也许内心有某种力量帮助他们保持了与生俱来的爱的能力，甚至炼成了一枚不可摧毁的"核心"。也许他们曾体味过一个充满爱意的微笑、一个温暖的眼神或一道亲切的声音。那只是种种"不被爱"的碎石之中夹杂着的一个小小的金块，一方面太弱小了，不足以发展为自爱，另一方面又足够强大，能够让人充满爱意地对待他人。

"爱是接受一切的本来面目。爱是无条件的、不做评判的。"诸如此类的句子你可以在众多心灵鸡汤中找到。越是频繁出现，越是荒诞无稽。是的，爱会让人更加包容，热恋中的人也会忽略很多东西。但爱不是、也不应该是不做评判的。人们不能对贬损和暴力"不做评判"，没有人需要为了爱而让自己对伤害和冒犯自身的情形视而不见。例如，没有人应该为了爱而忍受伴侣的欺骗或背叛。我们认为：爱需要价值判断——尊严。

"**爱自己，无所谓与谁结婚。**"这个标题将伊娃-玛丽亚·祖尔霍斯特（Eva-Maria Zurhorst）的一本书推向了畅销书排行榜。它承诺，一个人对自己的态度是爱情能否成功以及如何成功的唯一决定因素。同样，这种说法尽管非常诱人，但也是问题所在。诚然，一个人对自己的态度也会影响其对世界的看法，从而影响对伴侣的看法。但与谁共度一生，并不是"无所谓"的，根据我们的经验，从来都不是（没错，我们在这里也用了一个非常绝对化的表述……）。爱是一种邂逅，一种关系——它总是涉及两个人。顺便说一下，作者自己也不太相信她的标题思想的正确性。越写到后面，她就越偏离她那不太靠谱的论题，书在一开始显然得到了很多读者的赞同，她甚至还描述了爱侣双方相遇方式的重要性。因此，即便你只爱自己，和谁在一起也从来不会"无所谓"。爱需要有爱的对应方。

建议与帮助

需要我们陪伴和支持的大多数人都需要帮助，以全然信任自己的爱，拥抱爱。最主要的是要清除掉羞耻、害怕和灰心这些心灵的绊脚石，并且经常处理心上的刺。或许人们感兴趣的是如何生活在爱中，让充满爱意的时光细水长流。我们一如既往地想从我们的经验库中给你一些建议和提示。第一个提示可能会让你感到惊讶，但却是我们十分关心的。

矛盾的生活

生活中的爱从来都不是一道直线，既不会简单，也不会一成不变。爱存在于矛盾的张力中，要求人们有意识地忍耐矛盾。比如说：

接受和想要改变。"你必须接受伴侣本来的样子。不要试图改变她/他!"这是常见的建议之一,根据我们的经验,这些建议并不经常"奏效"。深爱彼此的人们也会想要改变他们的伴侣,希望他们更开放或更内敛,更敏感或更不敏感,更外向或更内向,更公开地表达爱或相反,等等。如果这种关系真的只是要求改变恼人的行为,有时可能会引起另一方,即某位伴侣的抵制或拒绝——但这其实不一定是问题。

在爱中,在爱的关系中,对于改变不安行为和改变伴侣人格,往往是无法严格区分开的。改变的欲望往往不会只限于恼人的行为,例如关于秩序和任务分配的不同想法,尽管它们常常很恼人。重要的是,要考虑到"两者无法严格区分"的事实,这样围绕改变而进行的斗争才不会以一场你死我亡的令人精疲力竭的小战争告终,否则长此以往,爱会被这样的战争摧毁,最后,连对方整个人都变得令人难以接受,他(她)的特质也不再被尊重。我们认为:要让两者共存,学会与这种矛盾共处。认真对待伴侣让你烦恼的地方。不要让问题暗中发酵。如果你爱一个人,你不一定要喜欢他的一切。这不仅适用于父母和子女之间的爱,也适用于伴侣关系中的爱。

而另一方面,对一些你不喜欢的东西也要学会忍耐。如果你想让爱继续下去,对于其他无法解释和改变的事情,你可能不得不忍耐,不得不接受。无论如何,要在矛盾的张力中不断前进。请尽量表达你的愿望。如果爱人之间要实现彼此平等相待,那么很重要的一点是双方的争论。有一些愿望能够实现,有一些则不会。这种争论需要一个开放和彼此尊重的氛围。这种时候,一定是"仁慈先于正义",重要的是,要尊重和认真对待你自己的愿望和对方的改变意愿,同时要把对方当作一个完整的人去尊重。

"我"和"你"。爱在"我"和"你"的两极之间移动。完全融入对方，忘记自我，以完全投入"你"的生活，放弃对自我的认同，完全认同对方，认同他的困境、烦恼和经验——这种对爱的想法和态度标志着矛盾力场的一极。另一极则是只关心自己的"我"，只把对方作为自己宣泄欲望的对象，坚持处在深深的孤独中，或使对方感到孤独，即一个无法进行人际交流的"我"。当然这种极端的两极分化描述的是一种病态的状况。这里是为了说明，即使在一个完全"正常"的爱的关系中——从某种程度上说——也必须经历这样的矛盾。

解决这一矛盾的办法不是"非我即你"，而是"有我有你"。它在于两者之间的悸动，在于我们所说的"自我的本性"：尊重自己的欲望、情绪和冲动，站在自己的立场上，做自己，面对对方时，要承认、尊重他（她）的本性。有时是"我"占主导，有时是"你"——没有固定的规则，只有在彼此相遇的空间中热烈的争论。它使爱成了生动的"我们"。

依赖和独立。"我不想变得依赖人。"客户说，她想弄明白为什么她对爱的渴望总是伴随着对爱的恐惧，为什么她无法"获得"它。"是痛苦的经历吗？"治疗师问。

"是的……我再也不想变得依赖人了！"

有些人在生活中经历过痛苦的依赖，这使他们感到羞辱。他们从这些过去的经历中得出结论，再也不想经历"类似的事情"，不仅可以理解，而且也是正确的。但这种后果，即对任何依赖的苗头都避之唯恐不及，将其视为一种危险和威胁，甚至将追求独立感作为目标，视为需要维护的最高利益，将会损害一个人爱的能力。在这种情况下，只有解开早期的痛苦经历与爱的依赖感的联系，才有机会获得爱。

爱一个人，会感觉到对对方的依赖，特别是对爱的回报和如何回报的依赖。一个人如果声称他"不在乎，到目前为止我们所经历的只是一种'虔诚的愿望'"，往往是出于绝望，否则他就不是真的爱过。但是，我们特别要强调这一点——依赖也有不同的类型，特别是在爱中——一种是保持尊严的依赖，一种是有辱人格的依赖，后者以牺牲尊严为代价，伴随着羞辱和贬低。因此，对这一问题——"你觉得有尊严吗？当你爱的时候，你能感觉到自尊吗？"——的回答可以看作一种衡量标准，它决定了你是依赖着自己的爱人，还是单纯地与之相伴。

坦率和私密。爱涉及大量的亲密关系。爱人往往比其他人更了解其伴侣生活中的私密。但是，适时地保持缄默，同样也是爱的一部分，尽管这些事情可能很公开，但也没有必要这样做。有的坦率非但无益，反而对爱有害。要求无条件地坦率是有些不近人情的。爱人需要有私密性的权利。

对自己负责和对他人负责。相爱的人之间常常有争执，也有困惑，不知道他们是否需要对自己负责，以及要在多大程度上对对方负责。我们的观察和意见是，坠入爱河的人当然（也！）必须对自己负责，同样（也！）要对对方负责。当我散发爱意时，我在关心对方，也在为对方承担一些责任，此外，我也同样关心自己，为自己负责。它是双向的，这两方面都应该且可以在爱中存在。毕竟，那些我"为你着想"而做的事，怎么会伤害到爱呢？！

责任的第三个方面经常被忽视，即不仅要看对他人的责任和对自己的责任，还要看对这段关系的责任：我可以为这段关系做些什么？什么有助于我们的爱，什么能够支持我们的爱？爱需要什么来滋养？

保护和安全

爱需要相爱的人一起携手抵御外界的威胁和风雨，正如婚姻誓词中所说，"无论逆境还是顺境"。当然这也包含了经历内心的不确定、危机和疾病，内心的成长和成功的时候。爱要求你保护自己的伴侣，也需要你从他（她）那里体验到这种保护。在这样做的过程中，你将在一些时候索取并得到更多的支持，而在另一些时候给予更多的支持。付出与获得也可以相互转换。很多爱侣在付出的同时感受到了获得的幸福——对所爱之人给予他（她）的信任的感激。主要是，从长远来看，寻求支持、保护和安全并不是单方面发生的——相爱的人双方都愿意并能够相互扶持，也接受对方的扶持。

微笑和欢笑

我们从未听说哪些共同生活的爱侣不能一起欢笑，彼此分享各自的快乐。他们往往相互分享快乐，一起欢笑（也可以自得其乐），用微笑和善意对待彼此，他们的爱是持久、富有成果的。请不要让这些"好品质"在日常生活中消失，要关注它们，守护它们。

愿望文化

最重要的是，我们建议你和所爱的人建立并保持一种你们都能表达自己愿望的文化。而且这些愿望无须提前审查。不要试图提前去理清哪些愿望是可以实现的，以及何时可能实现，哪些是不可能实现的。只要表达出所有愿望（甚至是那些或许无法实现的愿望）就好。哪些愿望可以实现，哪些不能实现，不是由你决定，而是你的伴侣，反之亦然。为了使愿望能有机会——我们强调：是有机会，不多也不少——实现，而非停留在未宣之于口的阶段，你们必须相互了解。

我喜欢你的地方……

爱往往可能会变成理所当然。当一对夫妇来向我们寻求帮助时，我们第一次见面就会问："你爱你的伴侣吗？"令人惊讶的是，很多人会对这样的基本问题感到吃惊。通常，比起一个"是"或一个模糊、有时是尴尬的"我不知道"，我们听到的答案是："是的，这是当然。"理所当然吗？爱本身可能是不言而喻的，但我们人类需要去沟通了解对彼此的爱。所以我们接着问："你上一次对你的伴侣说爱或有所表示是在什么时候？"我们和这些人一起寻找词语来描述他们在某种程度上特别喜欢对方的地方。许多人一想就能想到，我相信你也一样。试着去告诉你所爱的人吧——"我喜欢你的微笑，你握手时的坚定，你的关心，你头发的香味，你看我时的眼神，你的打抱不平，你的温柔和你的棱角……"

顺利的沟通

当与爱人交谈时，特别是遇到棘手的情况时，他们往往会迷失方向。这与他们说话和交流的方式有关。请尽可能用第一人称，表达你自己的感受，你的想法，你的情绪。伪第一人称句子和伪情绪堪称沟通的杀手。例如，"我觉得你没有在听我说话。"那是一种情绪吗？不，这是一种可能是基于观察的印象，或者说是一种担忧、一种猜测、一个问题，甚或是指责、控诉。这句话的背后是一种没有被阐明的情绪。也许是愤怒，也许是悲伤，也许是无奈，也许是沮丧……类似的例子还有："我想，你宁愿独自去度假。"也许这实际上是在问："你更愿意一个人去……吗？"说话人表达的还可能是一种担忧："我担心你……"它甚至还可能伪装成这样的话："实际上我想独自去度假"，再加上伪情绪陈述，能使对方无能为力——因为任何试图反驳的行为都会陷入无意义的沟通陷阱中。因此，要尽力表达你自己的想法，特别是你的情绪感受！

还有，请倾听你伴侣的意见。这听起来比实际容易。不要低估这一建议的重要性。

中间性空间

我们所说的中间性空间是指人与人之间的经验空间。这是一个非常特别的空间，一个共享的、别具一格的空间，在这个空间里，两个人的感觉和经验都存在于此，并能相互交流。许多相爱的人会在身体接触、性行为中强烈地感受到这种中间性。但它涉及的内容要多得多。在共同参观博物馆或参加音乐会的经历中，以及在花园设计或其他的环境活动中，也可以一起体验到中间性，这对双方都很重要。中间性体验超越了语言，又蕴含在了语言中。请看着对方，保持眼神交流，不仅听对方说的话，也要听其中的声音和情绪，让身体的触碰变成心灵的触碰——关注所有这些方面的中间性，培养它们，也就是在培养爱。

情绪和提问

爱是一种情绪，它需要用到你在本书中遇到的所有情绪。并且它可以催生这些情绪。爱需要信任，也会产生被背叛的感觉；爱需要放下以往，随之而来的是悲伤；没有好奇心，没有兴趣，爱就会像没有同情心一样无法蓬勃生长；爱也需要野心勃勃的变革的情绪，因为没有改变，爱就会僵化。相反，只有害怕是爱所不需要的。但害怕并不会问爱"是否需要我"。对于爱侣来说，失去爱和所爱之人的害怕往往无声无息，如影随形。但是，人一旦被失去爱的害怕所左右，就会因害怕而失去爱情。

对此，一种有效的方法就是提出问题。如果你担心这段恋情中的某些东西正在发生变化，那就开口去问。爱需要一种询问，那并不意味要提出"我什么时候才能让你满意？"这样的反问，或"你从什么时候开始不爱我了？"一类的控诉，而是开放式的问题："你爱我吗？"

爱需要一种回答。在恋情中和结束后的问题都需要人们认真对待和严肃诚实回答，这将带来一种安全感。"你知道的！"一类的回答并不是答案，而只是把问题扔回给提问的人。它们会增加焦虑感。此外，爱还需要得到认可，从而不断确保它的存在。

勇　气

最后一个建议：爱需要勇气。那些要等到万事俱备才敢放手去爱的人，也许永远无法做好准备；那些要等到自己不再害怕才去恋爱的人，将会错过恋爱的机会；那些想从一开始就得到保证，期待一份永恒的爱，或至少是长久的爱的人，可能会一直等下去。爱需要创造力。"创造力是一场大冒险。他们说，没有冒险，就无法成功。这实际上是并不确切。事实上，更可悲的事实是，不去冒险，就一定会失败。"（文德斯，2002）

为了爱，你需要勇气和创造力，以及发挥创造力的勇气。祝愿你两者皆有。

第 16 章

嫉　妒

意义与情感格局，迷茫与困顿

德语中的嫉妒有两个词，分别是"Eifersucht"（吃醋）和"Neid"（眼红），经常被放在一起提及。

这两种嫉妒的共同点是什么？它们都是被谴责的罪过，在某些宗教中甚至是深重的罪孽，它们都会带来巨大的痛苦。

稍后我们将看一下它们的区别。目前需要注意的是，当我们说"嫉妒（眼红）是信徒的罪"时，这句话所针对的只是那些嫉妒心极强，并且因嫉妒而犯下恶行乃至伤害他人的人。而当我们说到嫉妒（吃醋）是一种罪时，只是指那些窥探监视自己伴侣的人，他们不断怀疑并检查自己的伴侣是否有了其他不正当关系；这种充满折磨的不信任，使他们自己、伴侣甚至其他人的生活变得水深火热。

要描述嫉妒的格局，显然要连带一起探讨相关的迷茫与困顿。这两者基本上是不可分割的。

但是，我们相信，嫉妒也有积极的一面，也可以是有意义的。因此我们也需要对这个问题进行探讨。

嫉妒（吃醋）

格尔德和丽莎住在一起。他们没有结婚，但已是共同生活多年的一对。他们告诉所有人，他们"从不吃醋"。他们认为他们不需要这样。嫉妒只会破坏他们对彼此的信任，这就是他们决定不嫉妒的原因。但之后，丽莎的30岁生日到了。他们邀请了许多朋友，派对上有丰盛的自助餐、饮料，大家还跳了很多舞。格尔德的一个足球伙伴弗雷德多次邀请丽莎跳舞。他们尽情、自由地跳舞，而丽莎看起来也越来越有兴致。格尔德有点羡慕他的朋友能跳得这么棒。与他相比，格尔德觉得自己有点僵硬和笨拙。起初，看到丽莎开始跳舞，他还只是微微一笑，但是不久，他的嫉妒心逐渐升起。当他注意到丽莎和她的舞伴彼此的笑容越来越多，两人配合的动作越来越激烈时，他突然跳了起来，拽着丽莎的胳膊离开了舞池，大声吼道："够了！"他的声音太大，在场所有人都愣住了……

他一直以来否认的嫉妒心还是冒了出来。他理解不了自己，这种情绪过于强烈，超过了他绝不吃醋的打算。当然，这是可以理解和解释的。心理学实验表明，从婴儿6个月大开始，如果母亲把注意力明确地转到了另一个孩子身上，甚至当她玩一个和孩子类似的玩偶时，他们都会有嫉妒的反应。人类希望得到关注、与人亲近、获得归属感，当察觉到别人得到的比自己多时，他们就会去争取这种关注、亲近和归属感。促使他们付出这种努力的情绪就是嫉妒。这也是这种情绪的意义所在。

这种健康的嫉妒看来是有生物学根据的。很明显，在人类的进化发展史上，那些嫉妒地争夺注意力的孩子比其他孩子更能争取到生存机会。不过，即使撇开可能的进化解释，我们不想失去所依恋的人似乎也很正常。当你爱着一个人，而他（她）被别人追求，把目光投向了别人，你会产生嫉妒的情绪反应，这很正常，也是健康的。如果你完全没有激起这种情绪——或许还伴随着骄傲和喜悦的情绪，就说明你对对方并不在意，那么归属感以及有约束力的亲密关系对你来说就没有什么价值或意义。这种嫉妒不应该被污蔑为权力欲或占有欲，因为它源于想要归属于他人的愿望。

然而，另一方面，病态的嫉妒也是存在的，这样的嫉妒会使人痛苦，是让人困惑与迷失的情绪。它的本质从"嫉妒"（Eifersucht）的词源上体现得已经很明显了。原始印欧语中的"ai"是火的意思，在古高地德语中变成了"eiver"，意思是"苦"和"怨恨"。这个词中的"sucht"与德语单词"Sucht"（成瘾，例如烟瘾、酒瘾等）无关，而是来自古高地德语"suht"，意思是"生病，疾病"。德语单词"Seuche"（瘟疫，流行病）和"Siechtum"（久病不愈，长年重病）中也可以找到这个词根。病态的嫉妒、苦涩的火焰，这样一种情绪，能让嫉妒者内心烧起毒燎虐焰，痛苦嫉愤，失去对现实的理智。病态嫉妒的人无时无处不在嫉妒。他们窃听窥视他人，把伴侣的一言一行都解释为"出轨"的信号，或至少对其他人的关心超过了对嫉妒者自己。如此一来，伴侣会变得无所适从。这样的关系或多或少都受到了猜疑的影响，而承受这种猜疑痛苦的往往是那些深陷嫉妒不可自拔的人。他们发现自己处在了一个感知的隧道中，成了井底之蛙，他们的视野和经验的范围狭隘得可怕，甚至令人绝望。嫉妒也因此成了一种病，一种令人痛苦的情绪。

这种嫉妒的本质都是自我价值观念缺乏以及自我贬低。我们不喜欢用"都是"这个词，但它的确符合我们所遇到的善妒之人。一个人如果觉得自己没有价值，在上述意义上很痛苦，就没有信心相信别人会爱他们，对他们忠诚。于是，嫉妒就产生了，而最关键的是，这种情绪永远不会停止，反而会越来越多、不断增加。不只是自我价值观念缺乏，还缺乏自信心，无法评估伴侣的反应，无法依靠自己的直觉或感知来判断对方是否值得信任、是否在撒谎。在这种不确定的情况下，对方说的所有话都被视为借口，尝试解释就是做贼心虚。我们的经验表明：如果嫉妒的情绪在不断生长并持续累积，其根本原因就在于缺乏自我价值观念。

但我们也认识一些人，他们觉得自己病态地嫉妒着，并试图克服这种嫉妒——却为自己的错误判断付出了惨痛的代价。

"我强迫自己相信我丈夫的保证，信任他没有其他女人。我一直在和自己的内心斗争，有两三年了。强迫自己压制住自己的嫉妒心。然后他突然来找我，告诉我他要离开，因为他已经和另一个女人相爱多年了！"这样的经历，这样的故事，再加上是从别人那里获知的，对当事人来说会很苦涩，这也是滋生嫉妒和不信任的病态情绪的土壤。但在这里，在这个例子中，与其说是嫉妒导致的问题，不如说是这位女士不仅没有把自己在他们的关系中已经激起的嫉妒情绪当回事，而且还在内心贬低了这种情绪，在自己的感情上自欺欺人。因此，她成了最容易欺骗和背叛的目标。对此，我们可以回顾一下嫉妒的积极方面。

嫉妒（眼红）

嫉妒邻居的财富，可能会使人去偷窃，甚或做出其他谋财害命的行径。据我们所知，如今这种情况比前几个世纪少了很多。相较于谋杀和激情杀人，人们现在可能更多是以在互联网上谩骂侮辱的方式来宣泄嫉妒情绪。你肯定也知道有这样一些人，他们被嫉妒所侵蚀，羡慕嫉妒恨，见不得别人成功、恩爱、生活幸福，他们会说这背后一定有"见不得人的勾当"。这种病态的眼红会像病态的吃醋一样侵蚀人们。由于害怕被人这样眼红，一些人甚至会去隐藏自己的成功，而另一些人却享受被人这样嫉妒，他们会炫耀自己的财富、幸福和生活美满。

然而，即使是这种侵蚀性和病态的嫉妒，也包含着一种积极的本质。嫉妒基于一种社会比较。没有比较，就没有嫉妒。比较不一定会导致这种令人窒息的、病态的嫉妒。如果你在聚会上听到有人口若悬河，而你自己十分害羞，你很可能会"有点嫉妒"。你会比较，想和那个人一样，想拥有他那样的技能，但是……也就这样，你只是有点嫉妒，仅此而已。这种嫉妒的情绪是正常和健康的，因为比较似乎是人类机体的一个基本法则。你会在春天的时候注意到这一点，经历漫长的寒冷之后，温度升高到10℃或12℃时，你会脱下冬装，享受阳光的温暖。而在夏天，当气温从20℃或25℃下降到10℃或12℃时，你会觉得冻坏了，简直要开口咒骂这冷得让人难受的鬼天气。我们的感官知觉和我们的其他评价/评估总是基于大与小、近与远、冷与暖等之间的比较。假设你的孩子得了个60分的成绩回家，如果他之前的成绩是40分，那么他会松一口气，你还会表扬他；但如果他之前大多是80分，你这次就会很失望。

此外，还有比较以及随之而来的羡慕嫉妒。对大学生的心理测试表明，一年级的学生并不会嫉妒四年级学生的能力，但如果其他一年级的学生比他们掌握更多知识和能力，他们就会嫉妒。而你也一定有过这样的体会。如果你的一个朋友在聚会上唱歌很好，而且比你唱得好，你的情绪里可能会悄悄地"有一点儿"嫉妒，但你不会去嫉妒一个歌唱家，只是会欣赏崇拜。健康的嫉妒是一种比较的情绪，将自己与可及范围内的人和他们的能力进行比较。太遥远的事物，至少不会被健康的嫉妒纳入比较或评价的范围。

但是，如果嫉妒偏离了方向，演变成了病态的嫉妒，那么可能所有事物、所有人都会被无差别地嫉妒，包括歌唱家，包括所有遥不可及的人。在通常情况下，这种嫉妒也是对羞耻和被贬低经验的一种自我防御。我们知道，人们往往为自己的贫穷或缺乏才干而感到羞耻，常常因此感觉抬不起头来。为了不体会到这种羞耻，有些人就变得好像有些嫉妒，或者说根本就是在嫉妒，他们还用激进的方式表达了这种嫉妒。在这种情况下，正义感受到的侵犯也会从中起作用，甚至是决定性的作用。正义感是每个人与生俱来的。在孩子身上尤其明显，他们会对例如学校里的不公正事项提出抗议。如果物质差距和教育机会差距太大，人们就会产生愤慨，并以抗议，甚至革命的形式表达出来。

这让我们从中看到了嫉妒的另一重意义：嫉妒别人成功的人可能因此受到激励，发愤图强，争取自己的成功。嫉妒别人富裕的人可能会因此受到鞭策，自立自强，争取自己的富裕。一个人如果能用自己的正义感对嫉妒他人的情绪进行判断校正，并能确认其为理性合理的嫉妒，就有可能会投入到争取"更美好的未来"的努力中。因此，这种健康、积极的嫉妒也被称为"刺激性嫉妒"［豪布尔（Haubl），2009］。嫉妒是由比较产生的一种情绪，可以让人积极行动起来。

然而，病态的嫉妒会使人在咒骂和抱怨中耗尽自己的精力。它不会让人主动去改变，反而会加强被动性，有时还会表现出攻击性。

建议与帮助

对付嫉妒情绪的折磨，最有效的帮助是在童年时就学会用"平常心"去面对嫉妒，在成长过程中不要将这些情绪定性为"罪恶"。因为这种贬低在他们长大成人后就会发展为自我贬低（"我是个坏人。"）。这至少是自我贬低的一个不可忽视的重要根源，以后还会导致嫉妒情绪的发作，使他们自己和其他人感到痛苦。比如，当有弟弟妹妹出生时，孩子们会嫉妒，这很正常，完全正常。他们失去了一些东西，也将会失去另一些东西：作为第一个孩子独占的父母的照顾和关注，父母（特别是母亲）投入的时间和精力——新生儿需要的父母的关照，分走了父母的注意力。父母虽然也努力了，但孩子还是会面临损失，于是就导致了嫉妒。这与孩子喜欢弟弟或妹妹，并为他们感到高兴一点儿也不矛盾。在情绪语法中，这对看似矛盾的情绪是用"和"连接的。有些孩子会表现出他们的嫉妒，有些却不会。他们内心的激烈动荡则经常会在游戏中表现出来：他们经常打架，或者描绘出一个又一个的战斗场景……

父母要怎么做？

首先，允许孩子嫉妒。你越是不让孩子嫉妒，他们就越是会去"捍卫"它。将其视作一种正常状态，正常去对待，它自己就会消失。

其次，要向做哥哥姐姐的大孩子保证你的爱。不是一次，而是要不断地去这样做。这可以让嫉妒融入孩子的情绪世界中，而不是被压抑克制，在孩子长大后，它可以作为一种健康的人际关系调节机制派上用场。

最后，爸爸或妈妈花一些时间专门用来与大孩子在一起，事实证明也是很有效的。多长时间或多少次没有关系，只要你用心做了这样的安排。假设姐姐叫卡门，你可以给她一个"卡门下午"或"卡门时间"，这是一段只属于卡门的时间，没有新生儿，只和卡门在一起。这是向卡门表明，她没有被遗忘，你一直都在关心着她。在大多数家庭中，这样做就足以抵消这种令人绝望、也让孩子感到不安的嫉妒，让其无法再滋长。（如果没能成功，那就意味着在嫉妒背后很可能还隐藏着其他有待解决的问题。）

自己要怎么做？

我们说过，强烈的嫉妒情绪可以在一段时间内被遏制和控制，但这样并不能使其消除。长期的控制反而会使其在之后爆发得更强烈。若要帮助成年人，关键是要寻找自我贬低和自我价值观念缺乏的根源，从而逐步重建自我，即将一个减分的自我重塑为加分的自我。如果嫉妒的情绪过于强烈，左右了你的生活，令人痛苦不堪，根据我们的经验，专业的帮助是很有必要的。

除此之外，最重要的是视角的转变。我们的意思是更多地关注自己，即把注意力集中在自己身上，而不是盯着别人。如果你很容易产生嫉妒的情绪，我们有如下建议：

· 与自己协商，最重要的是与他人协商，与好朋友，与你喜欢的、喜欢你的和你信任的人协商，想想你自己的生命能做些什么。即使你将自己与他人进行比较和"校准"，我们说过，这很正常，但衡量标准是你，而不是他人。答案由你自己决定——你对什么有热情，你会为什么而热血沸腾？

- 如果你很容易吃醋，而且据你自己评估，你会过分纠结于你的伴侣有没有可能找了别人，那就表示你可能一直在想那些你不想看到的事情：你不希望你的伴侣与其他人调情，你不希望他（她）出轨，你不希望他（她）离开你……在这里，转变视角就是要去关注你想要的事物：你想和伴侣一起经历和体验什么？你喜欢做什么？你想做什么？你能做些什么？你想从伴侣那里得到什么或期待什么？……

- 嫉妒，在使人痛苦时，是消极被动的。你让自己太依赖他人了。视角的改变就是要看到自己的主动性，认真对待自己的可能性、自己的冲动和愿望。勇敢一点，将你的感受、你的想法、愿望、需要和兴趣告诉别人。把你的生活和你的人际关系（再次）掌握在你自己手中。

第 17 章

从自我陌生到自在

意义与情感格局

我们都知道这种感受，至少偶尔会有过，就是对自己感到很满意。我们有时会感觉"如此惬意自在"。"我住在了自己的灵魂里"，美国诗人沃尔特·惠特曼（Walt Whitman）是这样叙述这种状态的。然而，有时我们又会"迷茫、不知所措"，或者说"对自己感到陌生"。"魂不守舍""好像自己并不属于这里"——这些评价源自我们自身，抑或他人口中。有时候我们会觉得，自己的一部分"不属于我们自己""对我们来说很陌生""像是外来者"。哲学家乔治·斯坦纳（George Steiner）写道："对我来说，还有什么人的存在能比我对自己偶尔所感受到的更加陌生呢？"（斯坦纳，2002，自第 77 页起）

对于这些感受与状态，人们用了不同的词汇来表达。比如"熟悉""陌生""习惯""自在"等词语常常用来描述这些内心状态。"我感觉很不自在""我理解不了我自己""我常常问自己：这是我吗？""我失去了方向"，或者"我可以接受自己""我是真实的""这就是我""我感觉很惬意""我寻得了内心的绿洲"，诸如此类的一些说法，有的是有别于"平常""典型"的经验的，针对暂时、当下的体验的描述，有的则是表达决定一个人的生活与经验的基本感觉。

自在与自我陌生，这是日常生活的感受，同时也描述了一种基本的经验活动：我们认识的几乎所有人都在尽量减少自我陌生感的出现，让自己能更多、更经常地感受自在。因此，我们把关于这种基本感受的内容放在了这些感觉描述的最后，作为"压轴"与总结。

自我陌生，往往与不安全感、迷茫、对自身的困惑及孤独感有关。这是一种综合的感受或状态。自我陌生是一种什么样的感觉？我们认为，这种感受或状态是对无法承受的状况做出的反应，是一种应对策略，是我们曾经或现在，在心理上度过痛苦或动荡的经历所必需的。抑或说，这是人们生命力中的重要方面未能实现或无法实现的一种表现。在这个意义上，认识到这种自我陌生，就是指示我们改变自我、走向自在的第一步。

自在或自我熟悉，往往与幸福、平和、从容、自信、满足、清醒、平衡等体验联系在一起，本身就自然且明显含有这样的意义。起码我们是这样认为的，它也符合我们的价值观。但这种感觉大多并不稳定。自在感是有限制的，有时会因人与人之间的关系而丧失，被自我陌生感取而代之。这种变化可能发生在突然之间，但也常常发生在长期的生活与体验过程中。

迷茫与困顿

陌生世界中的陌生人

我们经常听到人们这样说："我确定我不属于这个家，我就知道我一定是出生时被弄错了。"这种对自己家感到陌生的情绪似乎比我们以前所认为的更普遍。"我小的时候一直认为自己是被收养的，他们是我的养父母。我觉得他们想要向我隐瞒我的真实身世。"哈利·波特（Harry Potter）就是这样，他与自己从小长大的家庭有隔阂，梦想着有天能被拯救。在小说或电影中，拯救会发生；但在现实中，却很少有这样的事。

我们知道有这样一些人，他们在成长的家庭或环境中确实是"陌生人"。这一事实或是被隐瞒了，或者由于从前太不堪回首，他们遗忘了自己的身世。W. G. 赛巴尔德（W. G. Sebald）在他的代表作品小说《奥斯特利茨》（*Austerlitz*）中就讲述了这样一个例子。奥斯特利茨是小说里一个人的名字，他对自己感到完全陌生，也显得很疏离。后来，经过许多混乱的身世探寻，真相渐渐明朗——他是一个被收养的犹太男孩，作为救援行动的一部分，与其他成千上万的儿童一起被带到了英国，以免遭纳粹杀害。他在威尔士的一个宗教激进主义基督教家庭长大，是陌生人中的陌生人。这种陌生感支配了他的整个人格。他只好慢慢地、忍受着痛苦把自己从中摆脱出来，通过探寻与重新认识自己的身世与过往，将其变成一种内心的自在。

借此我们可以清楚看到，身处异国他乡或在陌生环境中的陌生感是自我陌生的一个重要来源。然而，更深层次的还是安全感和自在感的创伤性丧失，在奥斯特利茨的例子中，这种安全与自在就是能继续与父母一起在德国生活。人们面对这种创伤性经历时的反应往往是麻醉自己，最终变得自我陌生，因为他们无法忍受它所带来的痛苦。

我到底是谁？——如果一切不再理所当然

有些人的自我陌生并不是对于周围环境，而是对于他们自身的，例如他们内心的不安和被驱动的状态。

"我不知道我到底是谁。我缺少本质。"一位女士如是说，也代表了其他人的心声。我们要补充的是，是缺少理所当然的本质。所有人都有着各自的人生经验，总的来说，我们对这些经验（情绪、身体感觉、信念、关系等）都是确定有把握的。这些经验随着我们的不断经历也在不断增长，并且只要我们活着，愿意去体验新的经历，就还会继续增长。但它们也可能会遭遇危机，这些危机会使我们动摇，对曾经确定的一切产生怀疑。但撇开危机不谈，这些经验构成了理所当然的本质。如果这个本质有所缺失或太过脆弱，人们往往会感到自我陌生、太过依赖他人、被驱动、没有安全感。而且这样的情况不会只是偶尔出现，而是会在他们漫长的人生阶段中，深刻地影响着他们的个性，他们的存在。这就会促使他们去找寻自我，找寻自己的本质是什么。他们渴望内心的平静，渴望坚定，希望这些能为他们的生活提供力量和支撑。

"我就是 50 部电影"，这位在当时和至今都受到很多人的钦佩和尊敬的奥地利女演员罗密·施奈德（Romy Schneider）在 1976 年，也就是她去世前 6 年曾这样说［达赫塞（Dahse），2002，第 315 页］。这句话多么惊人啊！用几个字就概括了罗密·施奈德的故事。"我就是 50 部电影"——但这也意味着：在电影之外，在现实生活中，作为一个人，我不知道我是谁。罗密·施奈德不知道。她一生都在找寻答案，可大多是徒劳。她一直对自己很陌生。许多人都有和她一样的感受。

就算是"普通"人，也会说过类似的话，"我是在演戏，我不知道我到底是谁"，或者"很多时候，我觉得我只是在扮演角色。并不是我选择的角色，这个角色实际上对我来说是陌生的，我甚至不知道我是否想演"。这些人在寻求"做自己""抵达自我""找到自己"……这也是贯穿罗密·施奈德一生的一种渴望。演戏对她来说是一种诅咒，而没有这种诅咒又无法生存下去。演戏充当了某件无法触及、不可名状的事物的替代品。

罗密·施奈德是在一种经历上的空白中长大的——在无法触及、不可名状的关系层面上。早年，她在一个优美宁静的山庄里长大，由保姆和祖父母照看。罗密·施奈德的父母是著名的电影演员。她的父亲忙于电影，她很早就失去了父亲的关爱，几乎没有什么机会了解他。她很少能见到父亲。1943年，罗密5岁时，父亲彻底搬走了。她的母亲是爱自己女儿的，但却经常因为拍戏而缺席，故而也充满了愧疚。因此，罗密·施奈德的童年有两大特点——我们在许多终生追求自在的人身上也见到过类似的因素。一方面，罗密从小就被教导，她是特别的——不仅仅是"最美丽的孩子"，还有很多很多。一切都围绕着小罗密，其他人都是"公主的侍从"（同前，第23页）。然而，另一方面，父母对罗密来说却是"遥不可及的"（同前，第26页）。他们是远隔云端的明星，遥不可及，是可以模仿和崇拜的偶像——但却无法亲近。他们在具体方面也大多是隐形的：父亲反正是缺席的，而母亲也是经常在外，据说她要女儿毫无怨言地爱她。她期望罗密能无条件地体谅她的处境，不要让她伤心。这位母亲一直心存幻想，坚持独自抚养孩子，希望能等到她的丈夫回来。但他并没有回来。于是，母亲玛格达·施奈德（Magda Schneider）一次又一次并且越来越频繁地在梦境和虚幻的世界中逃避。而罗密·施奈德也躲到了戏剧和电影的角色中。这条路一直是她的出路：演戏，而不是活出她自己的"我就是我"；钻入角色，而不是找到自己的角色；活在电影角色的喜怒哀乐中，而不是面对自己的情绪。她一次又一次地试图离开这条路，但她无法做到。她一直坚持着她那非此即彼的思想和生活结构：要么是戏剧，要么是生活；要么是做别人，要么是做自己。她的自我形象也受此影响，她认为自己必须在这两个极端中做出选择。"和"以及"两者兼得"在她的人生经验中是被否定的：我活在别人的情绪中，也面对我自己的情绪，我演戏，同时我也有自己的生活。她也因此成为伟大的演员，因为她活在了角色中，而不仅仅是扮演它们。这些角色是她自己个性的替身。这种情况发展在她后来的人生中越来越明显。"我在电影中无所不能，在生活中却寸步难行。"（同前，第205页）

而且它们总是伴随着一种混沌的渴望。根据我们的经验，这种渴望是自我陌生感不可避免的一部分。渴望的对象会不断变换。罗密·施奈德在拍电影的时候，渴望着拍戏；在拍戏的时候，又渴望着拍电影。她演戏时，渴望着休息。而当她休息下来时，又渴望着下一部电影。渴望着疯狂的反叛，渴望着丰足安逸的生活，渴望严肃，渴望轻松……这种混沌的渴望是不稳定的，是不安和被驱动的表现。许多无法找到内心自在、感到自我陌生的人，也有这种经历。他们在寻找别的东西，但他们不知道是什么。他们兜兜转转，却是在原地徘徊。

而且出于对自己的陌生，他们也很容易让自己被别人左右。

那些缺乏价值判断标准或内心判断力太弱的人，很容易会把主导权交给其他评价者。导演西贝尔伯格（Syberberg）描述罗密·施奈德"完全没有判断力"，考虑到一些相关背景，这让人很意外。再想想罗密·施奈德扮演的各种女性角色是多么伟大、有主见，她与其他演员、知识分子、导演等相处得多么愉快，并从他们那里得到了多少认可！然而，虽然她也有能力判断和对情况与人进行评价——但每一个判断、每一个评价都伴随着深深的不安全感，并会导致自责和内疚感。她的内心缺乏一个基础性的安全场所，一个能让她内心安定的地方，一种属于她的、理所当然的本质。她的故事总是在角色之间上演，然后她就用酒精和药丸来麻痹这种自我陌生感，这最终导致了她的堕落。

卡尔·梅（Karl May）也走了一条类似的道路。他沉浸在虚幻世界和幻想中，他编造故事，做着关于富有和伟大的梦。几乎是顺理成章地，他因冒充公职人员被捕并被判处监禁。在那里，他继续做着梦，抒发着他的幻想。入狱后，他开始写作，一开始写的是当时的那种低俗小说，后来是小说和杜撰的旅行故事，最终他成了19世纪最成功的作家之一。为什么卡尔·梅的书这么多年来能如此大受欢迎？为什么包括诗人阿诺·施密特（Arno Schmidt）和哲学家恩斯特·布洛赫（Ernst Bloch）等这么多人都为他着迷？文学方面的因素可能并不是原因。也许可以这样解释，在他的一些书中，他对另一个世界的渴望有种突破的力量。他的书表达了他对另一种世界的渴望，一个人们在冒险中生存的世界，一个人们会被困住但总能解脱的世界，一个自我与世界再无隔阂的世界。卡尔·梅是一个与自我疏离的人，至少他的大半生都是如此。他的传记作者海因茨·沃尔施莱格（Heinz Wollschläger）给他的书起了一个副标题"破碎人生概论"。

他是破碎的，卡尔·梅被打碎过很多次。但他并没有放弃，他一生都在战斗。世界于他并不友好，所以他创造了另一个世界。他与自己始终疏离，于是他重新塑造了自己。他的传记清楚地表明了这一点。

正如罗密·施奈德不是在演电影，而就是电影本身，在卡尔·梅那些著名的小说中，他也不是在写老沙特汉德（Old Shatterhand）或卡拉·本·内姆西（Kara Ben Nemsi），而就是老沙特汉德或卡拉·本·内姆西！强壮又灵巧，精通多种语言又聪明智慧，通晓世故又无忧无虑，匡扶正义，帮助弱者。这就是他想成为的样子，这样的他才会自在，这样他才会安于自己和自己的世界。

我们还知道一些人也曾尝试过用这种解决方式应对自我陌生。他们逃避这种自我陌生，或许也可以更准确地说：他们通过接受其他身份来拯救自我陌生。一方面，这些身份是虚假的，它们缺乏本质。它们对本人来说是外来的，根本上甚或是强加的。而另一方面，这些身份也体现了其利用者或创造者的渴望，让他们能在心理上，至少在一定时间内生存下来。

我有两重生活

一位40岁出头的男人告诉我们："我有两重生活。我过着两重生活，一重是在我的律师事务所的正式生活，积极、理智、能解释一切，懂得很多。另一重则暗藏在下面。我一直都知道这种生活，但从未了解过。我知道它的存在，但对我来说它仍是陌生的。"很多人都过着一重正式的生活和一重隐秘的生活。后者包含了所有那些无法实现，但又想要实现的冲动。大多数人不能像这个人那样清楚明确地表述出来，但他们能感觉到。

很多人都知道有两重生活的感觉。有时候，人类外在的表现会与内心的感受不同。在生活中的某些情形下，假装是有意义的。在工作面试或其他一些困难的情况下，控制自己的冲动是有用的。但是，如果这种无法实现的生活长期得不到重视，如果我们不注意，不认真对待，它就会发展成心病，产生一种自我陌生的基本情绪。

至于无法实现的生活是什么，对于我们这里的研究是次要的。这可能是对创造力的渴望，由于缺乏财力或出于父母的标准和价值观，创造力不被允许成为（职业）生活的一部分。性需求或对自发性的深层需求可能被封锁，被推开，一直不能得到满足。未能实现的是什么并不重要，最重要的是第二重生活的存在，如果不注意它，就会导致自我陌生的基本情绪。这种误区会带来痛苦。

建议与帮助

了解自我陌生，不如去寻找通往自在的方法。我们陪伴无数人走过这样的旅程。这条道路对每个人来说都是不同的，但也有相似之处，我们在此可以总结一下。

通往自在的五个主要途径，也是个体通往自在的道路中最常见和最重要的组成部分。对很多人来说，按照这里提出的顺序进行非常重要。同样，对于其他人来说，按照其他的顺序，也有其他重要意义。

内省与表达

里尔克（Rilke）在一首诗中说"我们渴望成为"。"我们渴望成为"——这句话引起了很多共鸣：就是要这样；理所当然；和人们一样。但是，人们是什么样，我又是什么样？我是谁，我想成为谁？很多人会提出这些问题，特别是当他们产生自我陌生感时。

"你问我，我怎么会处于这种自我陌生的状态？我怎么会觉得自己游离在外，就好像在我的左边有另一个女人？我什么时候会觉得自己没有被关注，没有被别人重视？"一位寻求帮助的客户在治疗中总结说，"当我不想感觉到什么的时候——或者更准确地说，当我不想承认我内心的某种情绪，并且我非常抗拒这种情绪的时候，比如尖刻的嫉妒情绪！与其感受到它——或者我深深的不安全感，我更愿意走出自己，抽离自我，抽离自己和内心世界。我今天才知道。"

如果想要心安自在，你必须看向自己的内心，注意自己，留意自己的情绪冲动。有时，这并不那么容易。如果你感到自我陌生，那就要格外关注那些处在自己注意力边缘、刚好可以注意到的东西。

在这个过程中，人们往往会看到埋藏在个人过去中的痕迹。如果你对自己的过去感到陌生，那就得进行回忆工作，至少要开始整理自传，才能寻到自我，回到自身。人需要土壤和根，一如房子需要地基。我们陪伴许多人寻找他们的生活、他们的根，从而找到了心安之所，叩开了紧闭已久的心门。

对大多数人来说，向内看是摆脱自我陌生的开始。但也不能一直保持这样。一些内心活跃的想法必须向外传达出来，让人看到和了解。它始终围绕着两个方面：内省和表达。

　　表达也会存在很多困难。羞耻、害怕和丧气往往会成为阻碍因素，阻碍人们认识自己的情绪反应，描绘自己的经验。不过，在通往自在的道路上，克服种种障碍，发现自己的表达能力是必要的。一个人在心里隐藏了某样东西（这里指的不是有意保守的秘密），而后者只有"半条命"。它总是被一种虚幻的气息所包围，受到不安全感的威胁。人们需要这样的体验，他们的经历可以与其他人分享，他们的意见会被听取，他们本身会被认真对待。只有这样，从长远来看，他们才能认真对待自己，并认可所有的情绪和其他冲动都属于自己。

同　情

　　对自己陌生的人无法对自己产生同情心。当我们问那些对自我陌生的人，是否会对自己有同情心，他们通常不理解这个问题，或者在回答中讲述自己对他人的同情，误解了这个问题。他们自己的痛苦对他们来说往往是陌生的。我们所说的同情，并不是指那些只知道自己的人自我中心式的抱怨——对他们而言，别人只是听他们诉苦的听众。我们所指的，也并不是那些宁可整日怨天尤人，也不愿行动起来摆脱可悲命运的人。相反，对自己陌生的人往往也对自己的痛苦无从察觉，或者认为这是理所当然，几乎不值得一提的。而当他们知道或逐渐认识到这一点时，他们往往对这种痛苦缺乏同情（见第11章）。

　　在这种情况下，培养对自己的同情心，首先意味着对自己生命中那些仍然陌生的部分采取一种同情的态度。它们可以是童年的经历，也可以是成年生活中所涉及的经验。这种同情的态度很重要，对许多人来说，这甚至是必要的一步——让那些陌生的重新熟悉起来。那些学会对自己施以同情的人，通常也能对他人的痛苦产生比从前更深切且更为积极的同情。

关　系

自我陌生总是表现在与其他人的关系上。有一本小说的女主人公说："除了我们之间的这种陌生感，我没有什么害怕的。"［韦勒斯霍夫（Wellershoff），2002，第 106 页］对自己陌生的人，在与他人的关系中也会表现出陌生或疏远。而反过来，关系也是通往自我熟悉、自在道路上必不可少的一个重要组成部分。

我们人类需要通过其他人来了解自己，认识我们生命中的方方面面。我们需要激励和支持我们的人。我们需要诚实地反照出"我们是谁、我们怎样"的人。我们需要与我们旗鼓相当的人，与之切磋琢磨。

正如我们所强调的，内省和表达很重要。但对于我们内心发现和表达的东西，我们也需要别人的回应。对自己不足的一面怀有同情是必要的。但对此我们也需要反馈。我表现还可以吗？我这样可以接受吗？我到底有没有被注意到？被听到和看到？我有没有被认真对待？"我是谁？"这个大问题也需要别人的回答。

很多人会觉得向别人倾吐内心的真实感受很难。谈论足球、工作、孩子、体育、最新电影——可以。但是，谈论有时觉得自己很陌生，感到茫然无措，谈论对未知事物不确定的预感，内心的陌生感？大多数人会选择回避。他们认为这会让自己显得太脆弱敏感，这样的坦诚相待对他们来说似乎太冒险了。但我们想鼓励大家。请试着寻找你可以信任的人。在你的亲戚或朋友圈中，你总能找到一个。你可以

"真正尝试"与之建立这种接触关系。

决定与后果

通过内省和表达，重新发现和恢复自己个性中已经变得陌生的方面；通过同情，让这些方面融入自己的生活和经验；通过与他人的关系，让自己变得更加坚强和丰富。接下来，人们往往面临着旅程的下一个阶段：做决定。决定的类型因人而异。但是，"必须做决定，而自己的决定又很难做"，这是人们在通往自在的路上遇到的一个有时很艰巨但也值得的挑战。

更多地熟悉自己，可以改变一个人的生活。增加了新的东西之后，旧的东西便不再适合。这种变化令人欣喜，同时也会让人感到害怕。每一个变化中也蕴含着决定和后果，涉及生活习惯和工作，爱情关系和友谊，生活目标和小愿望。通常，人们在此阶段会暂时感到困惑："一切都变了。我还是同一个人，但又有所不同了。一下子发生了这么多事情。我觉得自己有点儿跟不上了。不知何故，我感觉很混乱。我现在该往哪里走？我应该怎么做？"

该怎么做，该做什么样的决定，只有你自己知道。我们只能在如何做出决定上提供一些帮助。对此，我们建议采取以下步骤：

第一个帮助，即第一步，是问一个简单的问题："你的内心怎么说？"（或者"你的直觉怎么看？"因为有些人会把它当作自己内心的判断标准）。通常这个问题极为有效。有时，内心或直觉需要一些时间来提出"自己"的意见。而且，它们需要得到许可，需要能够说出自己的想法而不必承担后果。"让你的内心（或直觉）说话。反正，你也不是必须按照内心（或直觉）说的做。至于是否听从建议，这样做决定，得到这样的后果，你可以之后再仔细权衡。"有时你可以找到充分的理由，不会将内心或直觉说的话付诸行动。但内心和直觉对此提供的看法，几乎总能对做出决定有所帮助。大多数人都学会了理性地做决定。许多人会列出"赞成与反对清单"。这都是合理且有意义的，但并不完整。如果人们也能参考内心或直觉的意见，对做决定往往能起到促进作用。

第二个重要的帮助意见，涉及做出方向性的决定之后该怎么做。下一步应该是什么？要走出这一步，需要些什么？千里之行，始于足下，任何长路都是从第一步开始的。特别是当涉及人生中一些重大改变时，许多人往往会迷失在愿景中。愿景、梦想和憧憬固然重要，但下一步该怎么走也是必要和有益的问题。专注脚下，有助于拨开混乱的迷雾，让"千头万绪"的事变得有迹可循，有条不紊。

与众不同和全情投入

如果你把家里布置得很舒适，一定是遵循了自己的需求。我需要什么？一把扶手椅，一张沙发？是两个都要，还是只需要一张舒适的折叠沙发，让我可以坐着也可以躺着？一张餐桌，好的，那要能坐多少人？休闲偏好（电视？电脑？带书架的阅读角？）和个人品味（墙纸？木质？刷漆？）将决定家具和装修的选择和安排。只有经过时间，经过使用，住房才会变得"真正"像家。这里有一朵花，那里是去年生日聚会留下的污渍；这里是上周的报纸，那里是未付的账单——许许多多琐碎的事物，对住在这里的人来说司空见惯，对他（她）和其他人来说构成了房间的氛围。有时这些琐事积累得"太多"，必须清理，腾出空间。但就像是魔法一样，之后它很快就恢复到了旧的秩序

（无序）。所有这些都给这间房子赋予了独特的印记。当然，每间房都有睡觉和吃饭的地方。但是，一间房的特点并不是由它与其他房子的共同点决定的，而在于它的独特之处，它的个性，它的与众不同。

自在也是如此。自在的路上不免经过这样一个阶段，会格外关注一个人与他人有何不同。培养对自己的意识，对个人需求、喜好、品位、价值和评判的意识，甚至对自己一些小的"异想天开"的意识，对自我意志加以欣赏，可以促进和巩固人的尊严，是值得赞扬和可取的。

自我意志要行使自己可以与众不同的权利。许多人觉得这很困难。一直以来，许多儿童接受的教育都是要去适应，要顺从。自我意志在过去和现在都被许多人等同于利己主义，等同于把自己凌驾于他人之上。但在我们看来，这个等式是不成立的。一个人是选择把自己的需求、利益和欲望带入与他人的接触中，同时也尊重他人的需求、利益和欲望，还是选择无视他人，凌驾于他人之上，这是完全不同的事情。对适应顺从的赞美和对自我意志的谴责是为社会和家庭中的统治者服务的。那些想要居于统治地位的人，需要他人顺从，会试图防止下级和下属产生自我意志，或者改掉他们的想法。而那些想与他人平等相待的人，会对他人的独特感到高兴，并因他人的与众不同受到激励，甚至会备受鼓舞。顺从和一致可能给人以安全与和谐的印象，但从长远来看，它们至少会扼杀创造力和活力。

有些人的生活则是一种特殊形式上的适应：总是逆流而行，总是持有反对意见，总是"与众不同"地生活。那些一味强调自己与众不同的人，也许在过去人生中的某个阶段，为免于沉沦，迫于形势不得已学会了这样做，但他们放弃了真正的自我意志。如果所谓的自我只能是主流的对立面，那就是在把每一个决定都交给大多数人。真正有自我意志的人，会追求自己的需求和爱好、欲望和冲动，无论它们是否与其他千万人一样，无论是晚上在家看电视，还是去欣赏高雅的艺术电影。

一个人允许自己具有自我意志和与众不同，可以改变自己与他人的关系。他将变得更加有趣，更有兴趣发现他人的独特之处；他将变得更加自信，也能够让自己坦然地体验到自己有时相当平凡，有时应优先考虑其他人和其他意见，做出让步，偶尔将自己的需求放在一边。最后，与众不同也是全情投入的前提条件。要能为他人献出自我，需要对自己的人格有相对的把握。那些对自己感到陌生的人，脚下的地基十分脆弱不定，在这样的全情投入中很可能会失去自我，令自我"消解"。很多人产生陌生、虚伪、未知的感觉，尽管他们渴望爱和安全感，却不敢全身心投入与另一个人的关系中。自觉或不自觉地，当事情变得"严重"时，当必须依赖和信任时，他们就会龟缩回去。对那些已经踏上了通往自在道路的人来说，他们走过了这里提到的路径，也许还穿过了其他迢迢远路，会像很多人说的，"蓦然回首"，发现与从前相比，他们可以更好、更和谐地与他人相处。对许多人来说，爱出现了，或者说，爱重生了。

想要让自己内心更为自在舒适，有时会需要一些帮助。内心自在舒适，才能更好地接纳他人。自在心定，才能更好地与他人分享自己的内心世界。

第二部分

情绪语法

第 18 章

情绪遵循规则

我们曾在游乐场上观察到一位母亲和她 3 岁的女儿的对话。女儿哭得很伤心。母亲说:"你根本就没有理由伤心。别哭了!"在这件小事中,女儿的情感、悲伤与母亲的理性论点发生了冲突。还有一些东西也相互碰撞,或者说相互冲突:孩子的经验与看似客观但无视这种经验的母亲的判断。这不是什么大事件,不过是日常生活中的一段插曲,如此平常,因而这里禁止表达某些情绪,对我们来说几乎没有什么痛苦。按照理智的逻辑,人类可以,也必须为我们所做的一切找到或制造一个理由。情绪语法并不关心这种逻辑,它遵循其他规则。在此我们想介绍这些规则。我们不敢说已经完全了解它们,那样也太自以为是。这里描述的语法规则来自我们的观察和调查,在每天的治疗实践中也都会遇到。

规则一:情绪是没有尺度的

两个人见面,向对方诉说失去伴侣的痛苦。说着说着,就开始"比赛"——先是不知不觉的,然后越来越明显——比谁的痛苦更大,谁的痛苦更强烈。但是，痛苦如何能被比较呢？

两位恋人第一次发生争吵："你爱我没有我爱你多……""不是的，我当然爱的，而且更多。我对你的爱更加强烈，所以不需要每五分钟讲一次……"但是爱要如何衡量呢？

一个孩子弄坏了玩具。他很伤心，哭了起来。母亲安慰着。孩子还是很伤心。母亲给了孩子一个新玩具。他却还在伤心。母亲："伤心也该伤心够了。够了！"但是，谁能判断伤心什么时候才算"够了"呢？

显然，日常经验告诉我们，对于情绪的内心世界来说，没有可以客观衡量的标准。显然，情绪的衡量标准是完全主观的——所以我们应该接受这一点，将其当作情绪语法的规则。尽管似乎旁观者总是更清楚多少情绪是合适的——但我们的情绪是不可衡量、不可比较、不可量化的。情绪就其本质而言，是没有尺度的。

然而，正如我前面提到的，情绪表达要受到社会或社会亚文化的规训节制。在经理人之间的金融谈判中，外露的情绪化是比口臭更糟糕的事情；在许多工作场所，经常表现得情绪化的人会被认为不稳定，难堪大任。此外，不表达或寡淡的情绪表达也可能会违反规则。当人们在足球场上为进球欢呼时，如果坐着无动于衷，可能会令人侧目，就像参加自我经验分享小组活动，却从没有拿手帕擦过眼泪一样。

情绪的无尺度与社会规范和期望之间的矛盾，内心和外在世界之间的矛盾，常常会导致冒犯和痛苦。对情绪及其表达的任何调节都是一种规训——无论人们认为它是好的还是坏的，该节制的还是该宣泄的，有意义的还是不必要的：在自己的情绪世界里和应对别人的情绪时，都应该意识到这一点。

规则二：情绪不需要具体理由，只讲机缘

举个例子：一个人坐在那里吃早餐，一边吃着炒蛋，喝着橙汁和咖啡，一边读着报纸。突然间，他变得很忧伤，并感到疑惑不解。这种忧伤是缘何而起呢？

也许这个人前一天晚上和女朋友发生了不愉快，吵了一架。也许独自吃早餐的情景让他感到害怕，害怕两个人的关系再也"好"不了了。也许他感觉到了目前或即将到来的孤独和随之而来的忧伤。

也许这个人在报纸上看到了一个孩子死亡的消息，为之触动。也许在他心中浮现出了他第一次婚姻的女儿的形象。也许他感到了一丝对她的思念、对失去她的恐惧，以及对可能已经失去她的悲伤，还有对自己孤家寡人的悲伤。

也许炒鸡蛋还让这个人联想到了 15 年前在美国的时候。也许那时每天早上都有炒蛋、火腿、橙汁和咖啡，无拘无束。也许现在他很难过，自由自在、无拘无束的时光一去不复返了，取而代之的是各种规矩的束缚，案牍之劳形。

以上三种假设中，可能有一种是对的，也可能有两种，甚至三种全都是对的，或者全错——完全是因为其他一些空气中无形的东西。这种情况是常发生的：某种情绪无法归于明确的原因，但这种情绪与现在和过去或预期的生活状况之间存在着联系。因此，我们认为相比于谈论原因和理由，谈论机缘和信号更合适，这其中有一些是可以确定的，另一些我们却并不清楚。

很多时候，人们会感觉到情绪，或感知到他人的情绪，但却无法在形式逻辑层面上找到原因。这就导致他们不把这些情绪当回事，或

者不能去认真对待。比如，人们会说，"你根本没有理由感到羞愧，所以不要这么大惊小怪！""我还有什么渴望的。我什么都很好。我没有理由还想要其他的！"。有时情绪的出现仿佛突如其来，但却充满了力量，十分激昂。有时，一些完全出乎意料的机缘和信号可以唤起情绪：某种气味、某种睡姿、一个无意的触碰……

根据形式逻辑，每样事物都必须有它的理由，每个结果都有一个原因。而如果某件事物没有原因，那么根据这种逻辑，像情绪就是"没有根据的"，因此就是不合理、没有意义的。情绪语法不一样。它认为情绪不需要具体的理由。而且，无论你是否能弄明白某些情绪的动因和联系，在任何情况下都要认真对待情绪。它们存在即合理。而如果我们相信它们是合理的，那么它们往往会指引我们走上一条更宽广的道路，令我们更全面地认识、更认真地对待自己和自己的生活。

规则三：情绪具有多维影响

逻辑的目标是将可确定的原因与明确的后果联系起来。如果说情绪的原因往往存在确定性的问题，那么关于情绪的影响，我们也会遇到类似的不确定性。情绪是有影响的。但是，如果我们想要深究情绪能产生什么影响，就会发现它们并不是单一明确的，而是多维度的。也就是说，情绪会同时对多个方向、在不同的维度上产生影响。

让我们再举一个例子：一个女人和她的男朋友发生争吵。她很生气。这种情绪在不同层面上都有影响。我们将进一步对其中一些进行说明。

一种影响是对于她自己，对于她的自我意识："我很生气。"这种自我意识又会产生各种后果。也许这种想法会蔓延开来——"我不能这样做"，女人感到羞愧；或者因为内心的信念"如果我生气，我就会受到惩罚"，她会进而产生恐惧；或者她的自我意识会进一步发展："是的，我在生气，可这样也很好啊！"

她的恼怒情绪也会影响她的感知，特别是她对自己和朋友的看法。她的感知期望被恼怒的情绪以一种特殊的方式过滤和塑造。让她觉得令她生气的地方太过突出，比如男朋友没有遵守前一天的约会，以至于她只感知得到他的不可靠和乖张。在她的自我感知中，最明显的也是生气、激动和恼怒——而她的伤心，她厌倦了争吵等已经从她的认知领域消失了。

恼怒也会对她的行为产生影响。就像一根导线，给她的行为一个方向。她争论、责备；她与男朋友分手，或努力重建对男朋友的信任。愤怒的感觉影响了她的思维和身体。不仅在情感上，她在思想和身体上也都很激动，来回踱步，感到身体强烈的紧张，她提高了语调，用各种手势表达。她说话也和平常不同，语句变得更简短更直接，全都是"我"和"你"之类的信息——"你就是个不负责任的家伙！""我不会再这样做了！"

她的恼怒情绪和相应的行为反过来又会对其他回应的人产生信号效应，使得他们的整个互动都受到影响。例如，对她的男朋友来说，她的愤怒就像一个信号，对此他可以有各种行为选择，例如，我要偷偷溜走／我也要发怒和争吵／我受到了侮辱／我要道歉。他将选择他最熟悉的行为或反应模式，而这又会对他的情绪世界及其表达产生影响。

情绪总是以影响作用为目标。情绪影响自我形象和认知，操纵行为，是沟通（过滤和发出信号）和互动的一部分。人类和其他哺乳动物有情绪能力，因此能够区分、感知环境和自身，并以不同的方式行事。所以，情绪的目的是多方面的影响——但显然，这只有在这些情绪发生在当前并可见的情况下才能实现。

例如，如果恼怒的情绪只是短暂地闪现，并随着"我不能"的戒律而消失，被熄灭；如果一个人的恼怒情绪已不在情绪清单中，被事先扼杀在萌芽状态，根本感觉不到，充其量只是一个隐秘的一闪而过的想法或一个未被注意到的身体冲动——那么情绪在此时此地便没有可见的影响。然而，从长远来看，这种处理情绪的方式会有影响，人们持久地感受不到自己的生命力，它甚至还会导致一些慢性的，特别是精神疾病的出现。

情绪有影响，这在逻辑上无法确定，但总是有许多直接和间接的、明显和隐秘的、短期和长期的影响。它们对行为、自我形象和沟通都有简单或复杂的影响。所有这些影响都是我们生命力的一部分，也是我们在日常生活和治疗过程中应该关注的。

规则四：情绪从感知中消失——但依然存在

一个女孩对父亲打她很生气——但她没有机会表达这种情绪。她很伤心，因为母亲没有保护她——但这种伤心不仅没有引起共鸣，反而被明确禁止了。愤怒、哭泣、悲伤从孩子身上被打散了。这些情绪消失了。它们的主观体验不再存在，不再是孩子和他们长大成人后的情感目录的一部分。

然而，在女孩长大后，这些情绪并没有消失，而是会不断以不同的方式再次出现。

情绪会突然涌现：在电影院里，悲伤突然淹没了她；或者当她周末和朋友非常开心地在一起时，她却控制不住，一直哭啊哭啊哭啊……

这些情绪还会以其他人的形式出现在她面前。她从不发怒，但她总是爱上那些经常发脾气、打她或用暴力威胁她的男人。她极力抗拒，但却总是被这样的人骗，无论他们一开始看起来是否很无害，没有什么危险。

情绪还会出现在心因性疾病中，我们例子中的这位女士就出现了胃病和背痛。我们的治疗经验告诉我们，我们无法因此将某些"消失的"、从未经历过的情绪归为某些疾病的原因，正如人们一再尝试的那样。相反，人与人是如此的不同，身体的联系又是如此的复杂，因此，我们必须分别找出身体与情绪、疾病与生活各自独特的联系。

情绪可能会以非常不同的形式和方式"消失"，却在暗中存在。一个男人描述了最简单和最日常的情况："我对某件事感到伤心、苦恼，但却没有意识到这一点。我的心情变糟，我开始各种发脾气、挑刺。直到我的女儿说'你的心情不好。怎么了？'我才停下来，注意到我的愤怒和它的因由。"此时，这种情绪处于他注意力的"可及范围内"。在其他情况下，与其他人在一起时，羞愧和内疚等感觉可能被埋藏在无意识深处，需要通过治疗来感受它们，并学习相应的新处理方式。

规则五：情绪是可以调换的

情绪消失而又依然存在的一种特殊方式是，它们可以转换，即被转化，被调换。一个人的愤怒可以转化为对各种形式的威胁的普遍恐惧，或转向针对自己，表现为内疚的情绪。养老院里老太太的无助被转换为愤怒，并表现为一种攻击性的情绪。老太太激动地骂骂咧咧、怨天尤人，对能想到的一切进行抨击。我们也会时常看到相反的情况：羞耻换为无耻，不安换为傲慢，恐惧换为无畏……

情绪什么时候会发生调换？当它们找不到共鸣的时候！情绪需要回音，需要回答，需要反应，需要共鸣。假如人们现在没有为一种对他们来说具有重要意义的情绪找到共鸣，这种情绪就会变得空洞无意义，从而难以持续。如果这种情况仅发生一两次，那么虽然对当事人来说可能会有压力，但仍属能应对的内容。如果这种情绪无从着力的经历一再重复，甚至成为童年时的基本经历，它就会变得越来越难以忍受。一个后果可能是，当事人会调换自己的情绪，把它转化为另一种情绪。

这通常是在无意识中发生的。要重新唤起无意识的情绪，也就是把它换回来，往往可以通过身体的正念达成。如果我们问一个把无助转换成了愤怒的女人，她的愤怒的起点在身体的什么地方，让她在身体的这个地方去感受，通常她遇到的会是无助。另外，当人们用绘画、音乐或动作去表达被转化后的情绪时，往往会遇到原来的情绪——这是一种经常会令人非常痛苦，但却可以释放生命力进而改变生活的经验。

规则六：情绪包含并列关系

比如，一个女人爱她的丈夫，同时也恨他。她的朋友会说："好吧，到底是哪一个。你是爱他还是恨他？你不可能两者都有。"

情绪并不服从非此即彼的逻辑。它们喜欢两者兼而有之，他们喜欢并要求"和"的并列关系。在情感的语法中，对立面并不相互排斥，而是经常相互依存，相互紧握，相互拥抱。还是以这个女人为例，这样的情况不一定在很长一段时间内都是这样，但至少在爱与恨的强烈程度上可能如此。此外，我们也经常会遇到类似的矛盾情绪。例如，一位客户的父亲去世了。她为失去亲人感到难过，同时也为他终于结束了痛苦和担忧以及尽完了责任而感到宽慰。逻辑告诉她：你不能同时有这两种情绪。你要么悲伤，要么解脱，二者择其一，如果悲伤，就一定不能是解脱。但情绪语法可不这么认为。在情绪语法中，"要么……，要么……"的规则并不适用，"不但……，而且……"才是日常生活的常态。在这里，两种感情都可以并列存在，都是允许的。

再比如，几个月前，一个男人被女友抛弃了。她提出了分手，她爱上了另一个男人。前面提到的这个男人非常伤心愤怒，他乞求过，也发过脾气。现在他有了一个新的女朋友，和她一起遇到了前女友，前女友表现得非常嫉妒。这个男人根本无法觉察到这种嫉妒，也没当回事："这不可能。她和我分手了，她现在怎么能吃醋呢？"这里也是一样的，情绪语法不知道这种非此即彼。在其规则范围内，凡是感觉到的都是允许的。没有什么"可以"或"不可以"。"允许"或"不允许"并不来自情绪本身，而是遵循既定的评价，或以正式的标准来衡量的。当然，这些标准在人类的共同生活所必需的评价——一种行为是否应被认可——中肯定有其意义。

规则七：情绪往往是矛盾的

一位德国犹太社区的著名代表参加了一个电视节目，他谈到自己年幼时，目睹了他的父亲被纳粹带到奥斯威辛集中营的情景。他的父亲被杀害了，而他却活了下来。他说他半夜里醒来仍然会很害怕，并会感到内疚，因为他还活着，而他的父亲却死了。这种矛盾的内疚感，这种幸存者的内疚感，在一切理智的角度看来都是不合理的。当然，纳粹才是杀人犯，才是有罪的——没有人比他更清楚这一点，所有局外人都会对犯罪者和有罪之人产生愤怒、厌恶、迷惑的情绪。但情绪语法对于幸存的当事人来说，有它自己的规则。他们常常会因为自己的无能为力而深感内疚，感到羞愧，感到自责。

通常这种矛盾的内疚感也会出现在兄弟姐妹去世的人身上。例如，有时某件事的经历会被拿来当作"内疚的原因"："因为我没有照顾好妹妹，自己去玩了，所以她死了。""因为我没有为告了弟弟的状向他道歉，所以他死了。"但这些结构都是在试图将内疚的情绪纳入理性的逻辑。它们发生得如此理所当然，以至于相关的人甚至没有注意到其思维过程的不合逻辑之处。在他的（孩童的）经验中，这样的困境太艰难了，他必须使不可理解的东西变得可理解，并使那些超出他能力范围的事情变成自己的分内事。矛盾的内疚感不需要任何理由，它就是存在，例如，在一个双胞胎的案例中，他的兄弟姐妹在出生时就死了，30多年后，他却仍然在承受着"作为生者"的内疚。

这种矛盾的内疚感是很难解决的，即使在治疗过程中也是如此，而且无法通过任何谈话消除。它并不像人们有时猜测的那样，只是未经历过的悲伤的反射，而是有它自己单独的维度，需要在良好的治疗关系中给予长期、多方面的情感尊重。

一个被虐待了多年的孩子感到内疚和羞耻。他的情绪世界就是由矛盾的语法规则决定的。作为一个成年人，他像许多其他受害者一样，认为感情适用非此即彼的规则，而不是两者兼行的标准，这就加剧了这种羞耻。通常，当成年人面对他们童年被虐待的经历时，会有矛盾的情绪。一方面是对施暴者厌恶和憎恨的情绪。但另一方面，可怕的是，这个人往往是亲人，也就是说，是孩提时代（乃至长大之后）爱着的人。这时，两种对立、并不相容的情绪便随之出现，这两种情绪的存在都是合理的。如果他们为此而被责难——不幸的是，外部世界或周围的生活中通常总会有人为此责难他们——受害者的羞耻感就会因"分不清自己的情感"，甚至爱上虐待自己的人而加剧。

同样，被强奸的妇女也常常因为自己的隐私受到侵犯感到羞耻。她们为自己的屈辱和无助感到羞耻。而且，当这些受害者在警察审讯或法庭上还要面临羞辱时，她们的隐私也要被暴露给公众，此时，这种羞耻感就会被强化，变得更加深刻，从而作为一种矛盾的情绪，对于受害者来说更加难以感受和难以言表。

矛盾的情绪和"非此即彼"与"两者兼行"这两个语法规则的重要性，特别是在它们的联系中的重要性，怎么高估或郑重对待都不为过。根据我们的经验，它们是治疗的基本态度的必要支柱，能帮助人们，特别是受创伤者，走出困境。

规则八：情绪形成的链条与风景

我们的情绪生活并不是一个抽屉柜，每种情绪都有一个抽屉，可以打开和关上，抽屉的把手上还有一个标签，上面写着里面装着的内容："羞耻""悲伤""爱"……情绪以各种方式彼此纠结与交织在一起。作为情绪彼此连接的常见形式，我们会遇到情绪链条和情绪风景。在情绪链条中，不同的情绪在经历的过程中被串联起来：我对我的朋友感到愤怒，被自己的反应吓到了，又恐惧产生的后果，于是我退缩，又因为退缩而感到孤独和寂寞，也为同朋友失去联系而感到悲伤。通常，这样一个链条的开始，会打断某种情绪的继续发展，在前文例子中，该情绪是愤怒。这种打断可能是基于我"应该"如何处理感情的个人观念："愤怒是不好的！"或者愤怒的情绪和情绪的表达会被社会环境的反应所限制，比如愤怒的人被禁止有这样的情绪，或者他的情绪被无视，当作是毫无意义的。情绪的实现，需要包容接受的周围环境和尊重情绪的内在态度。如果给感情以空间，那么它们通常会有来有去，起起伏伏，就像一条曲线，先是上升，然后或多或少快速达到顶端，再接着又重新下降。但是，如果感情的内在体验和外在表达受阻，就会出现刚才所说的情绪链条。一种情绪紧随着另一种情绪，这里愤怒之后是害怕，然后是恐惧，接着是孤独，最后是悲伤。如果在某个时刻，当事人到达了悲伤的地步，他往往已经想不起来情绪链条的第一个环节是什么了，他可能还会变得愤怒，但这次是对自己的，因为他很悲伤，却"没有理由"。

在情绪风景中，也有几种情绪是紧密相连的。然而，在这里，它们并不是一个接着一个地排队，而是彼此都在一起，共同存在的，我们或多或少都能看到。如果按照风景的比喻，我们可能会经过一个悲伤的山谷；我们为久病后去世的亲人伤心哀悼，周围只能看见包围这个山谷的山丘，所以我们认为悲伤是唯一存在和可能存在的情绪。但当我们继续穿过山谷，来到了两座山丘之间的一个旁侧的小山谷，在这里我们感到了宽慰，因为挚爱之人不必再饱受长久以来的病痛折磨，他（她）已从痛苦中解脱，而我们也不再需要和他（她）一起受苦。经过这片侧谷之后，景象开阔起来，眼前是一个平原，我们看到了一片名为恐惧的黑暗森林，对没有挚爱之人的未来的恐惧，以及对如何继续下去和没有这个人生活能否继续的所有犹疑。但它的旁边就是信心和勇气的平原，有一条河穿流而过，中间还有一小片高地，我们看到了相信的绿洲，尽管对失去的一切感到悲伤，我们仍然可以相信，逝者为我们，也在我们身上留下了一些东西，它们会在未来一直陪伴着我们。

当我们一起探索自己和其他人的情绪生活时，这样的风景形象经常出现在脑海中。发现的旅程将我们带往各种不同的方向，让我们经历各种曲折，并总会送给我们新的惊喜。这里没有情绪的顺序，也没有"打断"的环节，而会达成一种并立的存在，情绪不是排成队，而是有各自不同的联系，可以去探索和发现，就像是一片风景。

规则九：情绪有潜台词——阴影情绪

情绪往往有潜台词。潜台词这个词来自文学研究，指的是文学文本中比较深刻的内容，潜于表面上可以把握的写作内容之下，也就是说，它不是一眼就可以看到的，在很大程度上是隐藏的。在日常对话中，我们经常可以听到潜台词，即所谓的言外之意、弦外之音。和文学文本一样，只有通过听众或读者的共鸣才能打开的第二重文本。夫妻因为家务事发生争吵时，同时也在传达潜台词——他们对伴侣没有花更多时间陪伴自己感到失望。羞愧、恐惧或无助之类的情绪往往会被其他情绪掩饰、遮盖掉。一位女士非常激动暴躁。她办公室的同事们都被殃及，但却弄不明白。他们在自己身上找原因，他们可能哪里做错了，让同事如此生气。但情况恰恰相反：是这位女士犯了一个严重的错误，她为此感到羞愧，十分内疚。但她无法将这种羞愧告诉其他人。她为自己的羞愧感到羞耻，因此，羞愧一直留在了阴影中，成了她的怒气的潜台词。

我们也把那些显而易见、大多居于主导的情绪阴影中的潜台词称为阴影情绪，因为它们往往一直待在注意力的阴影中。如果你只关注到阳光下的情绪，而忽略了阴影中的情绪，无论是自己的还是别人的，往往只会浪费大量的精力，却不能正确对待自己和别人。特别是当我们研究儿童和青少年的攻击性时，我们必须认识到，它背后可能有不同的潜台词。有些人会因为经历过被虐待，变得麻木无情，自己也变得残忍暴戾。这里的潜台词是麻木无情。有些儿童的潜台词是茫然无措，也许是由于父母的离异或其他失意、委屈。在此处，它是渴望和无助的情绪。无法言表的悲伤和痛苦构成了攻击性的潜台词。如果我们只看到攻击性，并试图与孩子们一起找出摆脱攻击性的方法，往往会失败，因为我们没有触及攻击性产生的根源，即隐藏在潜台词中的阴影情绪。但我们有必要认识到它们，认真对待阴影情绪，并尊重它们的存在。只有这样，才算是将攻击性"斩草除根"。

但人们通常的做法却是，对情绪"下禁令"。例如，对许多人来说，攻击性的情绪是禁忌。有些人将此作为家庭中社会互动的准则："我们家从来没有攻击性。"对另一些人来说，对一种情绪的禁止是源于其他个人经历。有些人在童年时经历过很多暴力，他们可能会发誓永远不要成为那样的恶人，因而他们不允许自己有一丝一毫的生气、恼火或愤怒。有时这样的感觉会被转换（见前文），但通常它们还是会作为阴影情绪持续存在，即存在于其他情绪的潜台词中。

规则十：情绪会蒙尘

羞耻、恐惧和灰心有两个特点：它们会像一层尘埃或一层油花蒙覆在其他各种情绪上，使其黯淡压抑——既是在体验上，也是在表达上——甚至把它们推入阴影中。如果在一个人成长过程中，情绪的表达是"被禁止的"，所有的情感表达都受到惩罚，那么这个人就会生活在对过于情绪化的恐惧中。这种恐惧将像一层阴霾笼罩着所有情感表达。

一个人如果从存在上感到羞耻，也就是说，不是因为他做了什么而羞愧，而是因为他是怎样的人，他自身的存在这一事实而感到羞愧，那么他所有的生命表达中都会伴随着羞耻。羞耻所占据的不是具体的行动或表达，而是他的生命力。在这里，羞耻也会像一层阴霾笼罩着所有的生命表达。

灰心也是如此，它可以使一个人的思维、感觉和行动陷入瘫痪。例如，如果孩子们长久以来一直试图向心爱的爸爸妈妈伸出双手，却始终得不到回应，一次次失望，他们最终会心灰意冷。或者当他们经历了太多的心理或身体暴力，深切地体会到自己的无能为力后，最终会放弃自卫，屈从于命运。这种灰心认命的态度会变得根深蒂固，从而成为这个人的基本情绪。

只有当人们注意到这些羞耻、恐惧和灰心的尘埃情绪，认真对待它们的来源时，当它们在所有的身体、心理、精神和接触层面被感受到时，当人们得到支持，去尝试改变它们时，阴霾与尘埃才能逐渐被驱散，其他的情绪和生命的表达才能被发现。

鉴于羞耻、恐惧和灰心对一个人的生命力能产生如此大的影响，当人们敢于做出改变时，它们往往就会显露出来。我们总是能观察到，当那些曾逆来顺受、已经放弃向他人伸手的人，现在开始向他人伸出手，表现出兴趣并寻求亲近时，恐惧、羞愧或灰心的情绪就会抬头，就好像它"夹在中间"一样。例如，如果羞耻感阻碍了一个人在职业上大胆迈步前进，而这个人现在敢于去出人头地了，那么羞耻感就会重新出现，而且是铺天盖地地涌现，往往看起来莫名其妙。如果一个人一直克制自己对恋爱的恐惧，但现在他恋爱了，那么他人认为"荒唐无稽"的恐惧往往会突然袭上他的心头。这些情绪的出现是很好解释的。羞耻、恐惧和灰心像油花一样漂浮在情绪的汤上——总是漂在上面。（这个形象可能有些倒胃口，但很贴切。）如果要搅动这锅情绪汤，并把它倒出来，那么首先出现在边缘的就是羞耻、恐惧和灰心这些情绪。通过"喝掉"情绪的汤，去除掉油花或把它们拨到一边，我们就能为生命力腾出空间。

规则十一：有时情绪是被委托的

一个年轻人用乐器演奏了他的羞耻。他的演奏独树一帜，努力追求情绪的强度。之后他说:"我的羞耻有很多面孔。它困扰了我一生,阻碍着我。虽然听起来有很多面,但有些事情很奇怪,有些事情我并没有准确地演奏出来。这可能是因为它并没有真正触动我,它一直游离在外。"治疗师还分享了他的感受、他的情绪反应:"我饶有兴趣地听着。但我注意了下我的感受,说实话,我并没有听到或体会到你的任何羞耻。让我产生共鸣并让我震动的,反而是你努力地讲述表达你的羞耻感。这就是我内心的反应。"

有时,人们内心充满了一种情绪,遭受着这种情绪频繁而强烈的侵袭,但这种情绪对他们来说仍然是陌生的。当他们用音乐演奏出来的时候,这种情绪便是可以听到和感受到的。我们知道,如果这些情绪体验陌生,很有可能是被他人委托的,为了跟进这一线索,治疗师问道:"你与你的父母或你周围重要的人有过哪些羞耻的体验?"很快就有了答案。"我父亲一生都在为自己只是个工人而感到羞耻。他娶了一个女人,也就是我母亲,她的家境比较好。他永远无法给她那些她从小到大习惯了的东西。这种羞耻感一直隐约存在着。只是我以前从未这样注意过,但现在你问起,我就注意到了。"

"你的母亲呢?"

"我不知道她有什么羞耻,"他迟疑地回答,"这有点奇怪,我得问问她。我不知道她曾经有过羞愧。"

在接下来的治疗过程中,他震惊地告诉我,他的母亲在回答他的问题时向他坦白,她在多年的婚姻里有过一个情人。"她告诉我,她对他难以忘怀,并为此感到非常羞愧。我没法体会到这种羞愧。"

治疗师说了他的印象和看法:"不,你能,只是你没有有意识地注意到这种羞耻感,但你肯定得到了些什么,从字面意义上得到了些什么。"这位当事人的羞耻感在很大程度上是被委托的——一种陌生的羞耻感，由他的父母委托给他，传递给他，被他所接受，仿佛是他自己的，而他却没有注意到这一点。

许多不愉快的情绪会被委托。大多数情况下，这发生在所有参与者的无意识中。除了羞愧、内疚和恐惧等情绪较为常见，有时仇恨也是其中一员。只有将某种以陌生形态、背负委托使命的情绪辨认出，并"委托回去"时，这个地方才能被人们自己的情绪或同质情绪所填补。

规则十二：情绪分为存亡性和日常性情绪

在大脑边缘系统中，有一个特殊的部分，即杏仁核，它能够帮助我们识别存在的危险，并发出警告。如果发生这种情况，相应的情绪就会呈现出与日常生活中不同的状态。在马路上，司机可能会发怒，因为前面的司机在快红灯时开得太慢，所以他们两个才都不得不停下来等红灯。这是日常性的愤怒。而当同一个司机在绿灯亮起时过马路，这时侧边却有另一辆车闯红灯，差点引发交通事故。这里的愤怒就是存亡性的，攸关生死。

害怕与害怕之间也有这样的差别。一个人可能害怕的是错过公交车，也可能是患了什么绝症，害怕活不下来。丢失钱包的伤心是日常性的；而失去亲人的伤痛则是存亡性的，哀恸的人甚至不知道自己没有了那个人是否还能继续生活。

任何情绪都可以有一定的存亡性的分量。存亡性情绪和日常性情绪之间的区别不是两种不同情绪之间的区别，而是情绪的强度和这种情绪对人的意义的区别。所经历的存亡性的威胁，例如在创伤性的情况下，会唤起存亡性的情绪，这些情绪的影响会持续很久，有时会持续几十年。

有时，存亡性的情绪是以日常情绪或日常问题的形式出现的。

一位老人担心自己错过能将他从家里送到几个街区外的医生处的公共汽车。就其本身而言，正如刚才所讲，这是一种日常的情绪。他晚上睡得很不安稳，醒得也比平时更早——他很不安，急躁地寻求帮助、不断地问现在是什么时候，并且老是想要更早地离家出发。这也让他的看护人员很烦恼，尤其他最亲密的看护者知道，这位老人一贯身心健康，相对独立，非常守时，而且也了解他在遵守家庭以外的时间约定方面的"执拗"。但这次他明显地感觉到，这位老人的苦恼远远超过了自己猜测的原因。后来，有一天，在一个安静的时刻，他与这位老人进行了交谈，顺着对错过公共汽车的恐惧这种日常性情绪的线索继续深究。他们一起发现，在这种情绪中，逃离东普鲁士的记忆浮现了出来，在当时，逃亡务必及时，难民列车绝不允许错过，还要考量如何运作，这些都成了生死攸关的问题。尽管这一认识对老人和他的看护人都造成了不小的震动，但它还是永久地改变了老人的生活以及他与看护者和其他人的关系：他终于能够理解自己的苦恼，因此也被他人认真对待，并感到"仿佛得到了救赎"，因为这种改变的维度延伸到了他情绪世界的其他领域。

此外，我们还想列举另一个日常情绪的例子，丢失钱包的伤心。

一个女人来参加她的治疗课程时还是那么张皇失措，尽管丢失钱包这件事已经过去了将近一个星期。"我只是不能原谅自己如此愚蠢。怎么会这么蠢，能让别人偷我的东西！"她一遍又一遍地重复。在她寻找线索的过程中，她发现自己小时候曾被父亲打得鼻青脸肿，还被辱骂"怎么会这么蠢……"——当时她没有买到啤酒，却告诉了父亲她受大男孩们暴力威胁，被抢走了钱包。

　　区分存亡性情绪与日常性情绪对处理情绪十分重要。我们如果遇到遭受了存亡性情绪的人，就会知道这些人处于危机之中，他们需要极其重要的依靠、安慰和支持，我们需要与他们一起寻求摆脱危机的方法。人们在日常情绪中也会受到影响，而这种不同强度、对生活产生消极影响的程度，也是值得注意的：它关乎生活中的定位；关乎处理自己和环境的关系；关乎生活的"如何"，而非"是否"。

第 19 章

无情的故事

人们如果不再有情绪，就会失去一种关键的生活品质。这种失去是如何发生的？它在过去和现在的意义又是什么？

不再有情绪或极少有情绪，从来不是一种自觉的决定——情绪的冰封或麻木总是出于无奈。没有人——至少不是信奉宗教或被意识形态蒙蔽的人——会试图摆脱快乐或幸福这样的情绪。但当悲伤和绝望变得过于巨大，当爱或渴望的情绪与痛苦联系得过于紧密，当因创伤性经历产生的无力感威胁到整个人时，当焦虑长期持续，难以忍受时，人们就会努力去克服它们。有些人试图通过控制来战胜这些情绪，有些人则用酒精、毒品或工作等来麻痹或压抑这些情绪。长此以往，就是在努力将这些情绪彻底扼杀，消灭干净。但人们不可能只切断个别的、痛苦的情绪。情绪都是相互交织、相互联系的，例如，其他情绪也会与恐惧一道死亡。由于其后果往往颇具戏剧性，所以我们想更仔细地研究这一过程、结果和帮助的办法。

我们想讲述两个人的故事，他们在还是孩子的时候，是成年人眼里的"问题儿童"，他们的童年也很痛苦，很艰难。其中一个是名女孩——我们叫她赫尔加——她在30多岁的时候开始接受治疗。在别人眼中，她从小就是一个"不合群""粗鲁""爱伤人""不像话"的孩子。大人们无法理解她做的事情，也不知道到底该如何去对待她。表扬和惩罚都未能产生任何效果。这个小女孩威胁其他孩子，也使自己面临无法被他人接受和理解的风险。

童话故事里也有这样一个独自外出去学会恐惧的男孩，他有着与赫尔加相似的命运和人生轨迹。童话中的这个男孩不会害怕，他不知道恐惧为何物（我们把恐惧和害怕视为同义词）。我们对他了解多少？故事里说他是个傻瓜，而他的哥哥是个聪明的家伙。人们对他说三道四，他的父亲也说："你没救了。"他的哥哥对他的看法是："他这辈子都不会有什么出息，小钩子从早弯，什么样的人，从小就能看出来。"这个男孩总是被人嘲笑。

这个孩子缺乏很多东西。首先，他缺少一个名字。他没有身份——这体现在很多方面，我们接下来会讲到。除此之外，他还缺少一个母亲——她没有出现在格林兄弟的童话中，也没有出现在我们所知的其他版本中。他缺乏对自己这个人的一切积极反馈。从来没有人对这个男孩表示出任何感激、赞美、接纳，只有蔑视、轻视、贬低。

这些对他来说早已习惯，并内化成了本能。他也没有得到过任何鼓励支持。这表明，或至少可以推测：对男孩的这种蔑视、轻视和贬低在某种程度上与他忘了如何恐惧的事实有关，即他已经失去了恐惧。以我们的经验来看，情况似乎往往就是这样。当孩子被当作一摊烂泥，他们的感觉和表现也开始像一块泥土，那么他们往往就没有什么好怕的，也没有什么好失去的了。他们不再有评价和"对错"的标准。于是，他们往往也没有了界限的概念。他们不懂得尊重别人的界限，因为他们感觉不到自己的界限，对界限没有一个标准，也不知道什么尊重别人界限的榜样。

赫尔加也是如此。她的母亲在生活中几乎是隐身的，无法触及或察觉到她的存在，对抚养赫尔加和她的妹妹方面也是颇为无力。父亲是这个家的主宰，总是提出女儿们无法达到的高要求，然后训斥她们，羞辱她们——辱骂和殴打。在这个家中，没有尊重，也没有任何积极的反馈。赫尔加从小就觉得，她所做的一切真的都是错的。她非常害怕那些贬低侮辱的呼喝打骂，害怕被蔑视，害怕被责打，她再也无法忍受这种恐惧，终于完全没有了感觉。她紧紧关上了自己的心，从而不再感到痛楚，她还学会了一项技能，她称之为"哎哟游戏"。殴打、吼叫、责骂最终她都不再在乎。她不能哭，不能表现出痛苦，否则她会遭到更多的殴打，经受更多的辱骂。于是她再也感觉不到它们了。但她也无法做到冷静沉着，让那些殴打和蔑视从她身上反弹回去。那将使她的父亲更加恼火。所以她至少要假装受伤，否则父亲还不会放过她。于是她玩起了"哎哟游戏"。

一方面，赫尔加能够很好地适应这个世界，找到出路。她很聪明，很机智，能在不同的情况下假装适应。可是在有些时候，她显得并不聪明，甚至有些愚笨。她遇到了麻烦，因为她经常与其他孩子发生冲突，侵犯了他们的界限，有时还会打人。她画了很多战争图片。有两次她在没有意识到是怎么发生的情况下，伤害了同学。她受到了惩罚，但没有感到内疚、羞愧或悔恨。她是一个没有恐惧的孩子。

在那个童话故事中，我们也看到了相似的发展。首先，这个男孩被父亲送到一个教堂司事那里当学徒，去经历"摔打"。父亲很满意，觉得"在那里可以让孩子得到修剪"。司事从父亲那里得知这孩子不知道害怕，想教他害怕，给他看一些可怕的东西。他扮成一个幽灵出现在他面前。不过显然，这个男孩已经见多了那些可怕的、令人毛骨悚然的、鬼怪之类的恐怖事物，司事的打扮根本吓不到他。男孩的不知恐惧也产生了"不理解"的属性。就像赫尔加在与其他孩子和一些成年人的交往中经常显得麻木迟钝或愚昧笨拙一样，就像赫尔加经常看起来像不愿意去理解一样，这个男孩也不明白这幽灵有什么可怕的。他没有像预期的那样做出恐惧的反应，他和赫尔加也都因此受到了责备："你根本不想去理解……"结果就是招致更多的贬低责骂。

但他们并不是不想去弄明白。赫尔加和男孩的共同点是他们没法理解其他人，也无法让自己被理解。男孩跟幽灵——乔装打扮的教堂司事——交谈并警告了它好几次。但幽灵一直没有反应，他终于把它推下了楼梯。司事摔断了一条腿，非常生气，也很惊恐——但男孩不明白他做错了什么，他说："我是无辜的。"这正是许多在儿童时期失去恐惧的人的遭遇。他们经常与他人发生冲突，结果可能成了罪犯，但他们却不知道自己是如何以及为何会这样做的。他们无从理解，觉得自己很无辜，认为自己受到了不公平的对待。而那些试图去纠正他们的人很惊慌无措，也觉得不被理解。他们觉得自己所有的努力都无济于事，而且好心没好报，受到了惩罚或伤害。

在这个童话故事中，父亲得出的结论是给男孩钱并把他送走。"别告诉别人你从哪里来，你的父亲是谁，我真是以你为耻。"这对于孩子可以说是一种极刑，也是最严重的轻视，令其感觉似乎不值得为之付出任何努力。男孩被父亲赶出了他的生活。这是一种关乎存在的身份的丧失。

在童话故事中，分离是由父亲决定的。对于其他没有恐惧感的孩子而言，他们也可能会在人生的某个时刻离开父母，逃离父母。其实他们很早之前就感受到了被抛弃的感觉，只是"不知恐惧"让结果显现了出来。

赫尔加的情况也是如此。赫尔加一有能力就搬了出去。她以前曾多次逃离父母，试图"自力更生"。但她总是会被抓回来，或者因为缺钱回来。赫尔加根本不需要被赶走。她内心里已经被赶走很多次了，她自己也在等待每一次"搬出去"的机会。而当她最后离开时，她却不知道自己是谁。她没有对自己的认识，没有身份。这可能并不足为奇，因为要知道我们是谁，认同我们自己的身份，我们就需要他人用温暖和欣赏，用情绪、姿态和思想来鼓励支持我们，我们需要从他人的反应中了解我们是谁，通过那些令人愉快和不太愉快的品质来定义自己，我们需要尊重我们的人，且会对他们予以充分的尊重。如果情况不是这样或条件还不够，人们就会像被暗中驱使一样去寻找它。赫尔加一心想离开她的父母。她知道"一心离开"很重要，但她不知道该去哪里。她感到奇怪的不安和冲动，她找不到一个家，她也无法真正专注于任何事业。她只是被驱使着四处漂泊。

在童话故事中，男孩走向广阔的世界，一直在寻找他的恐惧，也一同寻找他的许多情绪。他自己并不觉得缺失了这种恐惧感——其他人总是这么告诉他。一个人怎么能感受到一种不认识（了）的情绪呢？也许还有其他的情绪，也是他无法感受到的？我们在治疗实践中一再表明，情绪有自己的逻辑，或者更确切地说，如本书所述，有自己的语法，并以它们自己独特的方式联系着。当人们被吓得呆住，他们悲伤的能力往往也会被冻结。当人们无法悲伤，也就是对一些事情无法释怀，他们爱的能力和他们的渴望往往也会变得麻木。如果人们不知道爱，他们通常也不知道恐惧。反之亦然：如果人们对自己没有畏惧，那对他人就不会感到害怕；如果他们没有恐惧，他们往往也无法让自己陷入爱、温暖和亲密。无论是从本质，还是从表面上看，童话故事中一直在寻找的只是恐惧。但是，我们只有假定所寻找的不仅仅是恐惧，而是与缺乏恐惧有内在联系的一系列情绪，才能理解这种寻找。

童话中的男孩只是从别人那里听到他缺乏恐惧，但他必须以某种方式知道并感觉到他与其他人不同，他所缺乏的东西很重要。所以他去寻找不完整的那部分，寻找缺失的东西。在通常情况下，像这个童话中男孩一样的人甚至都没有意识到他们正在寻找恐惧。他们常常把自己的"四处漂泊"描绘成一种冒险精神或一连串的巧合。然而，当他们停下来，哪怕只是短暂地停顿，他们就会意识到这是痛苦的寻找。其他像赫尔加这样的人把自己描述为追求者。我们遇到的一个没有恐惧的人，他用海涅的一句话来形容自己："我正在寻找一朵花，却不知道是哪一朵……"

童话中的男孩现在已经是年轻人了，但仍不知道如何建立关系，交流情感。他所知道和了解的只有他的父亲用钱来解决与其他人的关系，至少是与他的关系。所以他也去找别人，试图用金钱换取情绪。他给别人钱，让他们教他恐惧/情绪。当然，这并没有用，哪怕放到现实生活中也不会奏效。因此，这个男孩会继续前进，经历了一个又一个——就像我们今天所说的——"行动"。

在很多童话故事中，男孩和女孩都会去到外面的世界。在那里，他们经历了冒险，获得了成长和发展。有任务需要解决；有王子和公主要去争取；有冒险，可以从中成长；有惩罚和奖励；等等。所有这些都没有发生在这个男孩身上——除了表演，还是表演，而没有内在的发展。因为没有情绪，也没有建立可以产生和交换情绪的关系。他只是从一次行动到另一次行动。男孩似乎出奇地空虚，总是在寻找，总是徒劳无功。这些行动看似随意地串在一起。它们在增加，就像如今的许多动作片中一样，一个动作追赶着另一个动作。从一部电影到另一部电影，前面的电影会被后面更多的动作、更快的节奏、更甚的残酷和更强的戏剧性所超越。但就算是后面的电影，看久了也会让人不再走心、不再触动，就像这个童话故事中男孩漫长的恐惧追寻之旅产生的影响一样。

这种不走心产生于缺少恐惧和畏怖，没有害怕和惊悚。无论如何，动作片中的主角们都能活下来，他们从不害怕，他们是金刚不坏之身，有主角光环。所有这些看久了都会使观众变得迟钝麻木，为了能够保持紧张刺激、扣人心弦，于是动作越加频繁地从一部电影跳到另一部电影，从一个电影场景切换到另一个电影场景。童话故事中的男孩也是如此。那些对别人来说称得上伟大的冒险和可怕的事情，在他看来都是无所谓的。他随随便便可以杀死怪物，并在生死关头活下来。但还是有一点需要注意。尽管童话故事中的男孩面对险情很是随随便便，但读者很清楚它们有一个共同点：这些冒险都是极其重要，攸关生死的。

失去恐惧和情绪的孩子也是如此。自己的身体什么都不是，因为它一直被轻视，直到孩子们终于开始自轻自贱——于是他们也不再需要害怕了。他们去寻求那些疯狂的挑战，经常通过这些挑战，体验到让别人惊叹的特殊"快感"。由于他们平时遭到的全都是冷眼，因而此刻"成为众人钦佩的对象"有着特殊的价值。但这种"快感"和钦佩一样都会迅速消退，只因没有内在的成熟，没有内在的发展。孩子们的表现确实是为了引起他人的钦佩——与他们所经历的轻视正相反。但这种钦佩不能弥补轻视，也不能愈合伤口。对他们勇敢无畏行为的钦佩不会使他们自豪自尊，而是会诱使他们通过越来越出格的行动，继续追逐那种刺激和承诺的奖励——钦佩。但与轻视相比，对于这样的钦佩，他们也没有另设一个"内心评价场所"[罗杰斯（Rogers），1954]。而且，没有恐惧，就不可能有自豪。只有当人们面对的挑战不仅是外部的，而且是对自己内心恐惧的挑战时，别人的赞美和钦佩才能让人自豪，才能增长自信。而反过来说，如果你发现没有人以你为荣，你就无法感受到内心的安全感。童话故事中的无名少年就有这样的感受。他的行为并没有带来更大的安全感，而是驱使他在流浪的路上越走越远。他没有体验到安全感和自豪感，也没有体验到它的反面——不安全感、焦虑和恐惧。相反，那些发现自己与童话中的男孩一样在流浪的孩子或大人，最终会感到一种模糊的内心空虚。

赫尔加也有类似的感觉。她在内心不安和不稳定的驱使下，追逐着生活的脚步。从某种意义上说，赫尔加在这方面是成功的。她可以"展示给所有人看"，她在一家公司工作。她很会演戏，很会伪装。她从"哎哟游戏"中学到的东西很有用。她受到了许多人的钦佩。她会去冒别人不敢冒的风险，她不知道害怕。她的无所畏惧让她做成了很多事情，令她更为成功，给她带来了更大的钦佩。但即使是这种钦佩也很快就消退了，于是，她继续奔赴下一个风险，下一次成功，如此反复。轮子越转越快。然而，内在的空虚、乏味，内心被驱使的状态依然还在。这些成功没有让她感到满意。她只有短暂的艳遇和迅速褪去的激情，而没有可以发展更深层次情感的爱情关系。想想就知道，怎么可能会有呢？

对于赫尔加，多年来，梦想的世界变得更加活跃和有吸引力。她的事业变得越来越大，冒的风险也越来越大。她在白天没有感觉到的恐惧在晚上表现为精神上的失眠、惊恐和心悸。她开始做噩梦，在治疗中她有时会把这些噩梦与她姐姐吸毒后的那些恐惧幻觉相提并论。情绪可以被压制，但永远不会被彻底切除。总有一天它们会爆发，赫尔加的情况就是这种。它们会在一个人最无法控制的时候爆发，无论是因为他通过药物放弃了控制，还是因为他的控制机制减弱、关闭（比如在睡梦中）。我们有时也会在儿童和青少年身上看到这种情况。白天，他们是最蛮横的欺凌者，无畏地侵犯他人界限，晚上他们则会做噩梦或尿床。

童话中的男孩最终——几乎是偶然——得到了一项任务，完成这项任务后，得到的东西实际上是宝贵的。这个童话故事中，终于第一次出现了一场不仅仅是为了让男孩学会恐惧的冒险。这个任务还有一个目的：他要在一个被施了魔法的城堡中坚守三个晚上——他如果成功了，就能得到国王的女儿，同时还有各种宝物，这些宝物目前被恶灵（！）看守着。然而，城堡的国王，也就是他的任务委托人，是这个童话故事中第一个从一开始就对男孩表达善意的人。

男孩先在城堡里度过了两个晚上。每晚都会有噩梦出现，面对梦魇般的生物。有骷髅头在打保龄球，有残酷的怪物来找他，要杀死他，还有人被分成两半……所有这些童话中描述的图像都是我们熟悉的，在治疗中，来访者会描述噩梦，通过形象理解他们的生存恐惧。

到了第三天晚上，六个巨人把一个棺材带到男孩面前。这个男孩第一次提到了一个亲人，他相信："这肯定是我的表哥，他几天前才去世。"他与这个小表哥似乎有某种关系，某种情感纽带，因为这是男孩第一次在行动上表现出亲情。他想给死者以温暖，揉搓他的手臂，最后和他一起躺在床上，用他的体温使他活过来。看吧，死者终于暖和了起来，能活动了。但这个男孩的努力没有得到感激。我们在治疗过程中多次听到这样的故事：茕茕孑立，在情感上营养不良的孩子们竭尽全力，通过看起来很无助，但往往很感人的举动来恢复与父亲或母亲的已经变得很冷淡的关系。大多数时候，这些举动会被忽视，有时它们还会引起新一轮的轻视或暴力攻击。童话故事中就发生了这样的事情。他立刻——又一次——受到生存威胁，这来自那个被他用体温从死亡中唤醒的人。也许这个男孩温暖的生命对表哥来说是一种威胁，就像孩子的生命对某些父母是种威胁一样。童话故事后来这样讲："然后男孩说，'你想想，表哥，如果不是我给你取暖！'但那死人抬起头来喊道，'现在我要掐死你。'他说，'这就是我的感谢！'"结局和以前一样：亲情的礼物、生命、温暖的接触被轻视——今天是表哥，以前是父亲。

  我们有时可以理解我们的梦，如果我们假设梦中所有的人物都是我们自己的某方面，而我们是创造整个梦的人。如果我们想把这个童话故事当作一个梦来理解，那么那些与男孩对峙的威胁性人物就是他自己的各个方面，代表着愤怒、狂暴、破坏、仇恨，是男孩无法实现、无法表达的攻击性情绪。为了应对无限的轻视和羞辱，往往会产生无限的愤怒、仇恨和生气，正如我们在关于攻击性情绪的章节中指出的那样。特别是对儿童来说，这些攻击性情绪是无法展现的，它们会被分割和压抑。在梦中，就像在童话故事中一样，这些情绪又活跃起来，死灰复燃，与人对抗。内在的冲突变成了外在可见的争斗。

这些冲突的解决方法不是一方击败另一方——这种表面的解决方式才是隐藏冲突的开始。真正的解决办法是，让人们正视生活的挑战，从而也正视自己内心的幽灵。这往往需要亲切的关怀和专业的治疗指导。童话故事中的男孩面对他的幽灵，终于迈出了决定性的一步：他试图重新唤起自己内心已经消失的一些东西（在童话故事中由表哥所代表）。但在这个过程中，过去的痛苦和失望会一再重复。

赫尔加也不时会寻求其他身体的温暖，似乎她本能地知道，只有通过关系和温暖才有可能解冻冰封的感情。但她也没有成功地建立起一段有生命力的关系。赫尔加感到自己一再面临伴侣的欺骗、忘恩负义和排斥。最后，她的症状，尤其是晚上的焦虑和心悸，变得非常严重，不得不寻求帮助。经过各种曲折弯路，她遇到了一位治疗师，除了常规的治疗，这位治疗师还很恰当地以父亲般的方式对她进行治疗。在这种治疗关系中，她与父亲关系的复杂性也体现了出来。一方面，在慢慢相互接触后，赫尔加逐渐能够通过绘画和其他擅长的艺术形式来发现自己，表达自己内心深处的许多东西。在这个过程中，她对自己和治疗师产生了信任。

而另一方面，她始终怀疑他，以他为敌，就像她过去可能想与她的父亲斗争一样，尽管她小时候在那样的斗争中并没有机会。治疗师对她来说是一个"积极的父亲"——她不得不一遍又一遍地试探。由于她越来越确信他对她是善意的，她便可以利用他来"发泄"她对她父亲的一些情绪。渐渐地，她的恐惧又回来了。恐惧并没有突然重新闯入她的生活，而是先是隐隐作响，从深沉的麻木中解冻——然后变得强大，几乎压倒一切。对赫尔加来说，那是一段可怕的时期。她被前所未有的情绪所淹没，并将此部分地归咎于治疗师和他的治疗。然而，当他解释发生在她身上的事情，以及她目前只是处在一个蜕变过渡时期之后，她相信他，有了继续下去的勇气。

渐渐地，她注意到自己变得更有活力，身体的症状也在消退。她内心的暴怒现在可以在白天偶尔发泄出来，不再需要夜晚的幌子，一面保护，一面又令人窒息。她的心变得更加活泼和柔软。她为自己现在经常感到的恐惧而鄙视自己，就像她以前被父亲鄙视一样，并不断试探治疗师是否也无视和鄙视她。最后，她终于不仅开始谈论对父母的愤怒，也开始生动地感受到他们的愤怒。就这样，她打开了通往悲伤和她生命中错过的一切的大门。在她的恐惧之下隐藏着一种巨大的悲伤，为她所错过的一切而悲伤，为她童年失去的机会而悲伤，为她从未得到但却如此需要的东西而悲伤。悲伤让她放下了很多束缚她的东西。之后，她暂时无法工作，因为过去敦促她工作的驱动力已不再适用，而新的情绪在她原来的工作环境中没有位置，她换了工作。一步一步地，她开始发现自己对生活的热情。她最大的爱好是跳舞，通过跳舞，她结识了新朋友，其中一些人答应要与她发展友谊。

此时，我们还是要回到童话故事。那个外出去学习恐惧的男孩不能避免面对他的父亲。在童话故事中，一个代表邪恶的父亲形象的男人出现在他面前，"他比其他所有人都高，看起来很可怕；但他很老，有着长长的白胡子"。这个人用死亡威胁他。男孩与他战斗，打败了他，并逼他给自己看宝藏。于是，在童话故事中由城堡所代表的，（他身上）被闭锁和被"恶灵"所看守的东西，得到了救赎——这个年轻人终于做了正确的事情——而国王，城堡的主人，可以视为一个好的、正面积极的父亲形象，这一点已经体现在了他对男孩自发的善意中，他把女儿许配给了这个年轻人。男孩娶了国王的女儿。与赫尔加相似，男孩通过为真正有价值的东西而奋斗找到了爱；与赫尔加相似，他需要一个仁慈的父亲形象的支持才能做到这一点。

这个故事也许到此就结束了。有了情绪，有了关系，有了爱。看起来是个美满的结局。但仍有一些……哦，是的，恐惧。这个男孩是出去学习恐惧的。实际上，这个童话讲述的是他如何学会爱的故事，但恐惧也必须得出现。因为如果爱的关系可以建立，那么情绪也可以生长。因此，这个童话故事在结尾处几乎是顺便讲述了这样一件轶事：是他的爱人，即他的妻子，最终让他学会了恐惧。年轻人的妻子在晚上将一桶冰冷的鱼倒在了他的床上，终于达到了预期的效果。当然，这必须在晚上他睡觉的时候，就像赫尔加和其他许多人一样，恐惧是在晚上第一次进入了他们的生活。

这个关于一个人出去学习恐惧的童话故事，或者像其他版本中所说的学会害怕，在许多文化中我们都能找到它。不同的版本里基本结构都是相同的。显然，有很多人都对这个男孩的故事感兴趣，自觉或不自觉地认同他。在冰岛的一个版本中，这个出去学习恐惧的无名男孩头被砍掉了，又被反过来脸朝后缝上，然后愈合了。现在他被迫要去看以前藏在他身后的东西，这让他非常害怕，于是他尖叫着跑走了。向后看，就是回看过去，面对自己的历史，从而也面对自己的影子，自己的阴影面，感知自己的过去和现在，以及它所唤起的情绪。对许多人来说，这也是让自己冰封的情绪解冻，让它们和自己重获新生的前提条件。

在赫尔格和外出学习恐惧的男孩的故事中，我们了解了轻视、失去恐惧，及其与其他情绪之间的一些联系。我们了解到情绪的丧失会如何导致一个人不再能认真对待自己、自己的界限和他人的界限，我们也了解到人们会如何陷入一连串的境地，追逐越来越多、越来越强烈的快感，但同时内心却始终空虚，一直被驱使。

这些人需要的是一个关系空间，让他们可以在其中体验和探索不同的关系可能性。其中很重要的一点是，在这个关系空间内，要有一个你尊重的人作为关系对象。关系对象并不意味着忍受一切。这些儿童和成人需要的是能够忍受他们矛盾心理的人。这些关系对象的忍耐会一次又一次地受到试探。对他们来说，诚实和坚持诚实很重要。正如我所说，这很困难，因为要与那些不知恐惧的人一起工作或生活，一方面要为他们设定界限，另一方面又要坚持向他们表示温暖和尊重，还要向他们反馈其积极的一面——他们的情绪，他们的才华，他们的能力和才干。因此，这些关系对象常常会陷入内心的冲突，不得不忍受自己的矛盾，当然他们也需要帮助、支持和依靠，以便能够忍受这个漫长、苛刻、常常令人难以承受的过程。但只有这样才能获得新生，将这些人所经历过的轻视置换掉；只有这样痛苦才会被接纳，生命力才能生长。只有通过互动的关系，才能找回恐惧，从而找回失去的情绪。

第 20 章

太多愁善感？太感情用事？

我们经常听到有人被指责"太矫情"。有些人从记事起就听到过这种指责。他们对此也很难过，认为自己"脸皮太薄""不适应生活"或"不够冷静"。我们建议，在针对这个问题的治疗中，要做两件事：首先，我们要求人们区分自我评估和外部评估——这个过程很艰巨但却很有意义。另外，我们建议用其他词来代替"矫情"这个很有贬义色彩的词，比如"敏感"。这样，许多人的态度就会发生转变。他们会得出结论："是的，我很敏感。这也是件好事，因为我可以注意到很多东西。有时我会因为接受了太多的东西而感到痛苦。但我的敏感不是一种消极的品质，它是一种能力，一种技能。"由此，我们就有可能选择自我欣赏而非自我贬低。

高度敏感是一种本身既不积极也不消极的特质。其性质取决于人们如何对待它，以及环境是贬低还是尊重它。我们使用术语"高度敏感"——而不是有时人们用的"过度敏感"一词，因为其中的"过度"（等于：超过）有着病理层面的、至少是贬低的意味。与高智商的人相似，高度敏感的人需要一个尊重和欣赏他们能力的环境，帮助他们从中获益，过上自主和自信的生活，培养人际关系。对于许多需要频繁与人打交道的职业来说，能够高度敏感地感知他人的感受是非常有用的。面对自己、家人和朋友，在医院和学校，在咨询中心和幼儿园等情境中，我们会更希望与对我们敏感的人打交道，而不是与那些对我们的困境和现在持"冷静"和"旁观"态度的人打交道。

有些人的高度敏感可能是天生的，不同的个性也可能是遗传的。不过，我们遇到的大多数为此感到痛苦，并希望能"摆脱"它们的高度敏感者，则主要是由于他们个人的过去而变得高度敏感的。"我总是不得不伸长我的触角，这样才不会错过别人对我说的好话"，一位女士告诉我。还有人说："我父亲随时都可能发火。当他回家时，我会跑到楼梯的走廊上去听他是否喝酒了，而他在家时，我和妈妈则时刻处于戒备状态。"在这样的环境下，以这样的方式长大，他们的触角会随着岁月的增长日益伸长，感官也会变得越发敏锐。

如果你是高度敏感的人，你可以肯定这种能力最初是一种生存策略，是对某些要求高度敏感的生活条件的反应。你如果成功弄清这些高度敏感产生的条件，就能打开理解的大门。前方的道路也会变得开阔——不再自我怀疑，也不再自我贬低，而是可以避免一些过度的要求，同时又能自信地发挥、利用自己敏感性高的潜能。

我们在一开始就强调过，并在本文的结尾也重复这一点：每个人的经历和生活方式都不一样，这种差异是值得赞赏的。没有所谓的"客观""太少"或"太多"，没有"正确"的情绪，也没有"错误"的情绪。有一些情绪是人们喜欢的，能让我们生活得更美好。也有一些会让我们感到痛苦。但我们始终需要认真对待与尊重它们的存在。如果我们有幸能在这方面为你提供一些帮助，那我们会很高兴。

参考文献

Bacall, L. (2002): »Die meisten Prachtkerle sind tot«. Das Interview. In: Süddeutsche Zeitung, Magazin Nr. 33, 16.08.2002, S.6 ff.
Baer, U. (2012): Kreative Leibtherapie.Das Lehrbuch. Neukirchen-Vluyn
Baer,U.; Frick-Baer,G. (2010):WieTraumata in die nächste Generation wirken: Untersuchungen, Erfahrungen, therapeutische Hilfen. Neukirchen-Vluyn
Boesch, E. E. (1998): Sehnsucht. Von der Suche nach Glück und Sinn. Huber, Bern
Bloch, E. (1959/1985): Das Prinzip Hoffnung. 3 Bände. Suhrkamp, Frankfurt am Main
Breuer, H.: Zellen, die Gedanken lesen. In: Gehirn & Geist. 02/2002, Heidelberg
Canetti, E. (1977): Die gerettete Zunge. Geschichte einer Jugend. München, Wien
Dahse, B. (2002): Romy.»Ich hätte Ihnen so gern noch etwas gesagt ...« Eine biografische Hommage. Hamburg
Damasio, A. R. (1997/2001): Descartes' Irrtum. Fühlen, Denken und das menschliche Gehirn. München
Domin, H. (1998): Gesammelte biografische Schriften. Fast ein Lebenslauf. Frankfurt a.M.
Duden, Band 5 (1990, 5. Auflage): Das Fremdwörterbuch. Mannheim. Wien. Zürich
Ellroy, J. (1997): Die Rothaarige. Die Suche nach dem Mörder meiner Mutter. Hamburg
Ende, M.; Fuchshuber, A. (1978): Das Traumfresserchen. Stuttgart
Förster, A.; Kreuz, P. (2013): Hört auf zu arbeiten! Eine Anstiftung, das zu tun, was wirklich zählt. München
Frick-Baer, G. (2009): Aufrichten in Würde. Methoden und Modelle leiborientierter Kreativer Traumatherapie und-begleitung.Neukirchen-Vluyn
Fuchs, T. (2008): Das Gehirn – ein Beziehungsorgan. Eine phänomenologischökologische Konzeption. Stuttgart
Genazino, W. (2003): Ein Regenschirm für einen Tag. München
Harpprecht, K. (1996): Thomas Mann. Eine Biografie.Reinbek bei Hamburg
Haubl,R. (2009): Neidisch sind immer nur die anderen. München
Hesse, H. (1974): Ausgewählte Briefe. Frankfurt/Main
Hesse,H. (1994): Steppenwolf, in: Erzählungen. Berlin
Hesse, H. (1994): Ausgewählte Werke, Bd. 1–5. Frankfurt amMain

Hüther, G. (1998): Biologie der Angst. Wie aus Stress Gefühle werden. Göttingen
Jens, Inge & Walter (2003): Frau Thomas Mann. Das Leben der Katharina Pringsheim. Reinbek bei Hamburg
Kennedy, L. A. (2001): Einladung zum Tanz. Göttingen
Kluge, F. (1999): Etymologisches Wörterbuch der deutschen Sprache. Berlin/New York.
Lazarus, A. und C. (2012): Der kleine Taschentherapeut. In 60 Sekunden wieder o. k. Stuttgart
Lindgren, A. (2002): Das Paradies der Kinder. Die Kinderbuchklassikerin im Gespräch mit Felizitas von
Schörnborn. Berlin
Mann, G. (1986): Erinnerungen und Gedanken. Eine Jugend in Deutschland. Frankfurt amMain
Mann, T. (2012): Erzählungen. Frankfurt am Main
Marai, S. (2001): Himmel und Erde. Betrachtungen. München
McEwan, I. (2002): Abbitte. Zürich
Niederland, W. G. (1966): Folgen der Verfolgung. Das Überlebenden-Syndrom. Würzburg
Nietzsche, F. (1999): Werke. München, Wien 1981, Frankfurt am Main
't Haart, M. (2000): Gott fahrt Fahrrad oder Die wunderliche Welt meines Vaters, Zürich,Hamburg
t' Hart, M. (2001): Ein Schwarm Regenbrachvögel. München
Palmen, C. (1999): I.M.Zürich
Rösing, I. (1990):Mundo Akari 1.Die weise Heilung. Band 1 und 2. Dreifaltigkeit und Orte der Kraft.Frankfurt a.M.
Rogers, C. R. (1990): Auf dem Wege zu einer Theorie der Kreativität (1954). In: Petzold, H.; Orth, I. (Hrsg.): Die neuen Kreativitatstherapien, Band 1. Paderborn
Roth, P. (2002): Der menschliche Makel. München
Schaub, S. (2000): Erlebnis Musik. Eine kleine Musikgeschichte. Kassel und München
Sebald, W. G. (2001): Austerlitz. München, Wien
Singer,T. (2014): Was ist Mitgefühl? Wofur ist es gut?, in: Psychologie heute. Februar 2014. Ein Interview mit Martin Tschechne
Steiner, G. (2002): Errata. Bilanz eines Lebens. München
Weber, M. (1917): Wissenschaft als Beruf. München
Wellershoff, D. (2002): Der Liebeswunsch. Köln
Weizsäcker, V. v. (1986): Gesammelte Schriften. Frankfurt a.M. Wenders, W. (2002): Wer liebt, will dafür
nichts. In: chrismon. Das evangelische Magazin. 11/2002, S. 12 ff.
Wirtz, U.; Zöbeli, J. (1995): Hunger nach Sinn.Menschen in Grenzsituationen–Grenzen der Psychotherapie. Zürich
Wollschläger, H. (1999): Karl May. Dresden

《恰到好处的敏感》

收获好人缘、赶走坏心情的情绪平衡基本功

著　者：[德]卡特琳·佐斯特（Kathrin Sohst）
译　者：吴筱岚
书　号：ISBN 978-7-5057-5314-3
出版时间：2021.12
定价：42.00元

内容简介

或许你和曾经的卡特琳一样，无比希望自己身上有一个"敏感开关"，这样你就既能细腻温柔地享受生活，又能在面对伤害和不快时一笑而过了。卡特琳从未停止对此的探索，并将自身的发现和专家学者的前沿成果汇集成本书，希望能使敏感变成你一生的朋友。

在书中，卡特琳分享了敏感性的新特点，针对人际关系烦恼和情绪问题的解决方案，以及她亲身经历的一个个小故事。读者可以通过书中的问卷、测试和练习，进一步认识自己，找到善待自己和与人交往之间的平衡，学会利用情绪的独特之处，让自己与敏感的关系达到一个新的境界。

每个人的敏感性不是一成不变的，现在就让我们与卡特琳一起，找到敏感和钝感的平衡，学会调整自己在敏感谱系的位置吧！

《如何停止不开心：负面情绪整理手册》

18种语言版本热销全球；与多芬特约心理顾问一起戒掉坏情绪，换个姿势过生活

著　者：[美]安德烈娅·欧文
　　　　（Andrea Owen）
译　者：曹聪
书　号：ISBN 978-7-2211-6004-1
出版时间：2020.8
定价：39.80元

内容简介

面对生活中的重重压力，本书作者也曾被负面情绪淹没，不知所措。在爬出人生低谷的过程中，她意识到有一系列坏习惯破坏着很多人的生活，并将其分门别类，整理成书。

本书用洒脱、幽默的语言，一针见血地指出了14个人们最常见而又不自知的自我毁灭行为模式，即内心的自我批评、孤僻、麻木机制、与他人比较、自毁、冒充者综合征、讨好别人、完美主义、故作坚强、过度控制他人、灾难化思维、归咎于人、装作无所谓、过度成就等，并根据每一种行为提出直接、具体的建议和解决方案，帮助读者实践一种新的生活方式，实现自我提升，悦纳自己，活出真我。每一章集中讨论一种行为，没有沉重的自我检讨，只有切中要点的提醒，以及如何改变的贴心建议。

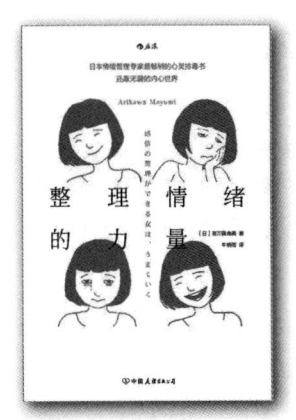

著　　者：［日］有川真由美
译　　者：牛晓雨
书　　号：ISBN 978-7-5057-5289-4
出版时间：2021.9
定价：38.00元

《整理情绪的力量》

日本情绪管理专家最畅销的心灵排毒书；还原无霾的内心世界

内容简介

人人都有陷入消极情绪中难以自拔的时候，如何应对消极情绪便成了实现目标、提高生活质量的关键。

有川真由美倡导的"情绪整理"方法旨在帮助我们协调情绪与现实之间的关系，她从愤怒开始，列举了如焦躁、孤独、疲惫、怨恨、嫉妒、自卑、逃避、怠惰、后悔和不安等现代人生活中常见的情绪垃圾和消极状态，你可能还没有发觉它们的出现，就已经成为它们的猎物。本书会教你辨识这些堆积在内心的污泥，用简单实用的方法，以最快的速度摆脱它们的影响。

情绪如同马车，理性是缰绳。手腕高明的驾车者懂得平复自己的情绪，安抚它、取悦它，心情愉悦地享受自己的人生之旅。

《好心情练习手册》

日本著名精神科医师、斯坦福大学客座讲师、哈佛大学医学院研究员带给你的情绪疗愈指南，28个日常小练习立即治愈所有不开心，做一个内心强大、情绪稳定的人！

著　　者：[日]西多昌规
译　　者：刘姿君
书　　号：ISBN 978-7-5057-5215-3
出版时间：2021.9
定价：42.00元

内容简介

愤怒、焦虑、恐惧、不安……现代人的生活和工作中有太多的情绪，包括自己的情绪、周围人的情绪、社会的情绪。当我们无法排除和整理情绪时，最终的结果就是让自己"混乱不堪""焦躁不已"。本书作者西多昌规是日本知名精神科医师。他不仅在大学医院看诊，同时也是投身医学研究的精神科医师、医学博士。他在多年临床咨询中发现，情绪问题对现代人的生活已经产生了严重的影响。

在本书中，他针对"如何不被情绪影响""正确处理负面情绪"这些事项，提出了28个一定能够做到的日常练习。比如，给压力定一个期限，尽最大的努力，做不到就彻底放弃；让情绪达到临界值的自己"暂停一下"，暂时放下不愉快的心情，只专注眼前的工作；想烦恼时，就尽情地烦恼，等到大脑里出现其他事情时，就代表烦恼结束了；等等。

图书在版编目（CIP）数据

情绪修复全书 /(德) 乌多·贝尔,(德) 加布里埃莱·弗里克-贝尔著; 吴筱岚, 张亚婕, 伍冰译. -- 北京 : 中国友谊出版公司, 2021.11（2022.10重印）

ISBN 978-7-5057-5346-4

Ⅰ.①情… Ⅱ.①乌… ②加… ③吴… ④张… ⑤伍… Ⅲ.①情绪—自我控制—通俗读物 Ⅳ.①B842.6-49

中国版本图书馆CIP数据核字(2021)第214347号

著作权合同登记号　图字：01-2021-6629

Das große Buch der Gefühle
Copyright © 2014 Beltz Verlag in the publishing group Beltz·Weinheim und Basel

本书中文简体版权归属于银杏树下（北京）图书有限责任公司。

书名	情绪修复全书
作者	［德］乌多·贝尔　加布里埃莱·弗里克-贝尔
译者	吴筱岚　张亚婕　伍冰
出版	中国友谊出版公司
发行	中国友谊出版公司
经销	新华书店
印刷	嘉业印刷（天津）有限公司
规格	690×1000毫米　16开
	22.5印张　279千字
版次	2022年3月第1版
印次	2022年10月第3次印刷
书号	ISBN 978-7-5057-5346-4
定价	60.00元
地址	北京市朝阳区西坝河南里17号楼
邮编	100028
电话	（010）64678009